BINHAI YANJIANDI
NONGYE JISHU CHUANGXIN
YU SHIJIAN ANLI XUANBIAN

滨海盐碱地
农业技术创新与实践案例选编

陈兆波　王 拯　苏 磊　主编

中国农业科学技术出版社

图书在版编目（CIP）数据

滨海盐碱地农业技术创新与实践案例选编 / 陈兆波，王拯，苏磊主编 . -- 北京 : 中国农业科学技术出版社，2025. 5. -- ISBN 978-7-5116-7403-6

Ⅰ. S287

中国国家版本馆 CIP 数据核字第 20258QC875 号

责任编辑 白姗姗
责任校对 李向荣
责任印制 姜义伟 王思文

出 版 者 中国农业科学技术出版社
北京市中关村南大街 12 号 邮编：100081
电　　话 （010）82106638（编辑室）（010）82106624（发行部）
（010）82109709（读者服务部）
网　　址 https://castp.caas.cn
经 销 者 各地新华书店
印 刷 者 北京建宏印刷有限公司
开　　本 185 mm × 260 mm 1/16
印　　张 14
字　　数 306 千字
版　　次 2025 年 5 月第 1 版 2025 年 5 月第 1 次印刷
定　　价 98.00 元

《滨海盐碱地农业技术创新与实践案例选编》

编 委 会

主　　编：陈兆波　王　拯　苏　磊

副 主 编：宋元瑞　卢振宇　王子强　张立明　赵海军　刘　铎　张学昆
周顺利　殷　艳　王兆波　张　洁　王曙光　王清清　黄绪甲

编写人员：王　拯　陈兆波　刘　铎　宋元瑞　张　洁　王兆波　韩康慧
宋立成　苏　磊　韩小伟　杨卫兵　杨会清　卢振宇　张开心
刘　健　周顺利　温　媛　赵德强　徐艺萍　杨忠喜　刘忠宽
刘振宇　秦文利　谢　楠　张立锋　潘　璇　石嘉琦　张华文
赵影星　王润丰　王海莲　范光宇　曹世卢　刘粤阳　孟　帅
张　惠　白文杰　郝延杰　任娜娜　王子强　刘树泽　王仁兵
穆玉玲　代惠芹　郝新美　苏志坚　丁　红　龙卫华　殷　艳
张学昆　张立明　张海燕　解备涛　段文学　谭德云　徐　刚
张艳军　董合忠　代建龙　崔立华　肖春燕　王智华　张冬梅
崔正鹏　郭　凯　刘小京　封晓辉　巨兆强　孙宏勇　高建伟
李景娟　李　程　张一卉　李俊林　董晓霞　郭洪恩　杨　欢
焦传礼　刘世杰　沈世华　郑思凡　陈乃芝　王芬芬　李庆军
郑晓宁　郭连军　吴艳芳　刘　群　王　军　崔慧敏　孙玉明
孙　骞　陈聪聪　常　雯　张丽平　张　琦　王培培　王志忠
徐　凡　郭文忠　张军利　王　娟　张　婧　杨庆山　刘德玺
魏海霞　王培山

前言

PREFACE

盐碱地是一种广泛分布的土壤类型，是盐土、碱土及各种盐化、碱化土的总称。我国是世界第三大盐碱地分布国家，盐碱地分为以硫酸盐 - 氯化物为主的盐碱地、以碳酸盐为主的苏打盐碱地和以氯化物为主的滨海盐碱地 3 种类型，总面积约 15 亿亩，具有开发潜力盐碱地资源 5 亿多亩，其中具有农业利用前景的盐碱地总面积 1.85 亿亩。盐碱地是我国极为重要的后备耕地资源。依靠科技创新，挖掘盐碱地潜力，加强盐碱地的改良和综合利用，稳步拓展农业生产空间，提高农业综合生产能力，对我国农业可持续发展和保障粮食安全具有重要意义。

按照分类施策、创新驱动的原则，本书从耐盐碱品种选育、抗逆栽培、土壤修复、水盐调控、特色生产、生态治理等方面，筛选整理近年来滨海盐碱地农业技术创新推广的典型案例，总结分析多年来滨海盐碱地治理的思路举措和成功经验，以期为盐碱地治理和综合利用提供借鉴。本书收集整理的案例涉及轻、中、重度盐碱地的改良利用，可能还不够典型和全面，但在一定程度上反映了当前我国滨海盐碱地综合利用的尝试和探索，希望能够为各地因地制宜开展不同程度盐碱地的改良利用有所启发和帮助，同时为农业技术推广人员、种植大户、新型合作组织等提供参考。由于时间仓促、掌握的资料有限，书中难免有不妥之处，敬请读者朋友们批评指正。

编 者

2025 年 3 月

目录

CONTENTS

案例一

滨海盐碱地小麦抗逆丰产高效生产技术

一、基本情况

我国是世界上最大的小麦生产国和消费国。2024年我国小麦播种面积3.54亿亩（1亩≈667 m^2），产量2 802亿斤（1斤=500 g），均居世界第一位。近些年，我国年小麦生产量和消费量基本持平，略有不足，每年进口小麦200亿斤左右。因此，小麦作为主要的口粮，其生产情况是影响我国粮食安全的关键。

保障粮食供应能力，提高小麦总产量主要依靠提高单产和增加种植面积来实现。盐碱地是重要的后备土地资源，我国盐碱耕地有1.4亿亩，其中滨海盐碱地是重要的组成部分，能够用于小麦生产的约1 500万亩。滨海盐碱地由于土壤含盐量高、肥力差和淡水资源缺乏等问题，小麦产量一直偏低，且年际间浮动较大。在滨海盐碱地小麦生产中，受滨海地区雨热同期气候特征和土壤盐水运动规律的影响，盐分胁迫主要产生在小麦发芽出苗期、越冬返青期和最后灌浆阶段。一般盐分高于3‰的地块小麦出苗慢、出苗率降低；在越冬返青期后，随着地表水分蒸发，盐分进一步富集，对麦苗产生严重胁迫，影响群体形成和正常的拔节成穗，大幅影响小麦产量；返青后淡水灌溉和降雨能减轻盐分对小麦的胁迫，但到小麦灌浆期，盐分胁迫影响水分和养分的吸收，容易造成千粒重降低，进一步影响产量。盐碱地上种粮难，一直是制约当地粮食生产的一大难题。

聚焦滨海盐碱地小麦生产难点，按照“以种适地”和“以地适种”相结合原则，围绕土壤改良和小麦品种的耐盐性发挥，集成工程措施、农艺措施、化学措施和生物措施，构建滨海盐碱地小麦抗逆丰产高效生产技术，挖掘增产潜能，解决盐碱地小麦产量水平偏低的问题，实现盐碱地小麦增产增收，对缓解耕地不足、保障粮食安全具有重要的战略意义。

二、滨海盐碱地小麦抗逆丰产高效生产技术要点

1. 农田改造与工程排盐碱

农田改造是开展农业生产的基础，主要目的是平整土地，建立农田排灌系统。盐碱地的农田改造还肩负工程排盐碱的作用，利用地下水位差，引排土壤中过高的盐分，并结合灌溉压盐碱和降雨淋溶作用，排出土壤盐离子，改善土壤环境。因此，农田改造与工程排盐碱是盐碱地综合利用、开展粮食生产的关键技术措施。目前，主要采取建立渠道系统和管道系统两种方式。

盐碱地渠道系统：通过挖排盐碱沟和灌渠进行排盐碱是最主要的盐碱地工程改良措施。通过沟渠系统，把地块分成均等规模的方块或长条，一般地块灌渠到排盐碱沟宽度为30～40 m，长度为300～600 m。排盐碱沟根据地下水深度，一般深度

为 2～3 m，宽度为 3～5 m。排灌系统能够减少滨海盐碱地地下盐水向地表迁移强度；同时，在夏秋集中降雨季能够利用雨水的淋溶作用，把土壤盐分排入盐碱沟中。建立这种渠道水利设施，具有工程成本低，效果好，排水、灌溉系统一次建成，一次施工、多年利用等诸多优点，但也存在土地利用率低、整体规划后期不易变更、分割道路、沟渠淤积、杂草处理等问题，适合盐碱荒地首次开发利用。

盐碱地管道系统：在地下埋布带有细孔的暗管系统，利用“盐随水来，盐随水去”的水盐运动规律，在灌溉和下雨时，通过被埋在地下布满细孔的软管，借助水的势能和压力，土壤中的水分会自动渗进软管中，水通过暗管排出，把盐带走。管道排盐碱系统相对渠道系统具有节约水源、土地利用效率高、土壤脱盐速度快、改良效果好等优点，但初期建设工程量和投入较大，管道系统堵塞和设施维护也存在一定难度，后续使用中需要持续投入，适合中度规模改造和盐碱地改造中的高标准农田建设。

2. 土壤改良与肥水运筹

在农田改造的基础上，采取有效的土壤改良措施和持续的有益耕作方式来降低土壤盐碱含量，是盐碱地土壤改良和保持的重要措施。如增施有机肥，施用微生物肥、盐碱土改良剂，种植先锋作物增加生长季作物覆盖，以及作物秸秆深翻还田等措施。

增施有机肥：土粪肥每亩施用 1～2 t，小麦播种整地前撒施，深翻至 25 cm 以下土壤，连续多年施用。大量土粪肥的施用能够快速提升耕层有机质含量，改善盐碱地耕层土壤结构，降低土壤 Na^+ 离子含量，降低土壤 pH 值，增加全氮、全磷、全钾含量，改善盐碱土理化性质，增加小麦种植产量。在粪肥施用时注意肥料的腐熟，并对肥料中自身盐分和有害物质进行检测，避免带来外源污染。

工厂化加工颗粒有机肥，每亩施用 200～300 kg，整地前撒施，通过翻耕和旋耕使有机肥均匀分布在耕层土壤，连续多年施用，能够快速改善土壤结构，增加有机质含量，提高土壤养分。因工厂化加工颗粒有机肥在腐熟、杀菌、有害物质控制上更加严格，肥料的养分含量高、物理特性也更加便于施用，在没有条件大量施用土粪肥的地块可选择施用工厂化加工颗粒有机肥。

施用微生物肥、土壤改良剂：目前主要有嗜碱、嗜盐、枯草芽孢杆菌等与有机肥结合的微生物肥产品，盐分螯合剂与有机肥结合的土壤改良剂产品，也有部分直接进行土壤处理或在灌溉水中添加的产品。施用微生物肥、土壤改良剂产品，能够通过螯合剂降低盐分对麦苗根部的胁迫，添加的有机质能够改善植物根系周边土壤环境和结构，部分产品中添加激素类成分，能提高作物抗性。因微生物肥和土壤改良剂用量较少，施用时可采取种肥同播的方式改善种子附近土壤微环境，获得更好效果。小麦播种时，每亩施用微生物肥 5～10 kg，通过种肥同播或种肥混播的方式进行施用。

增加作物覆盖与秸秆还田：盐碱综合利用过程中，周年的作物覆盖能够减少直接土壤蒸发带来的盐分富集。在生产中对于盐分较高地块可种植苜蓿、高粱、田菁等耐盐碱先锋作物，提高盐碱地作物覆盖，并通过秸秆还田进行土壤改良。对于中轻度盐碱地，加强秋季作物管理，种植玉米的地块避免进行青贮收获，把作物秸秆留在地里，在耕作过程中增加翻耕频次，把地表作物秸秆和杂草整体翻耕到20～30 cm土壤下层，通过秸秆、杂草阻隔盐分上移。除了犁地翻耕外，目前还有对作物秸秆深埋的专用机械，一次性完成秸秆收集、开沟、填埋、压实作业，把秸秆集中呈带状下埋在30 cm以下的土壤，起到盐分阻隔、提高土壤有机质的作用，通过多年的填埋能有效降低土壤盐分，改善土壤特性。

肥水运筹：盐碱地土壤普遍养分含量较低，保水、保肥能力较差，肥料分次施用能够为盐碱地小麦生长提供更优的养分供应。适量的底肥施用保障耕层土壤对小麦的整体养分供应。播种时的种肥同播能够大幅提高肥料利用效率，特别是在播种时加入适量盐碱土壤改良剂和微生物肥，能够有效改善种子周围2～3 cm土壤微环境。春季追施氮肥，采取顶凌追肥和随返青、拔节水追肥，分次施肥，对促进后期生长十分有利。追肥分次和适当后移在盐碱地小麦生产中既能促进灌浆成熟，也为小麦收获后夏季作物种植打好基础。在开花灌浆期，结合病虫防治进行叶面肥喷施，提升后期灌浆能力，提高千粒重。

3. 选择耐盐碱小麦品种

不同小麦品种对盐碱胁迫反应存在差异，耐盐碱品种的选择是通过“以种适地”开展盐碱地综合利用的重要组成。滨海盐碱地小麦种植，盐分对小麦胁迫影响主要集中在出苗、返青和后期的灌浆3个阶段。滨海盐碱地土壤盐分高、湿度大、透气性差、温度低都是导致小麦出苗慢和出苗难的主要因素，耐盐碱品种能够在较差的条件下保证出苗，为后续生产提供基础条件。春季土壤化冻，盐分随水分向地表移动，是地表土壤盐分聚集期，这个时期是小麦返青拔节快速生长阶段，也是小麦生殖分化的关键期，麦苗对盐分胁迫十分敏感，而根系相对发达、分蘖力强的耐盐碱品种能够更好地在土壤中获取水分，降低盐碱导致的环境胁迫。该地区小麦灌浆成熟期普遍少雨，时有干热风发生，对小麦灌浆不利，分蘖成穗多、籽粒较小的多穗型品种适应性更强，而大穗大粒型小麦品种在该区域不利于发挥品种优势。

在环渤海地区滨海盐碱地可选择青麦6号、济南18、德抗961、冀麦32、捷麦19、沧麦6001等传统耐盐碱小麦品种，也有目前推广较多的师栾02-1、沧麦6002、小偃60、烟农系列和山农系列等抗逆耐盐碱品种。另外，还有最新审定的耐盐碱杂交小麦品种京麦188、京麦189、京麦12等。

种子选择时，从正规种子企业购买符合国家良种要求的种子，按《粮食作物种子　第1部分：禾谷类》（GB 4404.1—2024）的标准执行，确保质量。不建议使用自留种子，杜绝田间“三层楼”现象。种植户在购买种子后可进行发芽率试验，对比种子芽率和活性（温度20℃，48 h），高活力的种子在盐碱胁迫环境中能够保障更好地出苗。种子存放注意通风、干燥，避免高温暴晒。

4. 种子处理

进行种子处理是增加种子活力、提高抗性、减少土壤病虫为害的重要措施。种子处理的方式以拌种包衣为主，小麦种子包衣剂主要包含杀菌剂、杀虫剂、成膜剂等成分。使用成熟的包衣剂产品能够更高效、便利地完成种子处理，目前市场上成熟主流的产品有先正达的酷拉斯、拜耳的奥拜瑞、中化的腾收等。其中杀菌剂主要成分为苯醚甲环唑、咯菌腈、戊唑醇、精甲霜灵等，以及其复配药物，能够有效减少种子及土壤中有害病菌对小麦的影响，对小麦茎基腐、纹枯病、全蚀病都有防治作用。杀虫剂成分主要为噻虫嗪、吡虫啉等，能够减少金针虫、蛴螬等对幼苗的为害，同时内吸性杀虫剂对翌年蚜虫防治也有一定效果。研究证明，使用噻虫嗪还能够促进作物苗期根系生长，有利于小麦冬前分蘖和壮苗。在滨海盐碱地小麦种植中，使用噻虫嗪 22.6%+ 咯菌腈 2.2%+ 苯醚甲环唑 2.2% 在播种前 20 d 对种子进行包衣处理，包衣后种子晾干。包衣剂的使用能够提高小麦出苗率，促进早发壮苗，是降低小麦苗期盐碱胁迫的重要方法，冬前的壮苗也为安全越冬和春季返青打好基础。

5. 栽培管理

精细整地：前茬作物进行灭茬，撒施底肥。在有机肥施用基础上，撒施小麦专用复合肥 60～80 斤 / 亩（氮：磷：钾 =18：24：10）进行土壤翻耕，翻耕的深度为 25～30 cm。翻耕后进行旋耕或耙地，深度为 20～25 cm，使土壤细碎、疏松，达到上松下实，便于播种，并提高播种质量。

缩行增密、高质量播种：小麦种植“七分种三分管”，严抓播种质量是保障产量的关键。在播种行距控制方面，盐碱地土壤瘠薄，肥水条件受限，窄行距能够使种子在土壤中分布更加均匀，可采用雷沃 2BGXF-24C、阿格雷诺 AG-HMT29 或马斯奇奥 MARIA300 条式播种机，10～12 cm 窄行距播种。近些年也可采取小麦匀播的方式播种，在旱地、盐碱地等中低产田获得不错的效果。

在播种环节要做到“四个适宜”：适期播种，根据上茬作物、区域气候和土壤条件，10 月 10—20 日为适宜播期，一般播种时期为日平均气温 14～16℃，能够在越冬始期形成适龄壮苗（5 叶 1 心，3 个分蘖）。适量播种，盐碱土壤瘠薄、保肥能力差，保苗促群体是小麦丰产的关键，在播种环节适当增加播种量、提升基本苗对后期产量形成具有重要作用，建议播种量较正常提高 15%～20%。10 月 10—20 日进行播种，播种量 25～30 斤，10 月 20 日后播种，每日每亩增加 1 斤，但总量不宜超过 40 斤 / 亩。适墒播种，最适墒情是耕层 0～20 cm 土壤质量含水量在 17% 左右（土壤相对含水量 70%～80%），土壤墒情低于 14%（土壤相对含水量 60% 左右）时需造墒播种。在小麦适播期内，“宁可造墒适当晚播几天，也不要干籽播种，种欠墒麦”，确保做到足墒播种，一播全苗。适深播种，滨海盐碱地主要为滨海盐土和潮土，不利于种子萌发，同样的播种深度和气温，盐碱地出苗要晚 3～5 d。在播种环节为促进早发，提倡墒情合适的情况下适当浅播，播种深度 3 cm 左右。播种时，播种机要匀速前进，下籽深浅一致、行距一致，不漏播、不重播。在播种后 2～4 d 可进行镇压，使种子与土壤紧密结合，利于发芽、出苗。

冬前管理：滨海盐碱地大部分区域没有冬季淡水灌溉条件，冬前管理以镇压为主。麦田镇压有压实土壤、保促根系、控旺抑长、提高抗性的作用。为了使根系健康发育，确保冬季水分需求，可在越冬前进行镇压，压实土壤，减少土壤缝隙，并使小麦叶片破裂受伤、干枯，促进小麦快速进入休眠，缓解墒情压力。部分有灌溉条件地块，可在 11 月下旬至 12 月上旬、日均温度 5℃、浇水夜冻日消时，以漫灌形式浇冻水，灌水量为 80 m^3/ 亩，浇灌完及时排水，注意避免田间积水。

春季管理：无灌溉条件的地区，春季管理在 2 月底至 3 月初返青前进行麦田划锄和镇压，采用机械条施追施尿素 20 kg/ 亩。返青前后及时追肥，后期根据天气预报，降雨前，采用机械条施追施尿素 20 kg/ 亩。有灌溉条件地区，充分利用好引黄灌溉机会，采取大水漫灌方式压盐、压碱，及时对肥水进行补充；轻度盐碱地块，适当推迟春季管理，在 3 月 15 日前采用机械条施追施尿素 25 kg/ 亩，在 4 月上旬完成灌溉，灌水量为 80～100 m^3/ 亩，浇灌完及时排水，注意避免田间积水。中度盐碱地块，为降低春季土壤水分蒸发导致的盐分在耕层富集，采取早抓早管的方式，在 3 月 20 日前完成春季管理。采用撒施方式进行追施尿素 25 kg/ 亩，并完成春灌，漫灌形式浇水，灌水量为 80～100 m^3/ 亩，浇灌完及时排水，注意避免田间积水。拔节期可喷施芸苔素和吡唑醚菌酯等药物提升小麦抗性。

防病除草：在 4 月上旬进行田间化学除草，每亩用 10% 苯磺隆可湿性粉剂 +2 甲双氟悬乳剂防治麦田杂草。使用 12.5% 吡唑嘧菌酯 +4.5% 氟环唑防治白粉病。使用 5% 高效氯氟氰菊酯 +10% 吡虫啉悬浮剂防治蚜虫。

中后期管理：

叶面喷肥和一喷三防：在小麦灌浆期叶面喷施磷酸二氢钾，延长小麦叶片功能期，防早衰，提高粒重，改善小麦籽粒商品品质。“一喷三防”可用 15% 三唑酮 + 吡虫啉 + 磷酸二氢钾兑水叶面喷施。

病虫害防治：白粉病用戊唑醇或三唑酮喷雾防治。麦蜘蛛用虫螨克、甲氰菊酯或阿维菌素加水喷雾防治，蚜虫用灭幼脲、吡虫啉喷雾防治，吸浆虫、棉铃虫可用毒死蜱乳油或高效氯氰菊酯加水喷雾防治。

收获前，地里芦苇等杂草严重地块，可在收获前一周，选用草甘膦 20 g+2,4-D 二甲胺盐 + 有机硅助剂，既能防治芦苇，又能提高收获效率。

6. 收获储藏

收获时间：在小麦完熟期收获，籽粒水分降至 13% 时机械收获并及时仓储。后期常有自然灾害的地区，应提前到蜡熟中期收获，比推迟收获可明显减少损失。

作业要求：收获损失不得超过 5%，籽粒破碎率在 2.5% 以下，籽粒脱净度应达 97% 以上，留茬高度 10 cm，收割机带有秸秆粉碎装置。

储藏条件：收获脱粒后的麦子，应晒干扬净，待含水量降到 12.5% 以下时，进仓储藏。在储藏期间，要注意防热、防湿、防虫。

三、推广应用情况

2021—2024年，在环渤海滨海盐碱地的山东省滨州、河北省沧州地区开展小麦抗逆丰产高效生产技术的示范应用。滨州地区与滨州市农业农村局、滨州市农业技术推广站、滨州市农业科学院、滨州农业高科技示范园区、山东阳信润丰农业科技有限公司进行联合，在滨州沾化、滨城、阳信等地区建立盐碱地小麦高效生产技术示范基地。沧州地区与沧州市种子工作站、河北省农林科学院、河北大禹种业有限公司、河北昌建农业科技有限公司进行联合，在沧州黄骅、海兴等地区建立盐碱地小麦高效生产技术示范基地。通过政府部门＋科研单位＋农业园区＋农业企业＋种植大户“多维一体”的形式进行技术集成与示范应用，建立了百亩示范方5个，开展规模化示范展示，获得多个盐碱地高产典型。其中，山东滨州农业高科技园区示范基地，连续2年百亩示范方实收亩产超过500 kg，在盐分3‰的盐碱地最高亩产达到658 kg。2024年，通过专家验收，滨海盐碱地小麦高效生产技术示范田增产提高19.13%。多家新闻媒体对增产增收情况进行了宣传报道。

经过生产应用验证，滨海盐碱地小麦抗逆高效生产技术能够满足环渤海滨海地区盐碱小麦生产需求，通过从土、肥、种、水、药等多个方面采取措施，综合提高盐碱地小麦产量，为该区域盐碱地小麦生产和盐碱地综合利用提供了实用、高效的技术集成解决方案。

【案例点评】

盐碱地小麦实现丰产，需要综合的技术方案，技术的集成应用是赋能盐碱地小麦提质增效的关键所在。经过多年的试验总结，探索建立了以农田改造和土壤改良为基础，以抗逆耐盐碱小麦品种为核心，以耕种栽培和农艺措施为抓手，可复制、可推广盐碱小麦抗逆生产技术体系。在实际应用过程中，可以本案例滨海盐碱地小麦抗逆高效生产技术为基础，根据种植地块的实际情况对具体技术进行灵活选择，通过多项技术集成共同发挥作用，促进滨海盐碱地小麦丰产，实现盐碱地综合开发利用。

（北京市农林科学院杂交小麦研究所：王拯、陈兆波、刘铎；
东营市垦利区农业发展服务中心：苏磊）

主要参考文献

国家统计局，2024-12-13，国家统计局农村司副司长魏锋华解读粮食生产情况 [EB/OL]. https：//www.stats.gov.cn/sj/sjjd/202412/t20241213_1957743.html.

琚锐佳，李逸波，朱文荟，2022. 粮食安全视角下我国小麦进口量波动趋势预测研究——基于 ARIMA 预测模型 [J]. 安徽农学通报，28(10): 27-30.

王宇飞，孟焕文，李睿光，等，2023. 噻虫嗪拌种对荞麦蓟马的防效及种子发芽和幼苗生长的影响及机制 [J]. 内蒙古农业大学学报（自然科学版），44(3): 7-12.

王拯，张胜全，陈兆波，等，2023. 滨海盐碱地秸秆还田对小麦生长及产量的影响 [J]. 农业科技通讯 (9): 92-94，156.

王拯，张胜全，宋科，等，2023. 环渤海滨海盐碱地小麦丰产技术讨论 [J]. 中国种业 (6): 1-5.

徐云姬，姜丽秋，吴昊，等，2024. 小麦耐盐种质筛选及栽培调控技术研究进展 [J]. 麦类作物学报，44(3): 334-343.

杨莉琳，唐书达，朱向梅，等，2023. 生物炭与土壤调理剂对滨海荒芜重盐碱地先锋作物的影响 [J]. 中国生态农业学报（中英文），31(3): 487-494.

张贵芹，王洪章，郭新送，等，2024. 有机物料投入对滨海盐碱地土壤理化性状和夏玉米产量形成的影响 [J]. 作物学报，50(9): 2323-2334.

张洪宇，2020. 滨海盐碱地暗管改良技术 [J]. 现代农村科技 (10): 52.

赵英，王丽，赵惠丽，等，2022. 滨海盐碱地改良研究现状及展望 [J]. 中国农学通报，38(3): 67-74.

案例二

小麦分层镇压全幅匀播技术

一、传统小麦生产技术现状

小麦是我国重要的粮食作物，对保障国家粮食安全具有重要的意义。近年来，受种植结构调整、耕地面积减少及综合经济效益低下等因素影响，小麦种植面积连年减少，2021 年其种植面积虽有小幅度上升，打破了四年来持续下滑的趋势，但 2022 年其种植面积又迎来小幅度降低。据统计，2022 年全国小麦种植面积为 2 352 万 hm^2，同比下降 0.2%；单位面积产量为 5 856 kg/hm^2，同比增长 0.8%；总产为 13 773 万 t，同比增长 0.6%。2020 年以来，我国小麦进口量激增，主要原因是生活水平提高，人们对食品质量安全、品质及营养搭配需求消费观念的转变，使得小麦面制品市场改革升级，加大了对优质小麦的进口量。据海关统计，2022 年中国小麦进口总量为 996 万 t，同比增长 1.9%，从进口来源看，主要以加拿大、法国和澳大利亚等国为主，分别占进口总量的 18%、17.1% 和 57.5%。同时中国小麦面临着生产成本高、绿色化程度及资源利用率低下等问题，具体表现在人工和土地成本占比较高，机械化水平落后，农药和化肥投入量大，土地碎片化程度高，严重制约中国小麦绿色可持续发展。作为农业种植领域，亟须探寻有效的小麦种植策略，从种植源头上提高综合经济效益，为国家粮食安全保驾护航。

品种、播种形式、种植密度和施肥模式等栽培管理措施对小麦产量的建成起关键作用。其中小麦传统条播方式由于播幅较小，形成植株重叠和郁闭现象，易造成冠层间透风透光条件差、个体与群体间矛盾突出、抗倒伏能力降低和产量下降等问题的发生。小麦宽幅精播高产栽培技术曾连续 10 年作为山东省和全国主推技术，目前山东省一半以上种植面积采用该技术，同时在全国其他省份也有较大面积的推广应用。此项技术是在精量和半精量理论基础上，优化群体结构，形成以扩播幅、增行距、促匀播为技术核心的高产高效栽培模式。通过宽幅精播技术构建合理的小麦冠层微环境、改善透光通风条件、减少土壤水分蒸腾速率和发挥植株边行优势等方式，提高光能截获率、净光合速率、水分利用率和养分合理分配，达到增穗数、提穗重和强茎秆的目的，以实现小麦高产稳产。研究表明，宽幅精播较传统条播通过增加穗数和分蘖数增产 15.4%～22.5%。当小麦宽幅精播种植密度为 180 万株 /hm^2 时，可显著提高光合利用率、籽粒产量和水分利用率，故通过调控小麦种植密度和播种方式等农艺措施是生产中较为有效和认可度较高的一种方式。小麦生产要紧紧围绕“足群体、壮个体、高积累”的技术理念，开展小麦高产攻关、关键技术熟化和共性技术探究，从理论上阐明其生理生化机理，从实践中集成构建一批新的小麦关键技术模式，确保中国人的饭碗牢牢端在自己手中。

二、小麦分层镇压全幅匀播技术的特点和优势

（一）小麦分层镇压全幅匀播技术简介

小麦分层镇压全幅匀播技术是改传统条播方式为全幅匀播，使得种子均匀分布于同一深度土壤中，充分利用行间裸地，优化单株生长发育空间，并通过先将种子嵌压入土再覆土镇压的方式，使种子与土壤接触密实，有利于小麦发芽长根，形成均衡健壮个体。同时依据种植区地力和气候条件，较传统条播可适当提高其种植密度（图 1）。

A—小麦全幅匀播出苗期；B—小麦全幅匀播分蘖期；

C—传统条播拔节期；D—小麦全幅匀播拔节期。

图 1　植株阶段生长样式图

（二）小麦分层镇压全幅匀播技术核心

分层镇压全幅匀播高产栽培技术采用小麦全幅镇压嵌种施肥精播一体机（图 2），是集混旋施肥，全幅风吹散种，种子嵌入式第一次镇压，轻覆土，依据墒情及地力条件选择二次镇压及划锄破土 6 道工序于一体的机器。

图 2　小麦全幅镇压嵌种施肥精播一体机

（1）田块选择。应选择前茬种植玉米的田块，需要对秸秆进行粉碎还田，秸秆长度 5 cm 以下，作业质量符合《秸秆粉碎还田机　作业质量》（NY/T 500—2015），且整地后地势平坦、浇灌便利。耕地质量应符合《小麦安全生产的土壤镉、铅、铬、汞、砷阈值》（GB/T 41685—2022）。

（2）品种选择。选用经审定的高产、稳产和抗逆的中多穗型小麦品种，种子质量应符合《粮食作物种子　第 1 部分：禾谷类》（GB 4404.1—2008）的规定。即种子纯度≥99.0%，发芽率≥85.0%，水分≤13.0%。

（3）施肥。依据土壤养分亏缺情况及土质类型平衡施肥，减肥增效，改善土壤质量。可每亩施入 2 500～3 000 kg 腐熟有机肥，产量水平在 500～600 kg/ 亩的地块，推荐纯氮（N）使用量约为 14 kg/ 亩，五氧化二磷（P_2O_5）使用量约为 8 kg/ 亩，氧化钾使用量约为 8 kg/ 亩；产量水平在 600 kg/ 亩以上的地块，推荐纯氮（N）使用量约为 16 kg/ 亩，五氧化二磷（P_2O_5）使用量约为 10 kg/ 亩，氧化钾使用量约为 10 kg/ 亩，氮肥基肥和追肥施入比例为 3 : 2，磷钾肥均作基肥一次性施入。肥料选择和施用方式应符合《肥料合理使用准则　通则》（NY/T 496—2010）规定。

（4）播种。①适期播种：日平均温度应控制在 14～18℃进行播种，全省小麦适期播种时间为：鲁东、鲁中和鲁北地区 10 月 1—10 日，鲁西地区 10 月 3—12 日，鲁南和鲁西南地区 10 月 5—15 日。②适量播种：应根据品种特性及当地气候条件适量播种，控制基本苗每亩 12 万～18 万，播种时期每推迟 1 d，播量增加 0.25～0.5 kg/ 亩。③适墒播种：小麦播种时土壤耕层相对含水量≤75%。墒情不足的田块，应遵循“浅播压水”的原则，基本流程为整地、播种（播深 2～3 cm）、浇蒙头水（播后 2～3 d），可采用淋灌节水补墒，以保障足墒发芽，确保一播全苗。

（5）机具选择。提倡采用小麦全幅镇压嵌种施肥精播一体机进行播种。机器播种前后流程为前混旋施肥、风吹式散种、镇压嵌种、轻覆土，根据墒情进行镇压划锄，种子埋深 3～4 cm，行进速度为 60～80 m/min。播种质量应符合《小麦精少量播种机　作业质量》（NY/T 996—2006）规定。

（6）苗后镇压划锄。①冬前：小麦出苗后应及时查缺补漏，确保苗齐、苗全。对播种后耕层仍存在较多土块、麦苗过度旺长的田块，应及时镇压，踏实土壤，减蒸提墒。应遵循“压干不压湿、压软不压硬、压轻不压重”的原则，即墒情适宜条件下可据苗情适度镇压，过湿地块不宜镇压；耕层结冻地块不宜镇压，以防折苗；晚播地块，应选择轻压，防止麦苗机械损伤严重，机体无法及时自愈调整，造成弱苗发生。存在地表板结和裂缝的地块，应以划锄为主，或镇压划锄相结合。②冬后：返青期至拔节期，应及时镇压，抑制植株地上部生长，促进地下部根系发育，达到控旺助壮的目的，起到炼苗增抗的效果，可有效防治倒春寒。

（7）灌溉。①越冬水：于 11 月中下旬至 12 月上旬浇灌越冬水，期间日均气温维持在 5℃左右，且灌溉水呈现夜冻昼消时较为适宜。灌水量应控制在 30～40 m^3/ 亩。②拔节水：依据地力、墒情和苗情确定浇灌时间。小麦分蘖率较低时应在拔节初期浇水；分蘖率高的一般地块，适宜在拔节中期浇灌；墒情较好、肥力充足、分蘖率高的麦田，适宜在拔节后浇灌。灌水量应控制在 30～40 m^3/ 亩。

（8）坚持“预防为主，综合防治”的植保理念，针对小麦不同种植区气候特点和生育期主要病虫草害发生规律，遵循“突出重点、因地制宜、分类指导”精准防控原则，采用生物防治、化学防治和机械防治结合无人机、自走式打药机等现代农业机械进行多渠道、多方位科学绿色防控。选择抗病抗逆品种、推荐药剂拌种、全幅匀播栽培、适期晚播等农艺措施进行基础性预防，强化统防统治与绿色防控相融合，保障小麦生产安全。农药使用符合《农药合理使用准则》（GB/T 8321）规定。

病虫草害防治。冬前和春季是病虫草害的高发时期，应根据病虫草害发生类型及为害程度，合理选择药剂及用量。①草害防治：选用噻吩磺隆可湿性粉剂、双氟磺草胺、2,4- 滴丁酯乳油、唑草酮及其配方药剂等防治播娘蒿和荠菜为主的麦田；选用炔草酯可湿性粉剂、唑啉草酯、异丙隆可湿性粉剂及其配方药剂等防治野燕麦、多花黑麦草和大穗看麦娘为主的麦田；选用叮磺草胺、氟唑磺隆、甲基二磺隆及其配方药剂防治节节麦。②病害防治：小麦苗期选用噻虫嗪、辛硫磷乳油、毒死蜱乳油等种子拌种剂防治地下害虫，选用吡虫啉、阿维菌素、苯丁・哒螨灵等药剂防治蚜虫和红蜘蛛；返青期至拔节期应重点防治纹枯病、白粉病和茎基腐病，应选用井冈霉素、戊唑醇、苯醚甲环唑等药剂喷施小麦；小麦抽穗至灌浆期可选用咪鲜胺、甲基硫菌灵、多菌灵等药剂防治赤霉病等发生。③虫害防治：小麦开花至灌浆期是蚜虫高发期，可选用吡虫啉、噻虫嗪、啶虫脒等药剂进行防治；吸浆虫高发区域，应选用氯氟氰菊酯、氯氟·吡虫啉、辛硫磷等药剂进行防治（图3）。

A　　B

A—小麦传统条播；B—小麦全幅匀播。

图3　不同种植模式草害发生情况

（9）适时收获。小麦籽粒含水率20%以下进行机械收获。及时晾晒、烘干预防籽粒发芽、发霉，当籽粒含水率降至13%以下时可进仓入库。

（三）发展优势

一是有利于个体健壮。小麦分层镇压全幅匀播栽培技术较传统条播和宽幅精播技术通过优化群体机构，化行距为苗床，可减少土地裸地面积、扩大个体发育空间，同时减缓物种间对养分、水分、空气及光照等资源的竞争作用，可健壮个体，提高土地利用效率、降低草害发生概率和土壤水分蒸发率、增强净光合速率、提高肥料利用率、延缓小麦功能叶片衰败时间。

二是更容易一播全苗。小麦分层镇压全幅匀播栽培技术应用全幅匀播机，能实现旋耕整平—风吹落种—重压—覆土—轻压的作业流程，将种子重压入土，再覆土轻压，打造了上松下实的种床。自带双旋耕犁、分层镇压、传送覆土装置和智能精密下种系统，播种均匀、深浅一致、镇压密实，大幅提高播种质量，使小麦苗齐、苗壮。减少作业流程、提高作业效率、降低作业成本、提升作业质量，保障了小麦规范化种植，实现农机农艺深度融合。

三是更符合小麦的生物学特性。小麦具有分蘖成穗的特性。全幅匀播扩大了个体发育空间，光照及水肥供应充足，有利于增加分蘖和提高分蘖成穗率。适期播种时，在减少20%播种量的情况下，仍可使亩穗数增加5万～11万。同时，小麦的库（穗）在植株的最顶端，其产量主要靠穗部和旗叶的光合作用，不像玉米产量主要靠棒三叶的光合作用，因此植物的边际效应对小麦产量的影响更小。

四是节水抑盐效果明显。上松下实的种床结构，可以降低土壤毛细管作用，减缓封垄前土壤水分蒸发。小麦全幅匀播可实现麦田苗期提早封垄，更早的将地表蒸发水转变为植株蒸腾水，提高水分利用效率。土壤表面蒸发水分的减少又减缓了盐分向表层聚集，降低旱、盐对小麦生长的影响。

五是有利于根系发育。全幅匀播机将种子直接压入土中再覆土轻压，使种子和土壤接触更密实更有利于根系生长；同时小麦根系分布由传统条播拥挤成一条线，变为布满整个耕层，根系生长空间扩大，吸收水肥特别是磷肥的范围更广阔，为根系生长提供了更充足的养分。

（四）应用推广做法和成效

1. 应用推广做法

（1）技术集成与示范。结合种植区域自然资源特征、种植结构特点和地力条件，示范推广适宜当地全幅匀播急需的小麦品种，集成构建以混旋施肥、全幅匀播、镇压嵌种、覆土阻盐为核心的小麦全幅匀播技术模式。

汇总整合参与单位人才优势、科研基础、示范基地等资源全面推进小麦全幅匀播技术研发与推广工作。依托科研高校院所开展小麦全幅匀播关键技术熟化、共性问题探索和配套技术创新，建立科技特派员试验示范基地，组织科技特派员深入农业一线，对田间管理、配套机械、技术理念等多方面进行全方位、多理念的技术指导，不仅让种植者掌握作物栽培流程，而且使其理解小麦全幅匀播技术理论，从根源上改变种植者传统栽培思想，打破思想壁垒，突破产量瓶颈；同时采取线上与线下相结合的方式多渠道培养一批科研技术带头人，全面建设成小麦全幅匀播技术培训、成果推广、信息发布等农业综合技术服务体系，增加农民获取关键技术渠道。结合农民专业合作社、新型农业经营主体和种植大户等基层农业经营者开展小麦全幅匀播技术示范推广工作，建立小麦分层镇压全幅匀播技术模式示范田，培养科技致富带头人，加快科技成果转化，辐射带动农民增产增收。

（2）强调顶层设计，助推农技推广。坚持全面融合发展，设立领导小组，充分发挥党政领导一切可调用的内外资源，提升农业综合发展水平，推动小麦分层镇压全幅匀播关键技术模式的集成与示范工作。于2022年10月下发《关于进一步提升粮食绿色高质高效创建行动的通知》，在此基础上成立以滨州市农业农村局主要领导为组长的“粮食绿色高质高效创建行动提升市级领导小组”和以专业技术人员为主导的“小麦全幅匀播试验示范工作市级专家指导组”，负责协调部门间工作对接、制定实施方案、推进任务进程、监督过程环节，为粮食绿色高质高效创建和小麦全幅匀播技术推广工作保驾护航。结合前期工作基础，完善和创新关键技术，研讨制定“全市 2022—2023 年度小麦全幅匀播试验示范实施方案”，同时“粮食绿色高质高效创建行动”项目以上述“实施方案”为依托，涵盖小麦全幅匀播相关技术理念，为其提供资金及平台支持，确保其技术研发与推广过程能顺利运转。

2. 应用推广成效

滨州市农业农村局在其相关政策资金支持下对小麦全幅匀播关键技术模式进行推广应用，涵盖盐碱地和正常农田两种土壤类型的小麦高产攻关，均取得较好成效。于 2021 年 10 月至 2022 年 6 月在滨州市无棣县小麦全幅匀播试验示范基地进行小麦分层镇压全幅匀播技术推广工作，土壤含盐量 2.1‰，前茬为夏玉米，实际产量为 424.81 kg/ 亩，较传统条播增产 20.99%；于 2021 年 10 月至 2022 年 6 月在滨州市滨城区高产攻关示范田进行小麦分层镇压全幅匀播技术推广工作，土壤含盐量为 1.75‰，实际产量为 497.05 kg 亩，较传统条播增产 27.46%，2022—2023 年度在盐碱地上累计推广 5 万亩左右；于 2022 年 10 月至 2023 年 6 月在山东省邹平市绿色高质高效行动前瞻性试验示范田进行小麦全幅匀播技术推广工作，土壤含盐量为 0.8‰，实际产量为 644.48 kg/ 亩，较宽幅精播增产 7.74%。

【案例点评】

小麦是我国重要的粮食作物，约 43% 的人口以小麦作为口粮，对保障国家粮食安全具有重要意义。针对目前国内小麦种植结构单一、效益低下、绿色化程度不高等问题，探索新型小麦种植模式，旨在为小麦高产攻关、打破产量瓶颈、提质增效、减肥减药提供技术支撑，集成构建小麦全幅匀播技术模式。本案例的亮点，是优化群体结构，通过配套机械实现混旋施肥、全幅风吹散种、种子嵌入式第一次镇压，轻覆土、依据墒情及地力条件选择二次镇压及划锄破土 6 道工序，化行距为苗床，减少裸地面积，以提高土地利用率、减少病虫草害发生概率和合理分配光、温、热、气、养等资源，有效提高产量。同时通过技术集成示范、开展技术培训、培育创业主体和创业载体等推广模式，加快农业成果转化，带动产业发展，为乡村振兴和高效生态农业发展保驾护航。

（滨州市农业技术推广中心：宋元瑞、张洁、王兆波、韩康慧；
滨州市农业教育培训中心：宋立成、王曙光；
滨州市农业科学院：韩小伟；
东阿县农业技术推广中心：黄绪甲）

主要参考文献

常旭虹，王艳杰，陶志强，等，2019. 小麦立体匀播栽培技术体系 [J]. 作物杂志 (2): 168-172.

陈桂平，程辉，范虹，等，2023. 绿洲灌区宽幅匀播和传统条播春小麦产量对水氮减量的适应性研究 [J]. 中国农业科学，56(13): 2461-2473.

陈猛，梁雪齐，李玲，等，2021. 种植密度对匀播冬小麦干物质积累、转运及产量的影响 [J]. 麦类作物学报，41(2): 238-244.

郝瑞煊，孙敏，任爱霞，等，2022. 宽幅条播冬小麦水分利用与干物质积累、品质的关系及播种密度的调控研究 [J]. 作物杂志 (2): 119-126.

焦慧洁，2022. 渭北旱塬化肥减施协同宽幅条播实现小麦增产增效的技术途径 [D]. 杨凌：西北农林科技大学 .

刘运景，郑飞娜，张秀，等，2022. 宽幅播种对强筋小麦籽粒产量、品质和氮素吸收利用的影响 [J]. 作物学报，48(3): 716-725.

孟静娇，谢志坚，刘婷婷，等，2023. 保山市烟后玉米高产栽培技术 [J]. 中国农技推广，39(3): 47-49.

石吕，薛亚光，魏亚凤，等，2021. 基于宽窄行种植模式下稻秸非均匀性覆盖对土壤特性及小麦产量的影响 [J]. 核农学报，35(7): 1668-1677.

孙允超，彭科研，冯盛烨，等，2022. 宽幅精播中行距与幅宽对小麦干物质积累与分配的影响 [J]. 作物杂志 (5): 130-134.

王凯，贾永红，罗四维，等，2023. 播种方式和种植密度对冬小麦根系生长和产量的影响 [J]. 麦类作物学报，43(2): 225-232.

王玉娇，常旭虹，王德梅，等，2023. 播种方式对不同品种小麦产量和品质的影响 [J]. 作物杂志 (1): 122-128.

于慧玲，阚茗溪，徐哲莉，等，2023. 匀播和条播小麦产量及干物质积累对春季灌水量的响应 [J]. 作物学报，49(10): 2833-2844.

张金汕，贾永红，孙鹏，等，2021. 匀播和施氮量对冬小麦群体、光合及干物质积累的影响 [J]. 中国农业大学学报，26(7): 12-24.

张永科，王瑞，郭勇，等，2020. 不同田间种植型式小麦产量研究 [J]. 陕西农业科学，66(10): 8-11，21.

赵海军，李宗新，林海涛，等，2021. 滨海盐碱地粮食作物丰产增效 [M]. 北京：中国农业科学技术出版社 .

赵凯男，常旭虹，王德梅，等，2019. 立体匀播和施氮量对冬小麦产量构成及旗叶光合性能的影响 [J]. 作物杂志 (1): 103-110.

赵凯男，张保军，王德梅，等，2019. 提高立体匀播冬小麦光合效能和产量的最佳追氮时期 [J]. 植物营养与肥料学报，25(8): 1354-1361.

案例三

小麦垄作沟播抗盐丰产增效耕种技术

一、基本情况

我国盐碱地分布范围广、土壤盐碱成分比较复杂，盐碱地面积占比较大，是全球第三大盐碱地分布国家。目前，我国拥有各类可利用盐碱地5亿多亩，其中具有农业利用前景的盐碱地总面积1.85亿亩，滨海盐碱地约占7 500万亩（李秀军等，2000）。滨海盐碱地的形成主要与长期海水直接浸渍、盐浓度大、地势低、排水困难等因素关系密切，例如，“粤、浙、闽”等长江以南的滨海冲积平原及“辽、鲁、冀、苏”等沿海区域都是滨海盐碱地分布的主要范围（徐晓红等，2018），滨海盐碱地的土壤含盐类型主要为Na^+和Cl^-，其表现出反复积盐和脱盐的特征，主要通过离子毒害和改变细胞膜透性阻止养分成分（氮、磷、钾等）吸收，不利于农作物正常出苗，进而阻滞其营养生长和生殖生长，最终显著降低产量。因此，挖掘盐碱地作物生产潜力、集成抗盐碱配套栽培技术体系、提高盐碱地粮食作物产量，对于提高土地增量、稳定并保障我国粮食安全具有重要意义。

小麦是我国主要粮食作物，也是盐碱地种植的一种常见农作物。小麦的耐盐碱能力较弱，尤其是在出苗、分蘖、成穗、产量等性状形成的关键时期，容易受到盐碱胁迫的不利影响，例如，盐碱环境可通过抑制小麦的出苗、植株分蘖、植株光合作用、营养元素吸收等降低小麦产量。近年来，在盐碱地综合利用技术方面，比较成熟有效的经验做法主要包含以下几种技术措施：一是强化水利工程沥盐、排盐。滨海地区针对地势低、地下水位较高等特点，采取“填土筑高＋明沟强排”措施，减少盐碱对作物的伤害。二是开展高标准农田建设综合治盐。例如山东省东营市建设高标准农田200多万亩，使盐碱耕地占耕地比重下降约20个百分点。三是加强土壤改良培肥盐碱地，通过采取深松深耕、增施有机肥、秸秆还田等农艺措施，以及添加化学改良剂等措施，改善土壤理化性质，提高洗盐、排盐效率，促进农作物生长。四是因地制宜探索综合治理模式改良盐碱地，根据不同区域特点、盐碱类型、光热条件、土壤类型、水资源条件，集成组装以工程措施为基础，辅以农艺、化学、生物等措施的综合治理模式，实现防治结合。但是以上技术措施还存在着治理成本高、易受水资源缺乏制约、盐分易反复等问题。小麦耐盐碱栽培技术集成是盐碱地综合利用的重要组成部分，通过优化各项栽培因子，例如通过淡水压盐、增施有机肥、重施氮磷化肥、小麦沟播等技术可显著提高小麦产量。其中，小麦盐碱地沟播栽培是一项易操作、增产效果明显的小麦生产技术。主要技术要点是地整平、深播种、浅覆土，播后留下浅沟，小麦生长在沟内，它具有引盐上垄，使小麦躲避盐碱危害的作用。小麦垄作沟播抗盐丰产增效耕种技术通过优化盐碱地小麦生产中的各项栽培因素，通过“保出苗、增群体”等途径，可较大幅度提高小麦产量。

二、技术的特点和优势

（一）技术背景

盐碱地是我国极为重要的后备耕地资源，挖掘盐碱地小麦生产潜力，开展盐碱地综合利用，对端牢中国饭碗、保障国家粮食安全具有重要意义。除选育耐盐碱小麦品种外，集成配套小麦高产栽培技术也是盐碱地小麦获得高产的重要保障，对大幅度提高盐碱地小麦产量具有重要的意义。目前，盐碱地常规小麦栽培技术主要是畦播或是平播，遭受旱、盐、碱、冻害较重，不易拿苗，出苗率低，幼苗纤弱，并且冬季易受冷、冻害，越冬后返青晚、分蘖少，抗盐碱伤害的能力较差，小麦产量低且不稳定，影响了盐碱地粮食的产量和经济效益。针对盐碱地小麦生产过程中存在的栽培技术问题，根据盐碱地小麦的生长规律与特征，组装集成小麦垄作沟播抗盐丰产增效耕种技术，可显著提高盐碱地小麦产量。

（二）核心技术

1. 选择耐盐碱品种

小麦作为中等耐盐性的作物，在盐含量为 0.3% 时，对小麦生长有抑制作用，当盐度达到 0.7% 时，仍有部分小麦品种可生长，表明选择耐盐碱品种十分必要。耐盐碱小麦品种根系发达、抗旱抗寒能力强、耐贫瘠、适宜早播和分蘖成穗率高。发育前期稳健，后期灌浆快、落黄好、不早衰、水分需求量低和产量稳定。因此，种植主体可以根据盐碱地土壤特点（含盐量等），选择对养分和水分要求低且耐盐碱的小麦品种，适时播种，可显著提高种子活力和成苗率，为高产群体的形成奠定基础。同时一定要注重防治幼苗期虫害和病害，推荐播种前对种子进行包衣。

2. 平整土地，淡水压盐

前茬农作物收获后，小麦播种前，首先对土地进行整体松土，或适当深耕。主要目的是打破犁底层（可以提高土壤脱盐效果），使土壤变疏松，并做到耕作层粉碎均匀，无大的土块，使土壤孔隙度增加，改善土壤通气和温度状况，然后平整土地（平整土地可破坏土壤毛细结构、改善因局部高洼引起的水分蒸发和下渗不均匀状况，对促使水盐均匀下渗、土壤均衡脱盐和消除盐斑有较好的作用，可显著提升降雨淋盐与灌溉洗盐效果，改善土壤盐碱化程度），消灭盐斑，防止土壤次生盐渍化。围埝灌水（做好相应的排水沟，保持水层 0.5～1 cm），用水洗盐，增墒压盐。此外，要在灌水后适时中耕，防止土壤开裂和返碱，此措施可根据土壤墒情等特征视实际情况选择开展。

3. 播种施肥等一体化作业

播种一般采用起垄沟播一体机一次性完成开沟、施肥、播种、镇压等环节，不同区域可根据实际情况而定，可分步操作，亦可选择其中部分环节。小麦机械沟播，表层土壅到埂上，种子播到墒情较好的沟底，起到借墒播种的作用，有利于种子发芽，提早出苗，实现苗齐苗壮。一般采用沟内 3 行种植模式，垄距 70 cm，垄高 18～20 cm，垄宽 30～38 cm，沟宽为 35 cm，沟内行距为 15 cm。也可根据实际情况在沟内播种适当行数的小麦，选择浅播浅盖的原则。基肥每亩施用氮磷化肥 12～16 kg、有机肥 6～9 kg，不同的盐碱型土壤，应选择不同种类的有机肥、复合肥，建议施用一些含硫肥料，如硫酸钾等复合肥。

4. 肥水管理

在水分管理方面，充分考虑盐碱地的水盐运动规律以及小麦各生育阶段耐盐能力，利用最少的浇水达到最好的压盐效果，满足小麦生长发育需水，例如在山东省北部沿海地区，有条件的地区冬前浇封冻水，对幼苗的安全越冬至关重要，一般立冬后进行，日均温约 4℃。可根据区域不同，在起身前后适时进行滴灌管铺设，滴灌管铺设在沟底，靠近中间行的位置，可结合灌水追施尿素，在小麦拔节期，开始追肥工作，要注重早施肥、提高底肥用量（占全部肥料的 60% 以上）、促蘖增根、培育壮苗、提高成穗率，进而促进高产群体的形成，每亩施用氮磷化肥 8～10 kg、有机肥 4～7 kg，主要目的是促分蘖、促生长。在小麦孕穗期，每亩施用氮磷肥 4～8 kg，有机肥 2～5 kg（可根据情况增施有机肥，有机肥可以补充土壤营养物质，改善土壤物理性状，加速土壤脱盐，减少蒸发，抑制返盐，减轻土壤中盐分对小麦的危害）。同时做好排水工作，预防阴雨天气给根系造成损伤。其他管理措施参照小麦正常管理措施。

5. 其他田间管理

做好小麦生长期间的病虫草害防治工作，主要目标是杀虫、防病。具体而言，苗期主要开展蚜虫、红蜘蛛和草害（尤其特别注意节节麦等禾本科杂草）的防治；返青期至抽穗期阶段主要开展小麦纹枯病、根腐病、红蜘蛛、蚜虫、吸浆虫等病虫害的防治；抽穗至灌浆期主要开展小麦白粉病、锈病、赤霉病等病害的防治，例如在山东省、河北省等要注重采用“一喷三防”防治策略。此外，盐碱地小麦后期要适时喷施磷酸二氢钾等叶面肥，防止早衰、提高粒重。

6. 适时收获

以蜡熟末期至完熟期作为小麦最佳收获时期，此时收获产量最高，可以在小麦蜡熟末期开始收获（收获时，注意调节收割机风速大小，减少抛洒损失），山东省、河北省一般在 6 月上中旬，此时期小麦主要特征：叶片枯黄，茎秆尚有弹性，籽粒内部呈蜡质状，含水率 20%～30%，颜色接近本品种固有光泽。并在收获后及时晾晒，保证籽粒水分＜12.5% 后储存。

（三）发展优势

目前使用较为广泛的物理技术、化学技术和生物技术都各具优势，可针对盐碱地某一方面的性质进行改善，但各技术都有一定的局限性，受所需劳动成本、经济成本、资源成本等限制。随着我国盐碱地利用策略变化与技术发展，新材料、新方法、新技术得以在盐碱土地应用，未来应着重于探索适应于盐碱地利用的新方法和新技术，以求减少人力、物力的消耗，将工程措施、农艺措施、生物措施和化学措施有机结合，因地制宜、综合治理，实现盐碱土资源的高效利用。

小麦盐碱地栽培技术主要包括选择耐盐品种、重施有机肥、优化农艺措施等，其中优化农艺措施主要包括提倡早播、以水压盐、地膜覆盖等，这些都为小麦在盐碱地取得较高的产量奠定了栽培技术基础。本案例介绍的小麦垄作沟播抗盐丰产增效耕种技术是对盐碱地小麦栽培技术的集成与优化，对今后小麦的盐碱地栽培与高效生产具有重要的指导意义。总体来看，小麦垄作沟播具有以下优点：一是可以通过沟上土壤水分的蒸发降低沟内盐碱度，根据试验结果，沟播与平播相比，0～5 cm表土层土壤的含盐量降低10%左右，增产10%以上，有条件的地方先对土地进行灌溉，洗盐压碱的效果更加明显。二是小麦播种时选择在沟底播种，然后浅播、浅盖，起到躲盐、借墒、防寒、防旱等作用，一般可比平播减轻冻害死苗10%以上，同时便于集中施肥。三是选用耐盐特征比较强的小麦品种，可减轻盐胁迫对小麦幼苗的危害，有利于小麦出苗（出苗率高）和生长，可保障盐碱地小麦具有一定的生物产量，为较大幅度增加产量奠定生物量基础。四是滴灌具有节水、省肥、省工的优势，沟播与滴灌技术结合对盐碱土壤的盐分和小麦的水分利用效率、产量有积极影响，对盐碱地小麦稳产、肥水高效利用具有重要意义。五是小麦收获后有利于下茬作物如玉米的种植，可将玉米播种于垄上，在夏季可有效预防涝害。

三、应用推广做法与成效

小麦沟播是盐碱地小麦获得较高产量的有效技术措施，小麦沟播增产的原理主要概括为以下几点：一是提高出苗率，沟播可显著降低盐碱对小麦出苗的负面影响，显著提高出苗率，并使苗齐、苗匀，为获得高产奠定了群体基础。二是沟播可提高盐碱地土壤含水量，减少水分散失，提高水分利用效率，促进高产群体形成。三是沟播可引盐上垄，降低沟内土壤的含盐量，优化土壤耕层水盐空间分布，降低盐胁迫对小麦的危害，可增加群体干物质积累量，进而增加产量。关于盐碱地小麦沟播技术的推广应用，部分科研单位已开展或正在开展良种良法配套研发，并且取得了一定成效，例如青岛农业大学对青麦6号相关研究表明，沟内3行播种可显著提高穗粒数和产量。此外，地方推广部门与科研单位合作在小麦垄作沟播抗盐丰产增效耕种技术开发方面集成了相关技术，并大面积推广应用。其中，青岛农业大学和山东省农技推广中心的“盐碱地小麦宽垄沟播栽培技术”获发明专利，青岛农业大学研发的“盐碱地小麦宽垄沟播滴灌技术规程”已成为团体标准，近3年在山东省滨州市、东营市累计推广80余万亩。小麦垄作沟播抗盐丰产增效耕种技术是基于盐碱地小麦全生育期的综合技术，贯穿播种到收获全过程，对保障盐碱地小麦粮食生产具有重要的意义。

【案例点评】

开展盐碱地综合利用对保障国家粮食安全、端牢中国饭碗具有重要战略意义。随着人口数量的增加，通过优化升级农艺措施，挖掘盐碱地利用潜力，对实现小麦绝对增量具有重要意义。小麦垄作沟播抗盐丰产增效耕种技术通过起垄耕作调控水盐移动，基于垄上引盐、垄沟集水聚墒淋盐方式，实现躲避盐碱种植，有利于盐碱地小麦高产栽培群体的形成，对在盐碱地种植小麦具有较大的实践指导意义，可在适宜的地区推广应用。

（北京市农林科学院：杨卫兵、陈兆波；
东营市垦利区农业发展服务中心：苏磊）

主要参考文献

鞠正春，等，2017-09-22. 一种盐碱地小麦宽垄沟播栽培技术：CN 107182495 A[P].

李淑鹏，郭士杰，何玲，2020. 山东省盐碱地改良技术 [J]. 农业知识 (14): 47-48.

刘义国，2016-07-06. 一种盐碱地小麦宽垄沟播栽培技术：CN 105724035 A[P].

陆莉，张建国，张铁恒，2007. 环渤海低平原盐碱地小麦高产栽培技术 [J]. 作物研究 (3): 176-178.

商振芳，谢思绮，罗旺，等，2019，我国盐碱地现状及其改良技术研究进展 [C]// 中国环境科学学会科学技术年会论文集 . 天津：中国环境科学学会 .

宋元瑞，张洁，张广霞，等，2021. 盐碱地玉米小麦周年秸秆覆盖免耕节水抑盐增产技术 [J]. 农业科技通讯 (9): 231-232.

王宝山，陈敏，李平华，等，2003-08-06. 盐碱地小麦高产栽培技术：CN 1433671[P].

王拯，张胜全，宋科，等，2023. 环渤海滨海盐碱地小麦丰产技术讨论 [J]. 中国种业 (6):

1–5.

于健波，2020. 盐碱地晚播小麦高产高效栽培技术研究 [J]. 扬州：扬州大学 .

赵英，王丽，赵惠丽，等，2022. 滨海盐碱地改良研究现状及展望 [J]. 中国农学通报，38(3): 67–74.

周和平，张立新，禹锋，等，2007. 我国盐碱地改良技术综述及展望 [J]. 现代农业科技 (11): 159–161，164.

案例四

黄河三角洲小麦—玉米双深双晚周年水热资源高效利用关键技术

一、传统小麦–玉米生产技术现状

黄河三角洲是我国重要的粮食产区，冬小麦—夏玉米一年两熟是该区主要栽培模式，对保障国家粮食安全具有重要意义。然而，黄河三角洲现有盐碱耕地 30 多万公顷（赵海军等，2021），面临盐渍化严重、分布广泛、治理难度大等问题，因缺乏耐盐碱品种及配套技术，严重制约农业发展；同时黄河三角洲面临水资源短缺问题，其中农业灌溉是该区主要用水去向，且降水极端集中，2015—2019 年，该地区年平均降水 685 mm，仅雨季 7 月下旬至 8 月上旬降水量平均 520.5 mm，占全年降水量的 75.9%，夏玉米季集中降水易产生雨涝和形成地表径流损失，冬小麦季严重缺水，无法满足植株生长发育的需要。

黄河三角洲地区小麦季多以旋耕为主，而玉米季多采用免耕直播栽培方式，长期旋耕和少耕栽培措施易造成耕层变浅、植株吸收土壤养分、水分库容减小和抗逆缓冲性降低等结构性变化，进而造成作物产量降低（赵亚丽等，2014；龙潜等，2019）。通过改变传统耕作方式以优化土壤微环境，改善土壤团粒结构，扩大耕层库容。目前针对此耕作现状做出相应调整，改传统旋耕为小麦季深松的耕作流程。

传统栽培生产中以玉米早收、小麦早播为主，玉米一般在 9 月中下旬收获，此时籽粒乳线仅为 50% 左右，粒重仅为完熟期峰值的 80% 左右，造成 10% 以上的玉米减产，小麦在 10 月 1 日前后播种，导致冬前小麦旺长，拔节期和孕穗期提前，造成冻害频发（付雪丽等，2009）。黄淮海北部光热资源相对短缺，为充分利用光温资源，相关专家推行冬小麦—夏玉米“双晚”种植模式，即夏玉米收获期推迟至 10 月上旬，冬小麦播期推迟至 10 月中旬，延长玉米生长发育期，以获得更多光热资源分配，保障玉米增产增收（周宝元，2021；闫岩，2022）。

二、技术特点与优势

（一）小麦—玉米双深双晚技术简介

小麦—玉米双深双晚技术核心为玉米季深松播种（深松 35 cm），小麦适度深翻（25 cm 以内）；玉米晚收（10 月中旬），小麦晚播（10 月中下旬）。

通过玉米深松播种打破犁底层，增加土壤通透性和蓄水能力，有利于根系深扎，增强玉米抗旱耐涝抗倒伏能力，同时将雨季过多的降水储存于深层土壤中，做到夏水秋冬用，遇秋旱深层土壤仍能保持较好墒情。

通过小麦适度深翻可将深层的湿土翻上来，确保秋旱时小麦能适时适墒播种出苗；原表层干土翻到深层后，深层土壤水分可以将其渗透湿润，确保小麦根系生长所需水分，并大幅提高播种质量、降低病虫草害。

双晚技术模式充分利用晚播小麦余留光温资源，挖掘玉米生产潜能，同时有效避免冬前小麦旺长和拔节期、孕穗期提前造成的冻害影响。

（二）小麦—玉米双深双晚技术核心

1. 玉米季

（1）品种选择及种子处理。选用经过种子管理部门审定，可在本区域推广，适合机械化作业、耐密植、抗倒伏、适应性强、熟期适宜、稳产高效的品种。如郑单958、登海605、浚单20、伟科702、先玉335、登海618等，种子质量符合《粮食作物种子　第1部分：禾谷类》（GB 4404.1—2008）的规定。根据种植区病虫害发生规律鉴选有效种衣剂进行拌种，种衣剂拌种要求符合《农作物薄膜包衣种子技术条件》（GB/T 15671—2009）的规定。

（2）播期。6月10—17日小麦收获后，及时抢茬播种。

（3）播种密度。播种密度比预定收获密度应增加10 %左右。播种密度宜为4 500～5 000株/亩，可依据品种特性、气候条件和地力水平等适宜播种。

（4）种肥精准同播。采用播种、施肥、深松一体化播种机播种。深松35～40 cm；行距60 cm ± 5 cm，播深3～5 cm，深浅保持一致，播后镇压，如土壤墒情不足，可在播种后及时灌溉蒙头水。氮磷钾肥及其他中微量元素按土壤供肥能力和目标产量确定，通常按每生产100 kg籽粒施用氮（N）3 kg、磷（P_2O_5）1 kg、钾（K_2O）2 kg计算；采用深松分层深施。肥料使用符合《肥料合理使用准则　通则》（NY/T 496—2010）规定。

（5）田间管理。

①化学除草：播种墒情较好，可选用乙阿合剂、二甲戊乐灵进行封地处理。墒情较差时，可在玉米3～5叶期、杂草2～5叶期选用烟嘧磺隆悬浮剂进行化学防控。机械作业质量符合《农药喷雾机（器）田间操作规程及喷洒质量评定》（GB/T 17997—2008）和《农药安全使用规范　总则》（NY/T 1276—2025）规定。

②病虫害防治：按照“预防为主，综合防治”的原则，玉米主要病害有大小斑病、褐斑病、茎腐病，虫害主要有蚜虫、蓟马、玉米螟、黏虫等，可依据种植区病害发生规律，选用高效低毒化学药剂、生物天敌或机械防治。农药使用要求符合《农药合理使用准则》（GB/T 8321）规定。

宜采用自走式打药喷雾剂或无人机进行药剂配施，提高作业效率和配施均匀度。植保无人机作业要求符合《植保无人驾驶航空器技术规范》（NY/T 3213—2023）的规定。

（6）收获。10月10—20日玉米籽粒乳线消失、基部出现黑层后收获。玉米籽粒含水量≤28%，选用玉米籽粒收获机进行籽粒收获，作业质量应符合《玉米收获机　作业质量》（NY/T 1355—2025）的规定。收获后应及时晾晒或烘干处理，待籽粒含水量≤14%，入库储藏，籽粒储藏要求符合《粮油储藏技术规范》（GB/T 29890—2013）的规定。

2. 小麦季

（1）整地。

①前茬秸秆粉碎还田作业质量应符合《秸秆粉碎还田机　作业质量》（NY/T 500—2015）的规定。

②深翻 18～35 cm，首次深翻不超过 22 cm，后逐年加深。

③旋耕 2～3 遍并适度播前镇压。

（2）选用良种。黄淮海冬小麦种植区经审定的耐寒、抗病、抗倒的多穗型小麦品种，如济麦 22、鲁原 502、山农 28 号、山农 20、临麦 4 号、良星 99 等。种子应用高效低毒的专用种衣剂包衣。种子包衣应符合《农作物薄膜包衣种子技术条件》（GB/T 15671—2009）的规定。

（3）播期和播种量。

适期播种：日平均温度应控制在 14～18℃进行播种，播期选为 10 月 15—30 日。适量播种：每亩基本苗确保在 12 万～18 万，播种量计算公式：每亩播种量（kg）=［基本苗 × 千粒重（g）］/［发芽率 × 出苗率 ×1 000×1 000］。

（4）播种方式。应采用全幅或宽幅窄行播种。播种深度为 3～5 cm。播种机行走速度≤5 km/h，保证下种均匀、深浅一致、行距一致、不漏播、不重播。宜采用带镇压器播种机同步镇压或播后镇压，作业质量符合《小麦精少量播种机　作业质量》（NY/T 996—2006）的规定。

（5）施肥。依据土壤养分亏缺情况及土质类型平衡施肥，减肥增效，改善土壤质量。可每亩施入 2 500～3 000 kg 腐熟有机肥，每亩纯氮使用量为（N）14～16 kg，磷（P_2O_5）和钾使用量均为 8～10 kg。氮肥基肥和追肥施入比例为 3∶2，磷钾肥均作基肥一次性施入。肥料选择和施用方式应符合《肥料合理使用准则　通则》（NY/T 496—2010）规定。

（6）田间管理。

①镇压划锄：冬前、冬季、初春及浇水或雨后利用镇压划锄一体化技术及时划锄镇压。

②灌溉：于 11 月中下旬至 12 月上旬浇灌越冬水，其间日均气温应维持在 5℃左右，此时灌溉水呈现夜冻昼消变化。灌水量在 40 m^3/ 亩左右。拔节水依据地力、墒情和苗情确定浇灌时间。小麦分蘖率较低时应在拔节初期浇水；分蘖率高的一般地块，适宜在拔节中期浇灌；墒情较好、肥力充足、分蘖率高的麦田，适宜在拔节后浇灌。灌水量应控制在 30～40 m^3/ 亩。5 月上旬浇抽穗、扬花水，灌水量为 30～40 m^3/ 亩。为预防小麦贪青晚熟和后期倒伏，慎浇麦黄水。灌溉用水符合《农田灌溉水质标准》（GB 5084—2021）规定。

③化学除草：选用噻吩磺隆可湿性粉剂、双氟磺草胺、2,4- 滴丁酯乳油、唑草

酮及其配方药剂等防治播娘蒿和荠菜为主的麦田。选用炔草酯可湿性粉剂、唑啉草酯、异丙隆可湿性粉剂及其配方药剂等防治野燕麦、多花黑麦草和大穗看麦娘为主的麦田；选用叮磺草胺、氟唑磺隆、甲基二磺隆及其配方药剂防治节节麦。

④病虫害防治：小麦苗期选用噻虫臻、辛硫磷乳油、毒死蜱乳油等种子拌种剂防治地下害虫，选用吡虫啉、阿维菌素、苯丁·哒螨灵等药剂防治蚜虫和红蜘蛛；返青至拔节期应重点防治纹枯病、白粉病和茎基腐病，应选用井冈霉素、戊唑醇、苯醚甲环唑等药剂喷施小麦；小麦抽穗至灌浆期可选用咪鲜胺、甲基硫菌灵、多菌灵等药剂防治赤霉病等发生；小麦开花至灌浆期是蚜虫高发期，可选用吡虫啉、噻虫嗪、啶虫脒等药剂进行防治；吸浆虫高发区域，应选用氯氟氰菊酯、氯氟·吡虫啉、辛硫磷等药剂进行防治。农药使用符合《农药合理使用准则》（GB/T 8321）规定。

⑤叶面肥喷施：于小麦灌浆期每亩喷施磷酸二氢钾溶液和尿素均为 0.5 kg，兑水 100 kg。追肥时间应选择 16 时后进行，间隔 7 d 再次喷施。

（7）适期收获。于蜡熟末期至完熟初期进行机械收获，籽粒含水量应≤20%。应及时晾晒或烘干，含水量≤13% 可入仓储藏。

（三）小麦—玉米双深双晚发展优势

“双深双晚”种植模式有效解决了黄河三角洲地区一年两熟区光热水资源紧张、自然降水极端集中和旱涝转换快的难题，尤其在黄河用水指标减少、极端天气频繁的背景下，该模式凸显其优势。在黄河三角洲地区大力发展双深双晚玉米小麦周年水热资源高效利用种植技术，协同提高粮食产量和水分利用效率，有利于推动“十四五”时期黄河流域的生态保护和高质量发展，对挖掘粮食生产潜力、提高农民收入、助力乡村振兴具有重大意义。

该技术经大面积试验和示范，玉米深松播种增加成本 5 元左右（油钱），小麦播前深翻增加成本 30～35 元。玉米平均亩增产 75 kg 左右，增收 180 元，小麦季亩增产 35 kg 左右，增收 87.5 元，减少播前造墒水 1 次，每亩节约灌溉成本 30 元，节约灌溉水 60～80 m^3。平均每亩增收 262.5 元，节约淡水 60～80 m^3。关键是减轻了夏涝秋旱的影响，实现了玉米小麦的稳产。

1. 深松对玉米根系和涝害的影响

深松有利于增加玉米总根长、总体积和总根表面积等指标，促进根系对深层土壤水分的吸收作用，增强玉米抗旱和抗倒伏能力；同时打破犁底层，加快雨水对深层土壤的渗透速率，减轻涝害风险。2021 年 7 月中旬阳信县河流镇张古风村 5 d 内降水 430 mm，传统种植模式受涝严重，双深双晚种植模式基本未受雨涝影响（图 1）。

图 1　“双深双晚”种植模式对玉米根系和涝害的影响

2. 深翻对小麦季土壤理化性质和发芽率的影响

小麦播种前适度深翻（≤25 cm）可有效掩埋作物残茬、杂草、病虫有机体、打破犁底层，以改善土壤团粒结构、提高土壤渗水、蓄水和保肥的能力、降低病虫草害发生概率，同时适度深翻可将深层湿土翻耕至表层，湿润土壤确保小麦生根发芽（图 2）。

图 2　小麦深翻示意图

3. 不同耕作方式对小麦病虫害发生的影响

根据表 1 可知，不同耕作方式下茎基腐病、纹枯病、全蚀病、蛴螬和金针虫发生概率均以深翻最低，较旋耕分别减少 59.69%、32.42%、33.33%、44.83% 和 31.44%。

表 1　不同耕作方式对小麦病虫害发生的影响

耕作方式	茎基腐病 /%	纹枯病 /%	全蚀病 /%	蛴螬 /（头 /m²）	金针虫 /（头 /m²）
旋耕	8.93	7.31	0.03	0.58	2.64
深翻	3.60	4.94	0.02	0.32	1.81

4. 不同耕作方式对小麦、玉米产量的影响

由表 2 所示，不同耕作方式下小麦、玉米产量均以深翻处理下最高，较传统旋耕分别提高 7.75% 和 8.72%。

表 2　不同耕作方式对小麦、玉米产量的影响

作物	深翻 /（kg/ 亩）	旋耕 /（kg/ 亩）	亩增产 /kg
小麦	607.70	564.00	43.70
玉米	669.66	615.96	53.70

5. 晚收对玉米产量的影响

通过玉米晚收，充分挖掘光热资源潜力，显著提高玉米产量和品质，降低小麦播前水分蒸发。由表 3 所示，不同年份玉米晚收处理产量均最高，其产量 5 年平均值为 595.6 kg/ 亩，较早收处理提高 11.3%。仅将收获期从 9 月 30 日推迟至 10 月 18 日每亩可增产 60.5 kg。

表 3　10 月上中旬光热资源及玉米晚收增产效果（郑单 958）

年份	9 月 30 日至 10 月 18 日光热资源			玉米籽粒收获时期			
	光照时数	累计积温	10 月 18 日最高温	10 月 18 日 /（kg/ 亩）	9 月 30 日 /（kg/ 亩）	增加产量 /（kg/ 亩）	增幅 /%
2015	130.6	320.1	18.4	604.6	535.6	68.4	12.8
2016	105.6	329.4	24.0	613.5	547.0	66.5	12.2
2017	59.2	296.0	18.7	580.7	537.9	42.8	8.0
2018	152.8	295.4	17.7	572.1	508.6	63.5	12.5
2019	103.4	315.7	19.8	607.3	546.2	61.1	11.2
平均	110.3	311.3	19.2	595.6	535.1	60.5	11.3

6. 晚播对冬小麦个体发育的影响

晚播小麦余留光温资源，挖掘玉米生产潜能，同时有效避免冬前小麦旺长和拔节期、孕穗期提前造成的冻害影响（表 4）。

表4　小麦10月18—20日播种越冬前光温水资源及冬小麦个体发育情况

年份	光热水资源（冬小麦播种至越冬）			冬小麦个体发育情况
	日照时数 /h	积温 /（℃·d）	降水量 /mm	
2015	111.5	318	76.7	3 叶
2016	199	365.4	33.7	3.5 叶
2017	320.4	325.5	1.5	3.4 叶
2018	261.9	418.3	8.7	4 叶
2019	250.7	454.9	18	4 叶

三、应用推广做法和成效

1. 应用推广做法

从2015年开始，结合滨州市无棣县、滨城区、阳信县等区域立地条件、自然资源特征，示范推广黄河三角洲小麦—玉米双深双晚周年水热资源高效利用关键技术。近年来以农业农村部实施的“粮食绿色高质高效项目”和“滨州市农业农村局关于小麦—玉米双深双晚”相关文件为支撑，此项技术模式得到大面积推广，每年推广面积已达到20余万亩。

2. 应用推广成效

2020年，滨城区2 000亩玉米季示范田经山东省农业农村厅组织专家实打，平均亩产724 kg，较对照增产101.9 kg。无棣县2 000亩盐碱地吨粮田采用该技术，经山东省农业农村厅组织专家实打，在pH值8.1～8.4、全盐含量2‰～3‰的轻中度盐碱地上玉米平均亩产达695.74 kg，较对照增产241.5 kg，创当地盐碱地玉米高产纪录。

3. 获得的相关荣誉

（1）“一种黄河三角洲地区小麦—玉米周年节水种植方法”发明专利申请通过书，专利申请号为：202010318540.X。

（2）2022年1月19日获得李猛副省长肯定批示。

（3）2022年1月29日获得滨州市市长李春田肯定批示。

（4）2021年11月4日获得山东省农业农村厅一级巡视员王登启厅长肯定批示。

（5）在《农村大众》头版头条报道。

（6）在《大众日报》五版报道。

【案例点评】

黄河三角洲是我国重要的产区，冬小麦—夏玉米一年两熟是该区主要的种植制度。土壤盐碱化、水资源短缺及光热资源分配不均是限制该区农业发展的主要因素之一。坚持以问题为导向，优化种植结构和提升效益为目的，集成构建以小麦—玉米周年统筹、深耕深翻及双晚收晚播为核心的小麦—玉米双深双晚周年水热资源高效利用关键技术模式。此项技术模式通过玉米深松打破犁底层，促进植株根系下扎和增强土壤渗透作用，以提高植株抗倒伏能力和土壤库容；小麦深翻利于种子适墒发芽，同时可降低病虫草害发生概率；双晚技术模式充分协调小麦、玉米光热资源分配，可有效避免小麦旺长和挖掘玉米生产潜能。建立了黄河三角洲冬小麦—夏玉米一年两熟生产过程中资源配置及耕作方式的相应技术标准，为推动该区粮食生产可持续发展提供了理论和技术支撑。

（滨州市农业技术推广中心：宋元瑞、张洁、王兆波、杨会清；
滨州市农业教育培训中心：宋立成；
滨州市农业科学院：韩小伟；
滨城区农产品质量检验检测中心：王清清）

主要参考文献

付雪丽，张惠，贾继增，等，2009. 冬小麦—夏玉米“双晚”种植模式的产量形成及资源效率研究 [J]. 作物学报，35(9): 1708-1714.

龙潜，董士刚，朱长伟，等，2019. 不同耕作模式对小麦—玉米轮作下潮土养分和作物产量的影响 [J]. 水土保持学报，33(4): 167-174，298.

闫岩，张钰石，刘础荣，等，2022. 冬小麦—夏玉米轮作“双晚”种植模式下的品种匹配与资源效率 [J]. 作物学报，48(2): 423-436.

赵海军，李宗新，林海涛，等，2021. 滨海盐碱地粮食作物丰产增效 [M]. 北京：中国农业科学技术出版社 .

赵亚丽，薛志伟，郭海斌，等，2014. 耕作方式与秸秆还田对冬小麦—夏玉米耗水特性和水分利用效率的影响 [J]. 中国农业科学，47(17): 3359-3371.

周宝元，葛均筑，孙雪芳，等，2021. 黄淮海麦玉两熟区周年光温资源优化配置研究进展 [J]. 作物学报，47(10): 1843-1853.

案例五

中低产田小麦玉米周年增产提质增效栽培技术

一、滨海盐碱地区小麦玉米周年生产技术现状

（一）我国小麦和玉米生产状况

小麦和玉米都是三大谷物之一，是我国最重要的粮食作物，在我国大面积广泛种植。2022 年，我国小麦种植面积 2 352 万 hm^2，总产量 13 772 万 t；玉米种植面积 4 307 万 hm^2，总产量 27 720 万 t。玉米和小麦都是我国最重要的粮食作物之一。纵观近 20 年来小麦和玉米进口的总体情况，我国小麦和玉米的自给率较高，均在 90% 以上，进口小麦多是对优质品种的补充与调剂，玉米主要用作畜牧饲料和工业加工原料，对国内的口粮安全不会造成较大影响。但这两年玉米和小麦的进口量均有大幅增长，且进口来源较为集中，也增添了我国粮食进口安全性和稳定性的隐患。因此提升小麦和玉米高产稳产能力，才能切实保证我国粮食安全，将中国人的饭碗牢牢端在自己手里。

（二）滨海盐碱地中低产田增产意义

盐碱地作为滨海地区生态系统的一部分，因其独特的土壤理化性质影响生态系统功能有效发挥，造成了农业资源的浪费，通常表现出环境和经济两方面的损失。基于中国人口众多、人均资源匮乏的基本国情，未来粮食安全与生态环境安全形势仍然十分严峻。黄河三角洲地区位于渤海南部黄河入海口沿岸地区，面积占山东省的 1/6，该地区的气候条件适宜小麦玉米周年生产，是山东省的粮饲主产区之一，解决好该地区小麦玉米周年生产问题，对全省粮食的高产稳产有着举足轻重的作用。经土地潜力分析，小麦玉米平均单产潜力仍有 1.5 倍之余，品种创新和科学栽培是实现粮食生产潜力的重要途径。黄河三角洲地区滨海盐碱地作为后备耕地资源，若将其合理开发利用，对沿海地区生态环境建设、可持续的农业集约化发展具有重要意义。

（三）黄河三角洲地区小麦玉米周年生产模式存在问题

近年来，随着良种普及和田间管理技术的创新，小麦玉米生产有了较大的发展，但在实际生产中仍存在着一些问题。

1. 土地盐碱导致作物生长不良

在盐碱地中种植的小麦发育周期比正常种植的小麦发育周期要长很多，小麦前期生长发育较为缓慢，但后期的生长发育很快，而且灌浆期也比正常种植的小麦灌浆期更短，显著影响穗粒重。盐碱地小麦幼苗的长势相对较弱，发芽时根系较少且次生根的发育较晚，地上部生长也会比较缓慢，植株和叶片比一般麦田矮小和短窄。此外，盐碱土壤会导致小麦分蘖和成穗减少，一般亩成穗数不超过 30 万，是导致小

麦产量低的主要原因。

2. 品种选择不当

许多农户在品种选择时会片面追求高产品种，但不考虑该品种是否适合本地区的自然条件。小麦品种都有其适应的地力水平，高肥水品种只有种在高肥水地块才能发挥其增产潜力。对于土壤瘠薄、盐碱及灌溉条件差的地区，一味选择耐密高产的玉米品种，也很可能会因土壤营养条件不够导致减产。

3. 播种质量差，出苗质量低

目前整地大多采用旋耕，但旋耕深度较浅，一般无法达到 20 cm 深度以下，旋耕后表层土壤过于疏松易通气跑墒。秸秆还田不易腐烂，易导致种子悬空深浅不一，会影响出苗质量。小麦机收时留茬过高，也容易影响玉米播种质量，常出现玉米播种深浅不一、覆土不均、种子裸露、出苗不齐、缺苗断垄等情况。

4. 施肥技术不合理

不少农户在玉米小麦种植过程中会出现过量使用化肥的情况，过量使用化肥可能会导致肥害烧苗，也会使土壤酸化或者板结的情况会越来越严重。施用底肥、追肥、叶面肥等肥料时经常出现时间选择不当的问题，有机肥的使用、化肥氮磷钾配比、速效和缓释肥的选择等存在误区，不仅浪费人力物力和时间成本，还会对作物生长产生不良影响。

5. 病虫害防治不到位

黄河三角洲地区小麦常见病虫害有白粉病、茎腐病、锈病、赤霉病、红蜘蛛和蚜虫等；玉米有青枯病、粗缩病、枯纹病、蓟马、玉米螟和钻心虫等常见病虫害。在病虫害防治环节，部分农民对病虫害发现不及时，容易错过最佳防治时间，既增加了防治成本，又造成了产量下降。此外，在使用农药时部分农民存在惜力、求效的现象，常常无视说明书随意加大农药用量，对作物产生药害的同时也会对生态环境产生污染。

6. 夏玉米收获和冬小麦播种时间过早

生产中常出现玉米未完全成熟农民就急于收获的情况，一般提前 5～7 d，有的早收 10 d 以上。此时玉米正处于蜡熟期，还没有完全成熟，急于收获不仅浪费前期的肥水投入，也未充分挖掘品种的生产潜力，而且玉米淀粉积累时间短，灌浆不饱满，影响了产量，一般造成减产 10% 左右，品质也有所下降。小麦早播会导致冬前形成旺苗，越冬时易受冻害。小麦前期徒长，过早由营养生长过渡到生殖生长，因为未经过“春化阶段”造成虽抽穗但不结实。

二、滨海盐碱地改良方法

我国的滨海盐碱土区，面积约 800 万 hm^2，主要分布在黄海、渤海和东海的海岸沿线。滨海盐碱地作为中国盐碱地的重要组成部分。由于滨海地区土壤盐离子含量高，不同地区的盐渍化程度变异大。滨海盐碱地区往往缺乏充足的淡水资源，使得滨海盐碱地的改良难度加大。滨海盐碱地改良应遵循因地制宜的原则，精准把握各区域土壤盐渍化的独特性，从而灵活制定改良策略。结合水利改良和农业技术改良等方法进行综合治理，通过诸如排水降盐、淡水灌溉、有机肥改良土壤结构等多种手段的有机结合，有效促进盐碱地的生态恢复与农业生产潜力的大幅提升，确保改良措施的科学性、实效性和可持续性。

1. 建设暗管排水设施

暗管排水设施是排涝洗盐的重要设施，在改土治碱方面得到广泛应用。黄河三角洲地区滨海盐碱地建设暗管排水设施时选择 PVC 波纹管，PVC 波纹管用无纺布包覆，暗管长 100 m，埋深 100～120 cm，暗管间距 12～16 m。土壤水分由吸水管汇入集水管后排入明沟，可及时排出多余的雨水和灌溉水，土壤盐分也随之排出，1～2 年时间土壤盐碱可消减至正常水平。

2. 土地整理和灌水洗盐

对于表面析出盐碱泛白的地块，需要人工铲除盐碱土壤，将盐碱地块上发白的因盐碱膨起部分的地表土用铁锨移除，移除土层厚度为 10～15 cm，最后进行土地平整。对于水浇条件较好的中度和重度盐碱地块，种植前 10 d 内进行大水灌溉 1 次，灌水深度 20～30 cm，积水时间为 2～3 d，积水由暗管排出。通过大水灌溉，使土壤中的盐分随水分下渗远离地表，为作物生长营造良好的土壤理化条件。对于前茬作物空白且水浇条件欠佳，尤其是 pH 值 9.0 以上的中度和重度盐碱地块，整地时撒施脱硫石膏 2 000 kg/ 亩、腐殖酸 200 kg/ 亩、糠醛渣 200 kg/ 亩后进行机械深松，脱硫石膏和腐殖酸等物质可以改善土壤结构，增加土壤的通透性，减少土壤中的盐分积累。深松作业深度在 30 cm 以上，深松后及时耙耢，消除大块，使土壤上松下实。

3. 有机肥改碱抑盐

播种前基肥选择撒施腐熟的牛粪 1 000 kg/ 亩、微生物专用复合肥 100 kg/ 亩，机械旋耕 1 次，深度达 15 cm 左右。施用有机肥料可以增加土壤中的有机质含量，改善土壤结构和分形维数，有机质可以有效降低土壤中 Na^+、K^+ 等一价阳离子浓度，并增加 Ca^{2+}、Mg^{2+} 等二价阳离子浓度，二价阳离子能够增强土壤固体颗粒与有机质的结合，有利于土壤团聚体的形成和形态稳定。同时微生物专用复合肥可以为玉米提供必要的营养元素。

4. 秸秆抑盐

将小麦秸秆粉碎，水分控制在 40% 左右，加入小麦秸秆质量 3% 的纤维素酶，并加入 2% 的糖蜜，然后接种 3% 的 EM 菌剂、4% 的乳酸菌，混合均匀后置于 30℃（±2℃）条件下厌氧发酵 3～5 d。发酵完成后加入小麦秸秆质量 12% 的沸石、4% 的草炭、3% 的 EDTA，混合均匀。最后将经过上述处理的秸秆均匀铺洒在播种后的田间，厚度控制在 3 cm 左右。

三、中低产田小麦玉米周年增产提质增效栽培技术

（一）小麦

中低产田小麦的高效栽培策略涉及全面整合精选品种、深耕翻土、精细整地等关键环节，并强调对栽培周期的全程监控管理。此过程须侧重于优化水资源管理及病虫害综合防控措施，旨在从这些核心角度对小麦栽培技术进行优化与升级。目标是构建一个连续性、可持续的周年小麦高效生产技术体系，进而全面提升小麦栽培管理的综合效能与产出效率。

1. 因地制宜做好品种选择

在种植前，要结合实际情况选择抗逆性强、适应能力强、生长相对比较稳定的小麦品种，可显著提升小麦的增产潜力。选择品种时要注意播种地区的土壤条件和气候条件，尤其是在滨海盐碱地区，小麦产量的影响因素太多，土地盐碱程度、土地肥力、灌溉条件等因素都应该考虑在内。根据盐碱地土壤肥水特点，以选择对肥料和水分要求低且耐盐碱的小麦品种为宜。烟农 19、烟农 21、山农 16、鲁麦 21、青麦 7 号等品种均适宜在滨海盐碱地进行种植。这些品种具有根系发达、抗旱力强和耐贫瘠的优点，且抗寒能力强、适宜早播、分蘖成穗率高，生长发育前期稳健、后期灌浆快、落黄好不早衰、水分需求量低且高产稳产。

2. 备耕播种

为减少玉米秸秆还田导致小麦种子悬空情况，在播种前应做好整地工作，旋耕的同时建议隔年深松 1 次，深松要求深度不低于 30 cm。深松可以打破犁底层，有效提高土壤保水保肥能力，促进有机质降解，提高土壤肥力，有利于小麦发芽出苗和幼苗生长。

播种期以日均气温 16～18 ℃，播种后 6 d 出苗最为适宜，尽量要在适宜播期内播种。盐碱地的小麦播种量一般要比水浇地播种量大，以基本苗控制在 20 万～25 万株 / 亩为宜，播量为 12 kg/ 亩，早播种可酌情减少播种量。10 月 1 日播种，播量以 10 kg/ 亩为宜，每晚播种 1 d，播种量需要增加 0.5 kg/ 亩，最大播种量为 20 kg/ 亩。

可采用宽幅精量播种的方式，等行距宽幅播种有利于种子分布均匀，减少缺苗断垄、疙瘩苗现象，避免出现籽粒拥挤、争肥争水、根少苗弱的生长状况。

3. 做好肥水管理

滨海盐碱地区土壤瘠薄、肥力不足的情况普遍存在，因此在小麦播种前，施足底肥显得尤为重要。底肥中氮肥应占主要地位，磷、钾肥适量，确保养分均衡，保证小麦苗期的正常生长发育。一般每亩施用二铵 30 kg、尿素 10～15 kg、硫酸钾 10 kg，施肥深度一般不超过 20 cm。有机肥一般主要用作基肥，具有成本低、营养元

素齐全、有机质含量高等优点，与化肥配施可以改善土壤分形维数，有效提升盐碱地的化肥利用率，还能改善作物根际微生物群，提高作物的抗病虫能力。在盐碱地种植小麦一般不追肥，但底肥施用不足的麦田，可以在早春返青时在垄背上追施尿素，用量以 10 kg/ 亩为宜。如果小麦生育后期出现脱肥现象，则要进行根外追肥或降雨时借墒追肥。

小麦播种后，要结合小麦的长势，对水分进行综合管理。小麦在生长初期需要充足的水分，特别是在分蘖期、拔节期和抽穗期需要加强灌溉，以保证小麦的生长发育和产量。要结合当地灌溉条件，注意避免水分过多或过少，以免影响小麦的生长。

4. 注意病虫害防治

小麦种植栽培过程中，病虫害具有一定的差异性，大多是采用农业防治、化学防治等方式进行控制。例如防治蚜虫时，可选择清除田间杂草与配方施肥相结合的方式进行农业防治，另外，辅以喷施啶虫脒等农药的化学防治方式。在病虫害防治中，要根据小麦的实际情况，对田间管理方式进行细化，控制用药量，把握防治时机以及喷雾质量等。例如小麦赤霉病的最佳防治期为每年 4 月上旬，按照科学比例喷洒药剂，从而控制赤霉病的发病及扩散。锈病常发生于早播小麦，适时晚播可以有效降低秋季小麦发生锈病的概率，此外，使用化学药剂防治锈病也是常用手段，可用丙环唑乳油或粉锈宁可湿性粉剂兑水喷洒。除常规喷药化学防治外，小麦虫害还可采用生物防治的方式进行，降低药害影响，保障小麦的稳定生长及产量。例如，可以利用寄生蜂、凤凰蚜、瓢虫、天牛等一些天敌生物制剂对小麦蚜虫和螟虫进行防治。

（二）玉米

黄河三角洲滨海盐碱区域的玉米生产中，鉴于玉米对盐分响应敏感，应优选具备较强抗逆性的耐盐品种，以有效降低土壤盐渍化带来的生长限制与产量损失。为实现夏玉米稳产增产，须构建一套针对性强的技术体系，克服盐碱地的挑战。本技术体系全面聚焦于耕前准备、适时播种、科学调控肥水比例，以及病虫草害的综合防治策略。此外，待玉米完全成熟后再行收获，也能进一步提升产量与品质，整体推进栽培管理的科学化与精细化水平，确保在恶劣环境下也能达到最佳的生产效果。

1. 选用耐密高产抗逆的玉米品种

玉米对盐碱的抗性较弱，一般 3‰ 的盐度就会对玉米生长产生不良影响。因此中低产田玉米品种选用要注意稳产性、丰产性与抗逆性的协调统一，在选择品种时务必要慎重，选择适合滨海盐碱地区种植的抗逆、耐密、抗倒伏的优质高产品种，并进行种子精选和种子包衣。

2. 抢茬高质量播种

结合生产实际，抢墒、抢时、贴茬直播玉米。在麦收后要尽早播种，并力争于

6月20日前播种结束。采用带秸秆切碎和抛撒功能的联合收割机收获小麦，同时秸秆切碎还田。小麦收获后进行灭茬，将留长20 cm以上的麦茬切碎至3～5 cm并均匀抛撒。播种时选用玉米清茬免耕施肥精量播种机，一次作业可完成种带清茬、种子侧下方施肥、精量播种、镇压、喷洒药剂等多道工序。相比常规技术，出苗率提高6.5%，群体整齐度平均提高9.2%，肥料利用效率提高10.27%，平均增产8.34%，亩节本增效189.48元，实现夏玉米一播全苗，高质、高效、绿色生产。

3. 因地制宜，科学施肥

避免传统的“一炮轰”的“前重型”施肥，推荐施用玉米专用控释肥（$N-P_2O_5-K_2O$: 28-7-9）或相近配方。若选用普通复合肥，可采用侧深施或分层施肥法，即浅施用量占总施肥量的30%～40%，供玉米苗期需肥；深施用量占60%～70%，供玉米中后期需肥。盐碱地宜选用中性或偏酸性化肥，如三元素复合肥、硫酸钾型复合肥、过磷酸钙等；避免施用碱性肥料，如碳酸氢铵、钙镁磷肥等。

4. 化学除草，一喷三防

玉米播种后出苗前，在土壤墒情好时可用乙草胺、异丙甲草胺、乙·莠悬浮剂等土壤喷雾土壤封闭除草，防除一年生杂草。未进行土壤封闭除草或封闭除草失败的田块，可在玉米3～5叶期、杂草2～4叶期用烟嘧磺隆、烟嘧莠去津、硝磺草酮、苯唑草酮等进行苗后茎叶喷雾除草。结合土壤封闭除草剂同时喷洒杀虫杀卵剂和杀菌剂，可杀灭麦茬上的二点委夜蛾、灰飞虱、蓟马、麦秆蝇等残留害虫和真菌引起的疾病等，做到“一喷三防”。

5. 定期调查，做好病虫害防治

在玉米生长到3～5叶期，喷施高效氯氰菊酯、噻虫嗪、吡虫啉、多菌灵、粉锈宁等，每7 d打药一次，连续打药2次，可有效防治玉米粗缩病、蚜虫、蓟马、稻飞虱、褐斑病和瘤黑粉等。在玉米大喇叭口期和初穗期，分别用辛硫磷、甲维盐、阿维菌素和戊唑醇等定向喷施，可有效防治玉米螟、棉铃虫、黏虫、蚜虫、红蜘蛛、锈病和叶斑病。玉米穗粒期，喷施高效氯氰菊酯和噻虫嗪等，可有效防治玉米螟、蚜虫为害。

6. 结合实际，科学晚收

早收获（未成熟）玉米籽粒产量降幅达10%以上，对玉米产量、品质都不利。适当延迟收获期，待玉米进入完熟期进行收获，增产效果显著，此期玉米苞叶完全变白松散，籽粒变硬光滑，乳线消失，籽粒与穗轴连接处出现黑色层。此时收获的玉米籽粒饱满、品质优良，产量也更高。此外，晚收的玉米水分含量更低，缩短了晾晒时间，也更耐储藏。

四、推广做法和成效

（一）建立小麦玉米生产技术推广体系

构建政府引导，科研人员和农户共同参与的技术推广体系。政府部门发挥主导作用，出台了一系列针对本技术的种植优惠政策和帮扶措施；相关高校和科研机构在品种和耕作栽培技术创新上下功夫，培育抗逆高产适合机械采收的优良品种及其配套的高效栽培技术；农户精心劳作，信息共享，及时反馈生产中发现问题并优化种植技术，通过政府、科研机构和农户多方联动交流互通，有力推动了小麦玉米周年增产提质增效栽培技术的推广和应用。

（二）加强人员队伍建设，创新示范推广形式

强化技术推广队伍建设，吸纳从事玉米小麦栽培工作的相关高学历、本专业人才，同时招聘种植能手、新型职业农民等生产一线人员，形成了既有理论又懂实践的技术推广队伍。创新培训方式，加强对农民群众的阶段性技术培训，并不断借助互联网和新媒体技术实现“手把手、面对面”的培训，多方式多途径地提高种植人员的种植技术水平；开设小麦玉米高效种植技术培训课程，邀请专家学者进行现场讲解或利用网络直播授课；开设田间课堂，实地考察小麦和玉米生产，在田间地头解决种植问题，使培训知识更加具体化、普适化，也更具针对性。

（三）建立小麦玉米种植示范区

在黄河三角洲地区设立了多个技术示范区与示范基地，起到了明显的技术推广作用。通过技术集成示范，农民可以直接观察到在种植技术的应用下，作物生长的趋势、状况及带来的经济效益。积极组织有意向农民参观交流，召开现场观摩会，用真实数据展示小麦玉米增产提质增效种植技术的优势，激发农民对于本技术的兴趣，以点带面，推动技术在本地区的快速推广。

【案例点评】

小麦和玉米都是我国最重要的粮食作物，在农业生产中占据重要地位。黄河三角洲地区因土地盐碱化和水浇条件差导致产量一直处于较低水平，无法发挥土地的生产潜力。本案例中，通过分析黄河三角洲地区土地主要粮食作物低产的原因，找准制约和限制该地区中低产田粮食产量提升的瓶颈。积极引进新品种，创新耕作和田间管理技术，从盐碱地改良、品种选择、备耕播种、肥水管理、病虫草害防治等

多个方面全面提升小麦玉米生产技术。本技术已在黄河三角洲粮食主产区示范推广并获得巨大成功。

（山东滨州国家农业科技园区管理服务中心：卢振宇、张开心、刘健；
滨州市农业技术推广中心：宋元瑞、宋立成）

主要参考文献

陈广丰，2008. 夏玉米高产综合配套栽培技术 [J]. 天津农业科学，14(6): 32–34.

焦彦强，2021. 黄骅旱碱麦旱作轻简化栽培技术 [J]. 现代农村科技 (8): 17，94.

卢振宇，黄志银，孙连新，等，2015. 黄河三角洲夏玉米高产栽培技术研究 [J]. 农业科技通讯 (1): 130–133.

卢振宇，张伟，张玉霞，等，2021. 高产优质玉米单交种泉玉 86 号及高产栽培技术推广 [J]. 中国种业 (3): 92–94.

姚艳春，刘元义，牛国栋，等，2020. 山东旱作灌溉区小麦—玉米全程机械化技术模式经济效益分析与评价方法 [J]. 中国农机化学报，41(12): 6–11.

案例六

玉米秸秆深埋隔盐与沃土增产技术模式推广应用

一、盐碱地改良技术与应用现状

土壤盐碱化是世界范围内限制作物生产的主要非生物胁迫之一。全球约有 6% 的土地和 20% 的灌溉土地受到盐碱化的影响（Ghonaim et al.，2021），盐渍化土地总面积达 11.25 亿 hm^2（Hossain et al.，2019）。我国是受土壤盐渍化危害非常严重的国家，约有盐碱土地 0.99 亿 hm^2，占全国土地面积的 10%，主要分布在东北、华北、西北内陆地区以及长江以北的沿海滩涂（朱建峰，2018）。随着世界粮食需求的不断增加和土地资源的日趋紧张，盐碱地的开发利用作为最重要的耕地资源受到世界各国普遍重视，进行了大量的科学研究工作，形成了多种盐碱地改良和综合防治技术措施。总体来看，依据治理方式主要可以归纳为工程措施和农作措施两大类。工程改良措施包括明沟排水、暗管排水和隔层阻盐等，农作措施则可以分为生物改良、化学改良、耕作栽培措施改良以及工业废弃物改良。然而，盐碱地改良是一项世界性难题，虽然世界各国围绕盐碱地开发利用进行了大量的科学研究工作，在盐碱地改良和综合防治技术及其应用实践方面均取得了较大的进展，形成了一定的技术理论，但多数技术仍缺乏大规模应用。目前实践中使用最广泛的还是水利工程技术，如明沟排水技术，施工简便，适用范围广，是目前盐碱地改良所采用的主要方法。但是，由于水利措施改良盐碱地工程规模大，占用土地资源多，改良成本高，维护成本大，同时灌溉洗盐需要消耗大量淡水资源，在水资源缺乏地区难以实现。

隔层阻盐工程措施通过在地下一定深度（如 30 cm 处）设置隔盐层，能够切断土体原来的毛管系统，增加土壤孔隙度，有效促进洗盐和抑制土壤返盐。常用的隔离材料有沙砾、陶粒、沸石、蛭石、炉渣、菌渣、生物炭等，但均存在改良材料运输成本高，田间深埋作业难度大，甚至破坏土壤结构的多重问题。近年研究发现，通过将玉米秸秆扦插和平埋（吴泠等，2001）、构造秸秆夹层（范富等，2012；徐鹏程等，2014），可以有效改善土壤结构，增加土壤养分，阻隔土壤水分垂直运动，实现阻隔盐分、抑制返盐的目的，使土壤表层可溶性盐分明显下降，有机质含量提高，改良效果好，实现增产。但是，由于这些技术产业化程度差，目前仍只停留在小区试验阶段，尚无法在实际生产中广泛使用。研发秸秆深埋隔盐技术相关的机具，是实现该技术从试验到实际应用的关键。

2009 年起，在国家公益性行业（农业）科研专项、国家现代玉米产业技术体系、国家重点研发计划和河北省重大科技成果转化专项的支持下，由中国农业大学发起，沈阳农业大学、河北省农业机械化研究所有限公司、赵县自强机械有限公司、山东沃土沃农业有限公司、吴桥琪业机械有限公司等科研院校和企业通力合作、协同攻关，创新性地建立了“玉米秸秆机械化集中深埋还田技术”，并成功试制了配套机具。通过该技术在盐碱地改良中的应用研究，集成提出了“秸秆收集—深埋隔盐—灌水 / 降水排盐—轮耕培肥”农机农艺融合技术路线，研发成型了玉米秸秆深埋隔盐与沃土增产技术体系，实现了显著降低滨海盐碱地秸秆隔层以上土壤含盐量，加厚盐碱地耕层，增加土壤肥力，提高盐碱地种植收益的效果。

二、玉米秸秆深埋隔盐与沃土增产技术模式

（一）秸秆深埋隔盐与沃土增产技术模式的特点

1. 秸秆深埋具有良好的阻盐效果

秸秆深埋可以显著降低盐碱地局部土壤盐分含量，提高滨海盐碱地的生产效率和收益。在盐碱土壤水分入渗过程中，铺设秸秆隔层可有效保持隔层以上土壤含水率，提高水分利用效率；在潜水蒸发阶段，秸秆隔层可显著降低隔层以上土壤含盐量。地表下 30 cm、50 cm、70 cm 秸秆隔层埋深后，发现土壤脱盐率分别为 52.7%、35.4%、33.5%（范浩等，2015）。秸秆深埋还田还有降低盐碱地 pH 值和碱化程度的趋势，并且土壤有机质和养分含量的增加也十分明显。与对照相比，pH 值总体下降了 1.0～1.5 个单位，秸秆埋深 10 cm 处理土壤溶液中 Na^+ 浓度下降了 39.6%，碱化度下降了 32.3%，有机质、碱解氮、速效磷分别增加了 57.9%、132.5%、215.4%（范富等，2012）。在山东省滨海盐碱地的试验示范中（图 1），相比于不改良的对照，不同秸秆量深埋隔盐改良第一年小麦单产增加 38.3%～85.6%。

图 1　秸秆深埋隔盐技术作业过程中客源秸秆移入、深还作业、整地效果、秸秆入土效果以及冬小麦成熟期生长情况的实景图（山东东营）

2. 秸秆深埋具有加厚耕层和土壤培肥效果

秸秆深埋可以打破犁底层，加厚土壤耕层。秸秆深还机在深埋秸秆时，遁注体对土壤的扰动深度达到 40 cm，远高于传统耕作的 15～20 cm，打破了坚实的犁底层。此外，深埋的秸秆具有疏松多孔的性质，可以避免底层土壤重新被压实。研究结果表明，相较于传统的秸秆不还田和浅旋碎混还田，秸秆深埋还田后 20～30 cm、30～40 cm 土壤容重显著降低了 9%～20%，土壤总孔隙度显著增加了 8%～32%，土壤穿透阻力降低了 4%～13%（Wu et al.，2022）。土壤孔隙度的增加，有利于底层土壤气体交换，提高了微生物活性，使底土变得与表土一样肥沃。降低的土壤穿透力也有助于作物根系下扎，促进作物生长和产量形成。

秸秆深埋还田后土壤养分含量、微生物活性以及胞外酶活性显著增加，具有良好的土壤培肥效果。在为期 2 年的试验中，秸秆深还后 20～40 cm 土壤微生物量碳含量显著增加（Ling et al.，2022），表明秸秆深埋还田条件下秸秆层环境条件，如温度、水分、透气性，适宜微生物活动和生化反应，可以加速秸秆的分解，促进有机碳和全氮在秸秆层大量积累。此外，秸秆深埋还田改善了底土结构，也可以促进根系的生长，通过根系分泌物和凋落物增加有机物质的输入。秸秆深埋还田还可以显著增加底土速效养分含量，如 DOC、NO_3^-、NH_4^+，为作物生长创造良好条件（Ling et al.，2022）。与传统的秸秆不还田和旋耕碎混还田相比，秸秆深埋还田显著增加了底土碳循环、氮循环相关酶活性（Zhao et al.，2023）。这主要是由于秸秆深埋还田条件下改善的土壤耕层结构和养分供应为微生物生长提供了适宜的环境和能量。这也进一步表明了秸秆深埋还田具有增加秸秆输入和养分的释放、提高底土肥力的作用。

3. 秸秆深埋具有提高水分利用效率和增加作物产量的效果

秸秆深埋还田可以提高土壤贮水量，这主要是由于较深的耕作深度疏松了底层土壤，增加了土壤孔隙度，使土壤接蓄降水和灌水的能力更强；同时，深埋的秸秆在腐解后形成疏松多孔、吸水能力强的有机质，也进一步增加了土壤的保水能力。作物成熟期时，秸秆深埋还田的土壤仍具有较高的土壤含水量，为作物后期持绿和延长灌浆时间提供关键保障。数据表明，相比于传统秸秆浅旋碎混还田，秸秆深埋还田后冬小麦生育期土壤贮水量增加 19～23 mm，水分利用效率在翌年增加 10%，成熟期 0～40 cm 土壤含水量增加 2%～4%；夏玉米生育期内土壤贮水量增加 20～30 mm，水分利用效率增加 5%～12%，成熟期 0～40 cm 土壤含水量增加 1%～2%（Wu et al.，2022）。

作物产量在秸秆深埋还田后翌年显著增加。数据表明，与传统的秸秆不还田和浅旋碎混还田相比，秸秆深埋还田后小麦产量提高 3.4%～12.0%，夏玉米产量提高 11.8%～26.7%（吴巩，2022）。秸秆深埋还田显著的增产效果来源于：首先，秸秆深埋还田创造了良好的土壤及物质条件，为微生物生长和酶活性提高创造了有利的环境，如改善的土壤结构和水分条件、加速秸秆的分解进而增加了底土的养分。其次，秸秆深埋还田打破犁底层，加深耕层，改善了底土结构，从而促进了根系的生长。

再次，将玉米秸秆置于深层土壤可以减轻秸秆腐解过程中土壤微生物和作物幼苗之间氮竞争带来的负面影响。最后，将玉米秸秆注入深层，可有效抑制秸秆携带的病虫卵和病原体，减少病虫害的发生。

4. 秸秆深埋具有固碳减排效果

秸秆深埋还田可以减少土壤温室气体的排放，尤其是减少 N_2O 的排放。数据表明，冬小麦生育期内秸秆深埋还田后 N_2O 累积排放量只有 223 mg N/m^2，分别比秸秆不还田和浅旋碎混还田降低了 51% 和 63%。秸秆深埋还田后 CO_2 累积排放量也最低，为 2 200 mg C/m^2，分别比秸秆不还田和浅旋碎混还田降低了 3% 和 23%。夏玉米生育期内，秸秆深埋还田的 N_2O 累积排放量也最低，为 1 823 mg N/m^2，分别比秸秆不还田和浅旋碎混还田降低了 19% 和 11%（赵德强，2025）。

秸秆深埋还田虽然对表层土壤固碳效果影响不大，但极显著增加了底层土壤的固碳能力。相比秸秆，秸秆深埋还田后底土有机碳含量增加了 2 倍，冬小麦季达到 8 g/kg（Ling et al.，2022）。这可能是由于：秸秆深埋还田后，秸秆堆积在底土，不利的通气条件和较低的微生物活性减少了秸秆的矿化，使其积累在土壤中形成有机质。这也表明秸秆深埋还田在增加土壤固碳方面的潜力是巨大的。

（二）秸秆深埋隔盐与沃土增产技术模式的核心技术

1. 秸秆深埋技术

秸秆深埋隔盐与沃土增产技术模式和传统秸秆还田方式最大的区别在于将秸秆埋入 20 cm 以下的土壤，形成秸秆隔离层。中国农业大学周顺利团队研发的秸秆深埋还田机可以一次性完成秸秆“粉碎—收集—注入深埋—覆土—镇压”作业，大大提高秸秆深埋的效率和秸秆隔离层的实际效果，解决了传统隔层阻盐工程措施中实施困难的“卡脖子”技术难题。具体来说，秸秆深埋还田机使用高速旋转的粉碎刀轴将地表秸秆粉碎并送入绞龙，通过绞龙实现秸秆收集作业；同时，遁注体开沟，深约 40 cm；然后，集中于风机位置的秸秆在风机风扇的作用下经遁注体被注入至 20～40 cm 土层；最后，利用回土器和镇压轮将表土回填镇压。机具作业后地表秸秆捡拾率可达 95%，达到地表整洁和地面平整的效果，不影响后续的整地、播种等作业。

2. 补氮增碳技术

提高土壤肥力是盐碱地改良的重要内容，增加土壤有机碳也可以降低盐基离子的危害程度。生产中通过增施氮肥可以提高盐碱土壤供氮能力，但也会增加氮流失的风险。秸秆深还田时，在将粉碎的秸秆送入深层土壤之前适量添加氮肥，混合后一起注入土壤，一方面，可以调节秸秆的碳氮比，适宜的碳氮比有利于秸秆分解过程中秸秆碳向土壤碳的转化，而不是被微生物代谢成 CO_2 释放，可以增加土壤有机质的含量，提高土壤肥力和固碳水平；另一方面，配施的氮肥通过参与秸秆腐解过程更多地固持在土壤中，提高了氮肥的利用潜力，增加了土壤氮含量。研究表明，深埋秸秆配施 138 kg/hm^2 氮肥使 20～40 cm 土壤有机碳含量增加 1.2 g/kg，全氮含量增加 0.2 g/kg。

3. 水分管理技术

秸秆深埋还田对土壤水盐运移有良好的调节作用，配合适宜的水分管理可以实现盐碱地节水增产效果。这是由于秸秆深埋还田技术开掘的秸秆条带打破了土壤犁底层，有利于水分下渗，进而淋洗地表盐分，降低地表盐分含量；同时，疏松的秸秆带以及秸秆腐解形成的腐殖质层均有利于土壤水分保持，为作物生长提供更多的水分。在黄淮海冬小麦—夏玉米轮作地区，玉米收获后进行秸秆深埋作业，接下来通过灌水淋洗土壤耕层盐分为小麦生长提供良好土壤环境，整个小麦生育期内不进行灌水，依靠改良后提高的土壤贮水供给小麦生长发育。研究表明，生育期内不灌水冬小麦产量达到春灌一水的 71%，秸秆深埋还田处理较其他方式（浅旋碎混还田和翻埋还田）产量增加了 29%（王治统等，2024）。

4. 益生菌添加技术

利用秸秆深埋还田机进行秸秆深埋还田作业时，配套的肥料箱在秸秆注入沟前将粉碎的玉米秸秆与预先准备的氮肥以一定比例混合的同时，也可以同步加入选定的微生物菌剂，一起埋入底层土壤。添加益生菌可以加快秸秆降解，提高秸秆的腐熟率，有利于土壤有机质的生成，加快盐碱地土壤培肥效率。并且，土壤碱化严重的地块还可以向秸秆中添加石灰等土壤改良剂，直接实现底层土壤的快速改良。

5. 轮耕培肥技术

秸秆深埋还田机可以将多行玉米秸秆快速集中深埋，形成宽约 25 cm、厚约 20 cm 的秸秆带。通过田块中秸秆带的年际轮换，既解决了玉米秸秆量过大无法连年还田的问题，又形成了新型的轮耕方式，将保护性耕作与深松耕作方式有机结合，在保持土壤结构的同时轮流打破犁底层，加深耕层，实现全田土壤的深层培肥。

三、秸秆深埋隔盐与沃土增产技术模式的发展优势

1. 就地取材，环保可持续

秸秆是农作物收割后的副产品，随着社会经济的发展和条件的改善与提高，秸秆无害化处理已经成为很多地区的棘手问题。因此利用秸秆进行盐碱地改良相对成本较低，不需要额外的投入，并且在充分利用农田资源的同时解决了秸秆无害化处理难题，符合环保可持续发展的要求。

2. 秸秆资源丰富，来源广泛

我国农作物秸秆产量每年达 10 亿 t，即使在盐碱地严重地区，也存在大量秸秆，资源丰富，将其用于盐碱地改良，是秸秆资源高效利用的重要途径，也是盐碱地改良的可行途径。

3. 培肥地力，藏粮于地

秸秆还田可以改善土壤理化性质，增加土壤通气性和保水性，有助于提高土壤的肥力和适应性。秸秆中含有丰富的有机质和养分，这些养分能够在分解过程中逐渐释放出来，满足作物生长发育需要。秸秆深埋阻盐技术可以降低表层土壤中的盐分浓度，提高深层土壤肥力，从而改善土壤的适宜性，提高作物的产量和品质。

4. 适用范围广泛

秸秆深埋隔盐与沃土增产技术适用于滨海盐碱地区，也适用于其他类型盐碱地，如黄河三角洲盐碱地、内蒙古河套灌区盐碱地、新疆绿洲盐碱地等，具有良好的灵活性和适用性。

5. 易于和其他技术配合使用

秸秆深埋阻盐与沃土增产技术可以与其他农业技术相结合，充分发挥排盐阻盐效果，进一步提高土壤质量和农作物产量。如三层秸秆改良盐碱地技术（表层覆盖还田＋中层碎混还田＋下层秸秆隔离层）、地膜覆盖＋秸秆深埋隔盐技术、微咸水灌溉＋秸秆深埋隔盐技术、春灌＋秸秆深埋隔盐技术、施用脱硫石膏＋秸秆深埋隔盐技术、施用硫酸铝＋秸秆深埋隔盐技术、耐盐作物＋秸秆深埋隔盐技术等。这一系列综合改良技术的建立，为秸秆深埋隔盐与沃土增产技术的广泛应用提供了多种选择。

四、加快玉米秸秆深埋隔盐与沃土增产技术模式的推广方式

1. 农机优化与技术改进，拓宽适用领域

依据现有秸秆深埋还田机进行总体方案设计和关键零部件设计，进一步扩展深埋秸秆幅宽，降低开沟阻力，减少机械作业时的动力消耗，降低治盐成本。此外，根据微垄、大垄、宽窄行等不同田间地形，开发多地形适宜的秸秆收集装置，保证秸秆收集和深埋效果，充分发挥秸秆条带阻滞含盐地下水上升以及加速洗盐排水的功能。结合自动驾驶技术，实现田间作业时不漏行不重行，保证轮耕依次进行。集成秸秆深埋与氮肥、菌剂、土壤改良剂等一体化混埋技术，进一步优化机具作业参数，实现新技术模式的多层次多场景应用。

2. 因地制宜，打造综合改良技术体系与模式

不同区域盐碱地形成时间、分布位置、高程和质地有区别，造成盐碱地类型差异和盐碱化危害特点的不同。因此在推广玉米秸秆深埋隔盐与沃土增产技术模式的基础上，需要因地制宜，集农艺工程、化学改良和生物改良多种措施于一体，兼顾经济收益和改良效果。研究配套的咸水灌溉、雨水集蓄、节水改土等技术，因地制宜建立盐碱地节水综合改良技术体系，达到加速盐分离子淋洗、增加盐基代换容量、凝聚土壤颗粒、改善土壤结构的效果，从而实现“治盐改碱”目的。

3. 深入开展一线调研，突出政策引领

秸秆深埋隔盐与沃土增产技术团队在河北省和山东省等盐碱地广泛分布的区域开展了详尽调查，充分掌握了滨海地区盐碱地存在的土壤问题。主要问题包括土壤表层盐渍化重、土壤含盐量和 pH 值高、有机质含量低、土壤盐离子含量高，以及不同地区的盐渍化程度变异大，土壤改良难度大等。团队将获得的一手资料整理汇编后交于有关部门，争取将该技术作为盐碱地改良的关键技术之一，获得推广政策和资金支持。在团队努力下，该技术已经入选山东省 2023 年度农业主推技术。山东省济宁市汶上县获批山东省 2022 年农业绿色发展先行县，秸秆深埋还田技术作为绿色发展先行县建设关键内容，获得专项经费。依托先行县建设，济宁市建立了综合示范基地和推广网络，大面积示范推广秸秆集中深埋还田集成技术。

4. 加大推广力度，开展大规模试验示范

为促进秸秆深埋隔盐与沃土增产技术从试验向农业生产尽快落地，团队加大推广力度，多方开展技术的试验示范和推广，先后在山东省东营市利津县、滨州市和河北省黄骅市等不同类型和程度的盐碱地进行试验示范，累计示范 250 亩，每亩新增收益达 645 元 / 年，取得了良好的成果。此外，在示范过程中，定期组织农业技术推广人员现场观摩示范区，期望在辐射带动效应下得到广大种植户的认可，从而进一步推动大规模试验示范工作的顺利开展，以此来拓展试验示范成果，助力农业绿色发展。

【案例点评】

第三次全国国土调查成果显示，2019 年末我国盐碱地共 1.15 亿亩，是我国重要的后备耕地资源。综合利用好盐碱地，是实现我国粮食增产的“潜在粮仓”，对保障国家粮食安全、端牢中国饭碗具有重要战略意义。秸秆深埋隔盐与沃土增产技术模式的亮点在于开发了一种高效可行的盐碱地治理产业化技术，解决了传统隔层阻盐工程措施中实施困难的“卡脖子”技术难题，并且就地取材，使用作物秸秆极大地降低了排盐降碱的工程成本，也同时解决了农田秸秆再利用的难题。配套的农机具在实际使用中可靠性强、作业效果稳定，对不同类型的盐碱地表现出良好的适应性。同时，研发团队积极总结国内外先进盐碱地治理经验和成果，持续引进耐盐作物品种等技术产品，开展集成组装、技术培训、试验示范、政策建议，形成具有我国特色的盐碱地治理和秸秆综合利用一体化的新型技术模式。

（中国农业大学：周顺利、温媛、赵德强、徐艺萍；
山东沃土沃农业有限公司：杨忠喜）

主要参考文献

范富，徐寿军，宋桂云，等，2012. 玉米秸秆造夹层处理对西辽河地区盐碱地改良效应研究 [J]. 土壤通报，43(3): 6.

范浩，2015. 秸秆深埋对土壤盐碱及养分调控作用的研究 [D]. 呼和浩特：内蒙古农业大学 .

王治统，凌俊，刘子熙，等，2024. 秸秆还田方式对土壤理化性质和玉米产量的影响 [J]. 中国生态农业学报（中英文），32(4): 663-674.

吴巩，2022. 土壤增温与秸秆还田对华北麦玉农田碳氮循环及作物产量的影响 [D]. 北京：中国农业大学 .

吴冷，何念鹏，周道玮，2001. 玉米秸秆改良松嫩盐碱地的初步研究 [J]. 中国草地，23(6): 34-38.

徐鹏程，冷翔鹏，彭永彬，等，2014. 玉米秸秆隔层改良盐碱土壤及应用于葡萄栽培中的效果初探 [J]. 中外葡萄与葡萄酒 (1): 17-21.

赵德强，2025. 玉米秸秆深层还田的土壤生产力提升效应与固碳减排机制 [D]. 北京：中国农业大学 .

朱建峰，2018. 我国盐碱地绿化研究进展与展望 [J]. 世界林业研究，31(4): 70-75.

GHONAIM MM, MOHAMED HI, OMRAN AA, 2021. Evaluation of wheat (*Triticum aestivum* L.) salt stress tolerance using physiological parameters and retrotransposon-based markers[J]. Genetic Resources and Crop Evolution, 68(1): 227-242.

HOSSAIN MS, 2019. Present scenario of global salt affected soils, its management and importance of salinity research[J]. International Research Journal of Biological Sciences, 1(1): 1-3.

LING J, ZHOU J, WU G, et al., 2022. Deep-injected straw incorporation enhances subsoil quality and wheat productivity[J]. Plant and Soil, 499: 207-220.

WU G, LING J, ZHAO DQ, et al., 2022. Deep-injected straw incorporation improves subsoil fertility and crop productivity in a wheat-maize rotation system in the North China Plain[J]. Field Crops Research, 286: 108612.

ZHAO DQ, LING J, WU G, et al., 2023. The incorporation of straw into the subsoil increases C, N, and P enzyme activities and nutrient supply by enriching distinctive functional microorganisms[J]. Land Degradation & Development, 34(5): 1297-1310.

案例七

滨海盐碱地苜蓿旱碱麦轮作技术模式

一、基本情况

我国滨海地区盐碱地面积有 1 400 余万亩，但由于土壤含盐量高、结构性差，地下水埋深浅且矿化度高，加上大部分地区淡水资源严重缺乏，导致盐碱地利用率低，传统农作物产能差。沧州市旱碱麦产业发展初具成效，但由于旱碱麦种植的盐碱地土壤肥力低，再加上盐害与干旱缺水，难以支撑旱碱麦较高产量水平，目前全市旱碱麦平均亩产只有 223 kg 左右，亩均纯收益不足 200 元。如何提高旱碱麦单产水平与亩纯收益，一直是困扰区域旱碱麦生产的瓶颈问题。

苜蓿为多年生草本豆科植物，营养价值丰富，是当今世界分布最广的栽培牧草，是各种畜禽均喜欢的优质牧草，被称为“牧草之王”。苜蓿根系发达，固氮能力强，具有耐盐碱、耐旱、耐瘠薄等特性。利用盐碱地种植苜蓿，不仅可以有效解决“草粮争地”的矛盾，还能改良盐碱地提高土壤肥力，显著改善生态环境，促进农业提质增效和农民增收，实现盐碱地高效利用。研究表明，盐碱地苜蓿种植利用 5 年左右，耕层土壤含盐量降低 60% 以上，土壤有机质提高 10% 以上，土壤全氮、碱解氮含量平均提高 40% 以上，土壤物理及生物性状显著改善，地力可提高 1～2 个等级，有效实现了拓地增粮。

根据研究实践，实施苜蓿旱碱麦轮作，能显著改良盐碱地、大幅度提高旱碱麦单产和效益（图 1）。

图 1　苜蓿种植与裸露对盐碱地改良效果的土壤剖面

二、苜蓿旱碱麦轮作技术的特点和优势

（一）苜蓿旱碱麦轮作技术简介

针对苜蓿传统种植技术在盐碱地表现不理想，尤其是出苗率过低、单产水平不高、生产力退化过快等问题，通过在河北省沧州市黄骅市、天津市、山东省东营市等地多年的研究实践，形成了以盐碱地深松扩容抑盐、有机增施隔盐、平地蓄水淋盐、沟播聚墒躲盐、种菌融播抗盐、适期播种避盐等为核心的苜蓿保苗播种、科学施肥、切根复壮为关键技术的滨海盐碱地苜蓿种植技术，实现了盐碱地苜蓿高效生产。苜蓿种植利用 5 年左右，翻耕轮种一季旱碱麦与夏玉米，可显著提高旱碱麦夏玉米产量。

（二）苜蓿旱碱麦轮作技术模式的优势

苜蓿种植可有效改良盐碱地，种植 5 年后，耕层土壤含盐量降低 63.5% 以上，土壤有机质提高 12.2%，土壤全氮与碱解氮平均提高 42.7%，土壤质量等级整体提高 1 级、部分提高 2 级，土壤团粒结构等物理性状及生物性状显著改善。苜蓿种植 5 年后，翻耕轮种旱碱麦、夏玉米 2 年，与旱碱麦—夏玉米轮作模式相比，当季旱碱麦亩均单产提高 80% 以上，旱碱麦蛋白质含量提高 1 个百分点，亩均纯收益达到 500 元以上，较非轮作模式的旱碱麦亩均纯收益提高 1.5 倍以上。

该模式既提高了当地农民开发利用盐碱地的积极性，也带动了当地苜蓿产业及草食畜牧业的高质量发展，成为地方乡村振兴的有力支撑，走出了环渤海缺水区生态保护和高质量发展的一条新路子。

（三）苜蓿旱碱麦轮作技术要点

1. 精细整地

（1）土壤深松。一般以秋季或早春的全方位深松为主，一般选用深松犁或“V”形铲刀。黏质土壤深松深度不小于 50 cm，壤质土壤不小于 60 cm，沙质土壤不小于 80 cm。通过深松实现土壤疏松增容、破坏毛细管等作用，达到“深松扩容抑盐”的目的。

（2）增施有机物。结合深松施入腐熟有机肥、稻壳、菌渣、秸秆（长度 3～5 cm）等有机物，轻度盐碱地每亩施 1 000～2 000 kg，中重度盐碱地每亩施 2 000～3 000 kg，达到“有机增施隔盐”的目的。

（3）精细平地。深松与有机物施入作业结束后，选用平地机进行平地作业。第一遍用刨式平地机横向（垂直于播种方向）作业，平土板入土深度为 10 cm，作业过程中以平土板吃满土为宜；第二遍用分流式平地机纵向（顺播种方向）作业，入土

深度 5 cm；第三遍用动力驱动耙进行耙地镇压作业。

通过精细平地，可确保播种、施肥、灌溉、蓄积雨水、收割等环节的作业质量，尤其是灌溉水或雨水均匀覆盖地表，进而更好实现“平地蓄水淋盐”的目的。

2. 苜蓿保苗增密播种

（1）适期播种。轻度盐碱地。一般以晚春播（5 月中下旬）、顶凌播种（2 月初）、夏末秋初（8 月下旬至 9 月上旬）为宜。

中重度盐碱地。一般以晚春播（5 月下旬）、夏末秋初（8 月下旬至 9 月上旬）为宜（图 2）。

图 2　中度盐碱地保苗增密播种技术成苗场景

依据本区域春秋两季的反盐规律，通过播期优化以达到“适期播种避盐”的目的。

（2）深沟浅播。选用专用沟播播种机械，采用深沟浅播播种方式。开沟深度 3～5 cm，覆土厚度 1～1.5 cm。该技术具有明显的保墒、蓄墒、躲盐、避风等效果，达到了“沟播聚墒躲盐”的目的。

（3）种菌融播。利用专用耐盐碱微生物菌肥进行苜蓿种子包衣或用作种肥进行种肥同播（每亩用量 15 kg 左右）；或选用苜蓿专用根瘤菌剂进行拌种（每千克苜蓿种子用根瘤菌剂 5 g 左右）。通过以上措施可实现“种菌融播抗盐”的目的。

（4）加大播量。尤其是在雨养旱作条件下，盐碱地苜蓿适宜播种量为 2～2.5 kg/亩（净种子）。耕层土壤含盐量越高，亩播量就越大。通过加大播种量确保成苗率。

3. 苜蓿科学追肥

滨海盐碱地普遍严重缺氮磷养分，钾基本上不缺或富余。因此，滨海盐碱地苜蓿要重施磷肥、氮肥。

雨养旱作苜蓿地。成龄苜蓿地第一次追肥在早春的顶凌期（2 月下旬左右），每亩追施磷酸二铵 20 kg 左右；第二次追肥在第一茬苜蓿刈割后进行，每亩追施磷酸二铵 15 kg 左右。

灌溉苜蓿地。成龄苜蓿地第一次追肥在春季返青期（3 月下旬左右），每亩追施磷酸二铵 20 kg 左右；第二次追肥在第一茬苜蓿刈割后进行，每亩追施磷酸二铵 15 kg 左右。

4. 苜蓿地切根复壮

由于滨海盐碱地土壤板结、含盐量高、肥力低，再加上机械频繁碾压，滨海盐碱地苜蓿地生产力退化较快，对退化明显的苜蓿地可采用切根复壮技术。

切根季节一般选择在顶凌期或第一茬刈割后进行，切根深度 10～15 cm，宜选择专用切根机械。一次切根作业增产提质效果可维持 2 年左右，苜蓿单产平均提高 40% 以上，茎叶比降低 7% 左右。

5. 苜蓿旱碱麦轮作

（1）苜蓿适宜利用年限。苜蓿随着生长利用年限的延长，盐碱地苜蓿生产力呈现持续下降的趋势，产量高峰期主要集中在第 2～5 年，第六年后苜蓿产量开始明显下降。另外，随着苜蓿种植年限的延长，土壤含水率呈较为明显的下降趋势，达到第六年时土壤含水率降到最低，土壤干燥化现象比较严重。综合苜蓿地产量变化、土壤含水率变化和单位面积土地经济效益来看，盐碱地苜蓿适宜利用的年限为 5 年左右。

（2）苜蓿适期翻耕。苜蓿对土壤水分消耗量较大，3 年以上苜蓿地耕层土壤干旱明显。根据连续多年的研究实践，盐碱旱地随着苜蓿翻耕时间的延迟，旱碱麦播前土壤含水量显著降低，旱碱麦出苗率和籽粒产量显著下降。为保障旱碱麦出苗和获得高产，并兼顾苜蓿收益，轮作旱碱麦时苜蓿翻耕时间以 8 月 10 日前为宜，即旱碱麦播前 2 个月左右。

（3）苜蓿翻耕。苜蓿地上部刈割完后，利用翻耕机械将地上部剩余植物体及根系一同深翻埋到土壤里，翻耕深度一般在 30 cm 以上。

苜蓿翻耕过程每亩施用 20～25 kg 药剂（75% 辛硫磷以 1∶2 000 的比例拌土），用于防治地下害虫。

（4）旱碱麦种植管理。多年利用的苜蓿地土壤干旱比较明显，而且肥力较高，接茬轮种的旱碱麦宜选用耐盐碱、耐旱、喜肥、丰产稳产和抗倒伏的品种。为充分利用高肥力土壤条件提高单产，宜采用窄行增密播种技术，行距 15 cm，亩播量 20 kg。

翻耕后的苜蓿地多属于高氮、低磷土壤，在这种氮磷失调的耕地上种旱碱麦，容易“花而不实”、贪青晚熟。轮种的旱碱麦氮肥宜减施 30% 左右，磷肥增施 40% 左右。

（5）旱碱麦地下害虫防治。苜蓿生长期长而繁茂，且多没有对地下害虫进行过农业和药剂防治，同时在苜蓿根茬腐烂过程中也容易带来一些害虫，特别是蛴螬、蝼蛄显著比冬小麦—夏玉米轮作农田多，对旱碱麦为害较大，须加强地下害虫防治，即在苜蓿翻耕过程中施入杀虫剂。

（6）旱碱麦轮种茬次。随着旱碱麦轮种时间的增长，耕层土壤返盐过程加剧，含盐量明显提高，同时土壤肥力明显下降，旱碱麦单产逐年下降，其中轮种第三年的旱碱麦单产较第一年下降 40% 以上。根据研究实践，苜蓿翻耕后轮种旱碱麦最佳为一茬，最多不超过二茬。

三、推广做法和成效

沧州市黄骅市地处黄淮海盐碱区，土壤含盐量高、地下水位与地下水矿化度高、淡水匮乏、土壤有机质及氮磷含量低、土壤结构性差等恶劣的水土资源条件，成为当地农业发展的主要限制因素。盐碱耕地尤其是中重度盐碱耕地农作物产量低而不稳，利用效率普遍偏低，常年旱碱麦单产不足 250 kg/ 亩，夏玉米单产不足 400 kg/ 亩，全年亩均纯收益不足 600 元。

为更好推广滨海盐碱地苜蓿旱碱麦轮作技术模式，解决沧州市盐碱地综合利用水平低的瓶颈问题，河北省人民政府将苜蓿旱碱麦轮作明确纳入河北省盐碱地综合利用试点推进方案，结合国家高产优质苜蓿专项行动，沧州市农业农村局列出专项资金支持盐碱地苜蓿种植发展盐碱地苜蓿旱碱麦轮作。在推广过程中，构建了“政产学研”推广协作机制，地方政府与行业部门负责政策支持，企业、合作社负责模式应用，河北省农林科学院农业资源环境研究所、国家牧草产业技术体系沧州综合试验站、河北省现代农业产业技术体系草业创新团队、河北省耐盐碱作物种业科技创新团队等作为技术依托负责技术培训、指导、示范等。通过该技术模式的应用，黄骅市林江农业科技有限公司 1 万余亩中重度盐碱地雨养旱作苜蓿干草产量达到 700～1 000 kg/ 亩，亩均纯收益达到 1 200 元以上。苜蓿种植 5 年后，翻耕轮种旱碱麦、夏玉米 2 年，与旱碱麦—夏玉米轮作模式相比，旱碱麦、夏玉米单产平均提高 60% 以上，化肥减施 40% 左右。2023 年 5 月 23 日，省长王正谱视察了黄骅市旧城镇纳莱农场的 10 000 亩苜蓿旱碱麦轮作示范田，根据实测，该示范田旱碱麦平均亩产达到了 420 kg，创下了旱碱麦单产的高产纪录，较生产水平 220 kg/ 亩提高了近 1 倍。

近 5 年来盐碱地苜蓿旱碱麦轮作技术模式已累计在沧州市示范推广 10 余万亩，累计增收 1 亿多元，产生了较大的社会效益、经济效益、生态效益。

【案例点评】

苜蓿旱碱麦轮作不仅能生产优质牧草，而且能显著改良盐碱地，提高土壤肥力、大幅度提高旱碱麦单产和效益。目前沧州市运东地区的黄骅市、海兴县、盐山县、孟村回族自治县、沧县等有盐碱地（盐碱耕地、未利用盐碱地）520余万亩，其中，中重度盐碱地占55%以上，淡水资源匮乏是常态，盐碱地苜蓿旱碱麦轮作技术模式在该区域具有很好的适应性，同时满足河北省奶业振兴、牛羊肉产业发展对优质饲草的需求。因此，盐碱地苜蓿旱碱麦轮作技术模式在本区域发展潜力巨大，同时可以辐射周边的天津市、山东省等环渤海盐碱地地区，为推动环渤海盐碱地的综合开发利用和农业提质增效提供了技术支撑。

（河北省农林科学院农业资源环境研究所：刘忠宽、刘振宇、
秦文利、谢楠、张立锋、潘璇、石嘉琦）

主要参考文献

刘小京，2018. 环渤海缺水区盐碱地改良利用技术研究 [J]. 中国生态农业学报，26(10): 1521-1527.

石嘉琦，刘忠宽，王东奎，等，2023. 河北滨海盐碱地14个苜蓿品种光合性能与产量性状分析 [J]. 草地学报，31(7): 2107-2115.

赵英，王丽，赵惠丽，等，2022. 滨海盐碱地改良研究现状及展望 [J]. 中国农学通报，38(3): 67-74.

案例八

滨海盐碱地高粱抗逆绿色全程机械化技术模式

一、高粱生产技术现状

高粱是全球第五大谷类作物，具有耐盐、抗旱、耐涝、耐瘠等优异特性，是重要的饲料、食品、酒精及工艺品加工原料。全球高粱播种面积约 4 134 万 hm^2，我国高粱种植面积约 70 万 hm^2，最主要的用途是酿造，每年有 85% 以上的高粱用于酿酒。

随着全球气候变化和土地资源的日益紧张，盐碱地的综合开发已成为农业领域的重要课题。高粱作为一种适应性极强的作物，其在盐碱地上的种植具有得天独厚的优势。首先，高粱具有较强的耐盐碱性。在盐碱地条件下，许多作物难以生长，高粱通过其独特的生理机制，如根系发达、叶片耐盐性强等，成为盐碱地综合开发中的理想作物之一。其次，高粱具有较高的经济价值，其籽粒可用于酿造、饲料、食品加工等领域，茎秆也是优质饲草资源。种植高粱不仅能提高土地利用效率，还能为农民带来经济收益。山东省黄河三角洲有近 800 万亩未利用盐碱地和 1 100 多万亩中低产田，不太适合普通农作物生长。因此，在不适宜种植粮食作物的盐碱地上种植高粱，发展高附加值绿色健康产业，对改良与开发利用盐碱地资源、保障粮食安全具有重要意义。

滨海盐碱地高粱主产区存在土壤盐碱瘠薄、高粱出苗率及成苗率低、传统覆膜放苗用工量大、农机农艺不配套、病虫草害绿色防控技术不精准、株型不适合机械收获等问题，在一定程度上影响了高粱规模化种植。山东省农业科学院作物研究所在筛选优质高产适宜机械化栽培的耐盐高粱品种的基础上，开展了盐碱地高粱适宜群体构建、沟播避盐播种、覆膜压盐免放苗播种、绿色防控穗部虫害及草害综合防控等研究，集成精量播种、高粱专用肥、病虫害绿色防控和高粱低损耗收获等技术，建立滨海盐碱地高粱抗逆高效轻简栽培技术规程，实现滨海盐碱地高粱种植全程机械化，提高盐碱地利用水平。

二、滨海盐碱地高粱抗逆绿色全程机械化技术模式的特点和优势

（一）滨海盐碱地高粱抗逆绿色全程机械化技术模式简介

通过室内耐盐鉴定和盐碱地大田鉴定相结合，筛选耐盐优质高产高粱品种 5 个，围绕筛选的耐盐高粱杂交种，针对盐碱地高粱种植机械化程度低、农机农艺不配套、病虫草害绿色防控技术不精准等问题，筛选适宜精量播种机，采用机械喷施化学除草剂、无人机一喷多防等措施提高机械化程度，建立了集品种选择、精量播种、肥水调控、病虫害绿色防控和低损耗收获于一体的滨海盐碱地高粱抗逆绿色全程机械化生产技术。通过在黄河三角洲开展新品种、新技术的试验示范，强化对农技人员

和种植大户的技术培训，可显著提升农民科学种植水平，大幅降低生产成本，提高农机作业效率和生产比较效益，驱动黄河三角洲滨海盐碱地区高粱产业的迅速发展，为打造乡村振兴齐鲁样板做出积极贡献。

（二）滨海盐碱地高粱抗逆绿色全程机械化核心技术

1. 筛选出耐盐优质高产高粱品种 5 个

根据多年田间试验的结果，选择在山东生态区表现良好的 15 个品种（表 1）为试验材料，其中吉杂 123 为对照品种。在室内进行种子萌发期耐盐鉴定，结合田间试验中调查得到的高粱农艺性状、产量性状和酿造品质，筛选出汾酒粱 1 号、济粱 4 号、冀酿 3 号、泉粱 5 号和济粱 3 号共 5 个高粱杂交品种。这 5 个高粱品种产量为 7 321～7 912 kg/hm^2，比对照品种增产 11% 以上；株高为 158.07～169.67 cm，穗柄稍长（5.83～9.53 cm），适合机械化收获，生育期适中（103 d 左右）；籽粒中影响白酒酿造品质的关键指标，如淀粉含量（69.42%～73.54%）、蛋白质含量（9.07%～10.64%）、脂肪含量（2.44%～3.32%）、单宁含量（0.75%～1.16%）等，符合酿造标准规定；除冀酿 3 号籽粒萌发期耐盐性较弱（7 级）外，其余都具备 3 级强耐盐能力（汾酒粱 1 号）或 5 级中等耐盐能力（济粱 4 号、泉粱 5 号和济粱 3 号）。

表 1　参试高粱品种来源

序号	品种名称	来源
1	济粱 1 号	山东省农业科学院作物研究所
2	济粱 2 号	山东省农业科学院作物研究所
3	济粱 3 号	山东省农业科学院作物研究所
4	济粱 4 号	山东省农业科学院作物研究所
5	泉粱 5 号	山东省农业科学院作物研究所
6	济糯粱 1 号	山东省农业科学院作物研究所
7	济糯粱 2 号	山东省农业科学院作物研究所
8	冀酿 2 号	河北省农林科学院谷子研究所
9	冀酿 3 号	河北省农林科学院谷子研究所
10	晋糯 3 号	山西省农业科学院高粱研究所
11	汾酒粱 1 号	山西省农业科学院高粱研究所
12	龙杂 11	黑龙江省农业科学院作物育种研究所
13	金糯粱 1 号	四川省农业科学院水稻高粱研究所
14	机糯粱 1 号	四川省农业科学院水稻高粱研究所
15	吉杂 123（CK）	吉林省农业科学院作物育种研究所

2. 确定翼铲式开沟器

翼铲式开沟器是一种机械播种开沟装置，主要由翼铲、筒身和反射板组成，作业时物料经导管落到反射板上，经反射散开，均匀撒落在翼铲所开的沟底。

3. 地块选择

在远离工业和城市污染源、生态环境较好、田间道路便于机械通过的区域，选择地势平坦、播种时土壤含盐量≤0.5% 无重茬地块，避免前茬土壤农药残留可能对高粱产生药害。

4. 压盐整地

在播种前 15～20 d 进行灌水压盐，土壤含盐量＜0.3 % 时，每亩灌溉量 60～80 m^3；土壤含盐量＞0.3% 时，每亩灌溉量以 80～100 m^3 为宜。一般上年的深秋或初冬进行深耕，机耕深度 20～25 cm，同时结合深松，打破犁底层，增加耕层蓄水保墒能力，耕后耙透整平。土壤墒情较低时，可先灌水造墒，再整地播种。

5. 配施高粱专用缓释掺混肥

针对盐碱地 pH 值高、微量元素缺乏等问题，使用盐碱地高粱专用缓释掺混肥，不含氯离子，含有硫和微量元素。肥料使用应符合《肥料合理使用准则　通则》（NY/T 496—2010）的要求，每亩施盐碱地高粱专用缓控肥（$N-P_2O_5-K_2O$：25-12-5）40～50 kg，配施有机肥做基肥。含盐量 0.3%～0.5% 地块可结合秋耕施以腐植酸、含硫化合物和微量元素为主要成分的土壤调理剂 100～150 kg/ 亩。

6. 品种选择与种子处理

选择适合当地生态条件，高产、优质、抗倒伏、耐盐碱能力强、抗逆和宜机械化的品种，种子要求无病虫害、籽粒饱满，播前 10 d 内晒种，结合防治地下害虫，以激动素、吲哚乙酸和赤霉素为主要成分的抗盐拌种剂进行拌种或种子包衣处理，种子处理应符合《农作物薄膜包衣种子技术条件》（GB/T 15671—2009）标准的要求。

7. 确定合适的播期、播种量、播种深度和播种方式

依据地温和土壤墒情确定播期，一般 10 cm 耕层地温稳定在 10℃以上，土壤含水量以 15%～20% 为宜。轻度盐碱地播种量 0.5 kg/ 亩左右，行距 50～60 cm，含盐量 0.3%～0.5% 地块播量适当加大。播种的深度一般为 3～4 cm，做到深浅一致，覆土均匀。墒情好时适当浅播，墒情不好时可适当深播。采用可一次性完成开沟、播种、覆土、镇压等工序的条播机或精播机。轻度盐碱地可以使用带有翼铲式开沟器的播种机开沟播种，一般沟深 10 cm 左右、沟宽 20 cm，亩播量 0.5 kg；含盐量 0.3%～0.5% 地块可用覆膜免放苗播种机播种，农膜采用银色、黑色双面薄膜，农膜使用符合《聚乙烯吹塑农用地面覆盖薄膜》（GB 13735—2017）标准的规定。

8. 田间管理

除草剂使用应符合《除草剂安全使用技术规范　通则》（NY/T 1997—2011）标准通则。苗后除草剂在高粱 3～5 叶每亩可使用 38% 莠去津水胶悬剂 120 mL，加 25% 二氯喹啉酸悬浮剂 30 g，如果双子叶杂草较多，可加 36% 氯氟吡氧乙酸异辛酯 20～

30 mL。进行中耕培土，封垄前采用中耕培土机结合中耕除草浅培土。孕穗至灌浆期如遇干旱及时灌水，每亩灌水量为 30～50 m^3。在多雨季节田间积水时及时排涝。

9. 病虫害防治

坚持“预防为主，综合防治”的植保方针，优先采用农业防治措施、物理防治措施和生物防治措施，合理安全高效使用化学农药。农药使用应符合《农药合理使用准则》（GB/T 8321）标准的要求。选用抗病虫品种，培育无病虫壮苗，增施有机肥。约 20 000 m^2 安装一台频振式杀虫灯，安装高度距地面 1.5～2.0 m，诱杀玉米螟、黏虫、棉铃虫、金龟子、飞虱等害虫。用赤眼蜂防治玉米螟、桃蛀螟等害虫，春播一般在 6 月 20 日、7 月 20 日和 8 月 20 日前后各放一次，夏播在 7 月 20 日、8 月 20 日前后各放一次蜂，每次放蜂 2 万头 / 亩。使用无人机或植保机进行病虫害防治。防治高粱丝黑穗病、茎腐病和顶腐病，可用 2.5% 烯唑醇可湿性粉剂以种子重量 0.2% 拌种；用 25% 灭幼脲 3 号悬浮剂 2 000～2 500 倍液喷雾防治低龄幼虫；拔节期和扬花末期无人机喷施 12% 甲维盐 · 虫螨腈悬浮剂 40 mL、5% 虱螨脲 50 g、25% 吡唑醚菌脂悬浮剂 25 mL 和大量元素水溶肥水剂 30 mL 进行一喷多防。

10. 收获

完熟期，籽粒含水量降到 20% 时，用高粱籽粒收获机进行收获。采用高粱专用割台低损耗收获术，一次性完成收割、脱粒、秸秆粉碎，损失率低于 3%。

三、加快高粱抗逆绿色全程机械化技术推广的做法和成效

习近平总书记在山东省农业科学院考察时指出：“要给农业插上科技的翅膀，按照增产增效并重、良种良法配套、农机农艺结合、生产生态协调的原则，促进农业技术集成化、劳动过程机械化、生产经营信息化、安全环保法治化，加快构建适应高产、优质、高效、生态、安全农业发展要求的技术体系。”滨海盐碱地高粱抗逆绿色全程机械化技术紧紧围绕“藏粮于地、藏粮于技”国家战略，以“增地提产”为核心，重点开展耐盐品种筛选、抗逆栽培耕种、智能农业机械配套、肥水高效利用、病虫草害绿色防控等全生育期技术体系的集成与示范推广，有利于提高盐碱地土地产出率、劳动生产率、资源利用率，在高粱生产中发挥重要的引领作用。

（一）政府引导，强化高粱机械化种植的政策支持

从战略高度出发，通过制定清晰的政策导向和发展策略，为机械化种植提供了有力的支持和保障。一是强化政策引导，出台扶持政策和建立省杂粮产业技术体系等推广平台；二是完善农田农机基础设施，培育农机服务组织；三是加强科技创新和人才培养，鼓励科研机构和企业开展高粱机械化种植技术的共同研发和创新；四是强化跨部门协同与资源整合，通过一系列的品牌宣传和营销活动，提高了消费

者对高粱产品的认知度和认可度；加强产销对接，注重与加工企业合作，调整产品结构，提升市场竞争力，推动农业产业链升级转型，拓展高粱市场。

（二）专家深入一线开展调研，精准把握高粱种植需求

为深入了解高粱种植的实际需求，山东省组织了大量的一线调研活动。通过深入田间地头，与种植户面对面交流，精准把握了高粱种植的需求和痛点。调研发现，高粱种植过程中，种植户们最关心的问题主要集中在品种选择、土壤管理、病虫害防治以及市场销售等方面。针对这些问题，山东省积极组织专家团队进行深入研究，制定了科学有效的解决方案。

在品种选择方面，加强品种更新换代，推广适合当地气候和土壤条件的高产、优质、抗病的高粱品种，帮助种植户提高产量和品质。在土壤管理方面，注重培肥地力，推广有机肥替代化肥，使用高粱专用缓控肥改善土壤结构，提高土壤肥力。在病虫害防治方面，建立了完善的病虫害监测和预警体系，及时发现和防控病虫害。同时，推广生物防治、物理防治等环保型防治方法，减少化学农药的使用，保护生态环境。在市场销售方面，加强产销对接，拓宽销售渠道，帮助种植户解决销售难题。通过举办高粱产销对接会、开展线上销售等方式，促进高粱的流通和销售，提高种植户的经济收入。通过调研和解决方案的实施，有力推动了高粱种植业的快速发展。

（三）筛选优良品种与装备，确保高粱机械化种植效益

山东省近年来致力于筛选和推广优良的高粱品种以及相应的机械化装备，进一步提升高粱机械化种植的效益。在品种筛选方面，山东省农业科研团队通过引进和培育适合机械化种植的优质高粱品种，经过一系列严格的田间试验和室内分析，成功筛选出 5 个表现出强或中等耐盐性、产量高、品质优的高粱品种。这 5 个品种分别是汾酒梁 1 号、济粱 4 号、冀酿 3 号、泉粱 5 号和济粱 3 号，提高了高粱的产量和品质。

同时，为了实现优质品种的全程机械化种植，注重选择性能稳定、操作简便的机械化装备，包括高效能的播种机、智能化的施肥喷药系统和精准的收割机等，不仅降低了种植成本，还提高了种植效率。通过机械化种植，农民可以更加轻松、高效地完成高粱的播种、施肥、灌溉和收割等各个环节，大大提高了农业生产效率。自实施优质品种和机械化装备推广以来，高粱的平均产量提高了 10% 以上，同时品质也得到了显著提升。这不仅增加了农民的收入，也满足了市场对高品质高粱的需求。此外，机械化种植还降低了农民的劳动强度，使他们有更多时间和精力投入其他生产活动中，进一步促进了农业生产的现代化和可持续发展。

（四）加大推广培训力度，帮助企业和农户落地新技术

为了更好地助力新型技术的运用，进一步加大技术推广培训的力度。通过组织培训班、研讨会和现场观摩等活动，向广大农民和技术人员深入解读该技术的优势与操作要点，确保他们能够熟练掌握并运用到实际生产中。近年来共组织开展了上百人次的技术人员培训活动，重点培训高粱抗逆绿色全程机械化技术的理论知识和实践操作技能，提高了技术人员的专业水平和服务能力。同时，针对新型职业农民的需求和特点，举办了上千人次的培训班，通过现场教学、互动交流等方式，帮助他们掌握高粱种植的新技术和新方法。

为了验证机械化种植技术的效果，开展了多点的试验示范活动。通过设立试验田，展示机械化种植的整个过程和效果，让种植户亲眼见证机械化种植的优势和效益。在典型滨海盐碱地地区创建了 3 个抗逆全程机械化高产样板，通过优化种植管理措施，高粱亩产达到 500 kg，较农民习惯种植方式增产 15% 以上。同时，在杂粮主产区，建立了 2 个面积超过 2 000 亩的示范基地，用于展示和推广高粱优质高效轻简栽培技术，带动周边地区农民提高种植水平。

通过政策引导、深入调研、加大研发力度、开展试验示范、筛选优良品种与装备以及突出品牌打造等一系列措施，成功推动了高粱绿色全程机械化技术模式的推广和应用，不仅提高了高粱种植的效率和质量，也为山东省的农业现代化发展注入了新的动力。

【案例点评】

滨海盐碱地高粱抗逆绿色全程机械化技术是针对我国黄河三角洲地区盐碱地土壤特性而研发的高效栽培技术。该技术解决了盐碱地盐分不均匀、利用率低的问题，提高了高粱的产量和品质，同时也保护了土地和生态环境。该案例的亮点，是能深入调研产业发展趋势和国际国内形势，找准制约高粱产业发展的技术瓶颈，充分协调科研资源、管理资源、生产主体，以国际化的视角确定高粱发展的新方向和新目标，积极引进新品种、机械装备、新农药、新肥料等技术产品，开展集成组装、技术培训、试验示范、政策建议，形成具有我国特色的高粱绿色全程机械化的新型技术模式。技术示范推广已经取得了显著成效，并在较大范围内得到了应用。在应用过程中，该技术不仅节约了成本，还提升了高粱的品质，增加了农民的经济收入。在技术推广过程中，需要注意土壤改良、施肥和灌溉等环节，以确保技术的顺利应用。该技术依托了多个专业单位的研究和推广，具有较高的可靠性和实用性。

（山东省农业科学院作物研究所：张华文、赵影星、王润丰、王海莲）

主要参考文献

崔江慧，谢登磊，常金华，2012. 高粱材料耐盐性综合评价方法的初步建立与验证 [J]. 植物遗传资源学报，13(1): 35-41.

何晓兰，徐照龙，张大勇，等，2015. 65 个高粱种质萌芽期的耐盐指标比较及其耐盐性综合评价 [J]. 植物资源与环境学报，24(4): 52-60.

籍贵苏，杜瑞恒，刘国庆，等，2013. 高粱耐盐性评价方法研究及耐盐碱资源的筛选 [J]. 植物遗传资源学报，14(1): 25-30.

秦岭，张华文，杨延兵，等，2009. 不同高粱品种种子萌发耐盐能力评价 [J]. 种子，28(11): 7-10.

唐朝臣，高建明，韩芸，等，2015. 高粱苗期耐盐碱性 QTL 定位 [J]. 华北农学报，30(3): 42-47.

王润丰，王海莲，韩云，等，2022. 黄河三角洲地区耐盐碱高粱品种筛选 [J]. 山东农业科学，54(12): 31-36.

王秀玲，程序，李桂英，2010. 甜高粱耐盐材料的筛选及芽苗期耐盐性相关分析 [J]. 中国生态农业学报，18(6): 1239-1244.

王秀玲，程序，谢光辉，等，2010. NaCl 胁迫对甜高粱发芽期生理生化特性的影响 [J]. 生态环境学报，19(10): 2285-2290.

张华文，秦岭，王海莲，等，2011. 不同甜高粱品种（系）萌发期耐盐性研究 [J]. 山东农业科学 (9): 24-26.

案例九

杂交谷子盐碱地丰产高效栽培技术

一、基本情况

我国是人口大国，粮食安全是社会稳定的基石。我国耕地缺口约7亿亩，而现有11.7亿亩（7 800万 hm^2）边际土地是耕地的战略后备资源。因此保障我国粮食安全只能从提高现有耕地产能和开发利用后备土地资源两方面入手。盐碱地作为主要的边际土地类型之一，是后备土地资源中重要组成部分。据农业部标准《全国耕地类型区、耕地地力等级划分》（NY/T 309—1996）及耕保中心数据计算，我国存在盐碱农田达到1.68亿亩，河北省盐碱地面积约60万 hm^2 主要分布在低平原中低产区，其中沧州市、衡水市和邢台市面积较大。由盐碱造成的胁迫是影响农业生产最严重的世界性难题之一，也是限制农业生产的重要因素之一。

谷子（*Setaria italica*）是世界上最古老的作物之一，被古人誉为"五谷之首"，是低碳环境友好型作物，起源于黄河流域，属禾本科狗尾草属，历史源头可追溯到新石器时期，农耕文明深厚，贯穿整个中华文明发展史。谷子脱壳后称为小米，富含蛋白质、氨基酸、维生素、硒等营养元素，具有康养保健作用，适合各年龄段人群食用。谷子凭借其节水、节肥、抗旱、耐瘠等特性，可在干旱瘠薄、撂荒地、盐碱地等边际性土地以及积温少于2 000℃土地上种植。此外，因其生育期较短，也被作为典型的救灾作物及应对全球气候变暖和干旱的战略储备物资。谷子具有较强的耐旱耐瘠薄特性，这使得它在盐碱地上具有一定生产潜力。因此，充分发挥谷子特性，集成推广适合盐碱地的谷子品种及高产高效栽培技术，对于挖掘盐碱地综合利用潜力、提高农业综合生产能力具有促进作用，同时对我国备用耕地的开发、提高粮食生产能力、保障国家粮食安全具有重要意义。

二、杂交谷子盐碱地高产高效栽培技术

（一）杂交谷子的特点和优势

杂交谷子相较于普通农家品种表现为株体高大明显，生育期短、可有效地利用自然降雨，根系发达，茎秆坚韧，有效分蘖数多，单株产量高，穗大粒多，普通谷穗长度20 cm，杂交谷子穗长达30 cm，穗重50 g。

1. 产量高效益好

杂交谷子产量显著高于常规谷子，杂交谷子的经济价值是常规谷子近两倍，与玉米产量和用工相当，但经济效益高于玉米；在夏播区经济收益与棉花相当，但比棉花省工，更是创下了亩产811.9 kg的世界高产纪录，证明谷子不再是低产、效益低的农作物。

2. 广适稳产

杂交谷子适应性更强，抗旱，抗瘠薄，高抗白发病、黑穗病、谷瘟病、抗倒伏、适宜机械化作业，适应范围广泛。同时，在不同年份和地区产量波动小，稳产性好。

3. 品质优良

经市场检验，种植户和消费者普遍认为杂交谷子均衡了高产和质优的矛盾，小米色泽黄亮，香味浓。例如，张杂谷系列张杂谷 5 号、10 号、13 号等多个品种被中国粟类作物委员会评定为一级优质米。

4. 省工省力

杂交谷子种子在种植过程中喷施专用除草剂可有效去除田间杂草和间苗，相较于传统谷子种植极大地节约了人力成本，更适宜规模化种植。

5. 适于机械化

杂交谷子具有抗倒伏、稀植、种植相对简单等特点，适宜大面积规模化机械操作。随着谷子专用大型、小型精细化专用穴播机械被生产和应用，实现从种到收一条龙机械化作业，极大地提高生产能力和经济效益。

6. 节水抗旱

杂交谷子根系是常规谷子的 1.2～1.5 倍，抗旱性强于常规谷子。据测算，每推广种植 10 000 hm^2 杂交谷子，节水 1 500 万 m^3，生态效益显著。

（二）杂交谷子盐碱地高产高效栽培技术内容

1. 产地要求

选择地势平坦、无污染、交通方便、具有一定灌溉条件的轻度盐碱地。忌重茬，提前进行土壤取样，测定土壤盐碱含量，土壤含盐量不超过 3‰。

2. 品种选择

选择通过国家鉴定或登记的适宜该区域的耐盐、抗除草剂、抗逆、优质、丰产的谷子新品种，大田用种纯度、净度不低于 98%，芽率不低于 85%，水分含量不高于 13%。种子选择正规厂家生产的种子，质量有保障，避免购置假种导致减产。

3. 播前准备

（1）整地。选择地势平坦、通风透光的远离公路和污染源的地块种植。谷子种子粒小，需要精细整地，旋地深度 13～15 cm，达到上虚下实，田间无明显大的土块、残茬。播种前再次清理田间杂草及其他杂物，避免阻塞播种机械和缺苗断垄。播前试播，调整播种深度 3～5 cm，行距 40～50 cm，调试成功之后正式播种。

（2）施肥。施肥以有机肥为主，化肥为辅。伴随整地施用氮磷钾复合肥 375 kg/hm^2 和有机肥 30 000～45 000 kg/hm^2。追肥以氮磷二元混合肥加尿素最好，氮肥分别在拔节期和抽穗期施入。

（3）种子处理。播种前种子进行包衣或拌种，防治黑穗病、白发病、谷瘟病等。包衣种子采用精甲霜灵、咯菌腈、苯醚甲环唑、专用除草剂进行种子包衣；未包衣种子采用瑞毒霉可湿性粉剂按种子量 0.3% 拌种（应在拌种后 30 d 内播种结束）或用戊唑醇拌种剂按种子量 0.1% 拌种。农药使用应符合《农药合理使用准则》（GB/T 8321）（所有部分）的规定。

（4）播期及播种量。春播最适播期 5 月 20—25 日，夏播最适播期为 6 月 15—25 日，根据气候状况和目标区域做相应调整；播种量为 0.4～0.45 kg/ 亩。

4. 播种

播前查看地块墒情，足熵可直接播种，墒情不足则播前浇水造墒，待地表干后播种，不要湿播，避免缺苗断垄。采用微起垄全膜覆盖（黑膜宽 1.2 m），垄高 5～10 cm，沟宽 30 cm，精量穴播，每穴 3～5 粒，双垄宽窄行（70 cm，40 cm），墒情好宜浅播、墒情差宜深播。播种要求不漏播，不断垄，深浅一致；播后机械镇压，春旱严重、土壤墒情较差的地块重复镇压 1 次。

5. 田间管理

（1）保全苗。出苗后 2～3 叶期进行查苗，出现缺苗断垄可进行移苗或温汤浸种进行补种。同时注意防治病虫害。

（2）除草、间苗。无须间苗。留苗密度为 6 500 穴 / 亩，株行距分别为 18 cm 和 55 cm。覆膜穴播无须除草。

（3）病虫害防治。整个生育期注意防治谷子白发病、谷子腥黑穗病、谷瘟病、纹枯病等，如发现可用精甲霜灵、稻瘟灵、春雷霉素等进行防治，对于零星病株可人工拔除，带出田地并深埋处理。在拔节期注意防治粟负泥虫及粟灰螟，可喷施菊酯类和大环内酯类杀虫剂防治。在谷子灌浆初期注意防治双斑长跗萤叶甲和盲椿象为害，可喷施菊酯类杀虫剂防治。

（4）追肥。拔节期追施尿素 150 kg/hm^2，抽穗前追施尿素 225 kg/hm^2。

6. 收获

机械化收割在全株角果 75% 以上呈枇杷黄色时采收。人工收割在全株角果 80% 呈枇杷黄色、主花序角果籽粒变褐色时收获，收后放置 4～5 d，让其后熟，再进行脱粒、晒干、清除秸秆和杂质，阴凉处储藏。

三、推广的做法和成效

1. 强化产学研深度融合，提升产业技术创新水平

公司以科技为引领，以创新为动力，成立了作物品种研究院，并于 2021 年被河北省工业和信息化厅认定为“河北省工业企业研发机构”。作物品种研究院聘请“张杂谷”发明人赵治海研究员、范光宇研究员为技术顾问，开展杂交谷子自主研究、选育；2021 年与中国农业科学院、安阳市农业科学院等科研单位达成产研合作协议；2023 年成功返聘刘金荣研究员为安阳夏播谷子育种站首席育种家，持续聚合国内顶

级谷子科研资源，扩大产品和技术领先优势。

2. 建立示范基地，强化示范引领带动作用

围绕杂交谷子的推广应用，强化示范基地建设，充分发挥基地的示范引领作用。张家口市农业科学院和河北巡天农业科技有限公司在张家口市阳原县广丰庄村建立百亩示范基地，开展张杂谷轻度盐碱地示范基地建设及张杂谷耐盐碱栽培技术研究工作。示范田折合产量达到 513.5 斤 / 亩，亩收入达到 1 181 元，收益较显著，张杂谷耐盐碱栽培技术研究成果获得农户高度肯定。在阳原县井儿沟乡开展张杂谷中低产田节水稳产示范基地建设，井儿沟乡年平均降水量 403 mm；无霜期年平均 136 d。成熟期对张杂谷进行调查测产，地膜覆盖张杂谷折合产量 704.3 斤 / 亩，无膜对照为 395.2 斤 / 亩，张杂谷旱地增产增益效果明显。在张家口坝上地区建立 5 个饲用谷子千亩以上示范方，总面积达 5 660 亩，分别在张家口市察北管理区建立 2 个千亩饲用谷子试验和示范方面积共 2 260 亩；在张家口市康保县联合张家口农垦集团建立了 1 个千亩推广示范方面积达 1 300 亩；在张家口市张北县联合张家口奇志马铃薯种业建立 2 个千亩推广示范方 2 100 亩。

3. 探索“托管 + 收入保险”新模式，推动杂交谷子产业高质量发展

为了降低农民种植风险，解除农民后顾之忧，让“张杂谷”种植户种得放心、种得舒心、种得开心，让农民用最好的技术种出最好的粮食，用更好的模式获得更高的收入。在蔚县开展“张杂谷”托管种植新模式探索，并在蔚县南岭庄乡西方城村，建立示范基地。其中，核心示范基地建设面积 200 亩，辐射带动南岭庄乡和陈家洼乡种植 3 020 亩。中国人民财产保险股份有限公司张家口市分公司与“张杂谷”种植大户签订收入保险试点合同，保险试点面积 3 020 亩，山东卓创资讯监测国内谷子价格走势数据，公平、公正、公开为市场提供谷子收购价格参考依据。同年，张家口市农业科学院组织张家口市农业农村局、蔚县农业农村局有关专家，对蔚县南岭庄乡和陈家洼乡“张杂谷”保险试点生产基地进行了现场测产调查，平均亩产 401.87 kg。在张家口市农业科学院推动下，在张家口市银保监分局的指导和大力支持下，中国人民财产保险股份有限公司开发的商业性谷子收入保险在服务推动“张杂谷”优势特色产业高质量发展、优化农业营商环境、降低农民种植风险保障农民收益、助力乡村产业振兴上迈出了重要一步。

在总结“张杂谷”收入保险经验的基础上，张家口市农业科学院联合中国人民财产保险股份有限公司张家口市分公司和河北巡天农业科技有限公司，正在积极探索扩大收入保险示范的新机制，同时筹备开展盐碱地谷子保险试点工作，以“张杂谷 + 金融保险”新模式赋能盐碱地综合利用工作创新性开展。

目前，在经济下行、粮食和生产资料价格高涨、谷子种植面积锐减等多重压力下，“张杂谷”系列品种种植面积实现“七连增”，张杂谷 13 号近 10 年来在全国 10 多个省区累计推广面积 1 500 多万亩，占比近 50%，推广面积位居国内第一，已成为谷子种子知名品牌，夯实了行业领军地位，巩固了谷子种子行业定价权。

2023年，“张杂谷13号”首次被农业农村部遴选为农业主导品种，同时被推介为京津冀协同发展农业主导品种。

【案例点评】

谷子作为我国本土原生作物，凭借其节水、节肥、抗性强等特性在旱作雨养地区被广泛种植。在盐碱地上种植谷子可有效地克服盐碱地缺水、瘠薄、盐碱度高等缺点，对实现盐碱地综合利用，推动盐碱地特色产业发展具有重要意义。按照“以种适地”的发展思路，本案例通过改良栽培模式，推广耐盐碱优质谷子品种，以良种＋良法两方面结合，为谷子在盐碱地上种植提供了切实可行的方案，实现盐碱地谷子丰产。同时，在实际运用的过程中，对“张杂谷＋金融保险”新模式赋能盐碱地综合利用进行积极探索和有益实践，为提高盐碱地利用效率和农业增收增效探索新思路、开辟新途径。

（张家口市农业科学院：范光宇、曹世卢；
河北巡天农业科技有限公司：刘粤阳、孟帅、张惠、白文杰）

主要参考文献

曹晓风，孙波，陈化榜，等，2021. 我国边际土地产能扩增和生态效益提升的途径与研究进展 [J]. 中国科学院院刊，36(3): 336-348.

李顺国，刘斐，刘猛，等，2021. 中国谷子产业和种业发展现状与未来展望 [J]. 中国农业科学，54(3): 459-470.

刘三才，朱志华，李为喜，等，2009. 谷子品种资源微量元素硒和蛋白质含量的测定与评价 [J]. 中国农业科学，42(11): 3812-3818.

刘宇杰，陈银焕，杨修仕，等，2020. 小米营养及功能成分研究进展 [J]. 粮食与油脂，33(5): 1-3.

田伯红，2009. 盐碱胁迫对谷子农艺性状及产量的影响 [J]. 河北农业科学，13(10): 4-5.

张耘，刘占和，王斌，2007. 榆林小杂粮 [M]. 北京：中国农业科学技术出版社 .

赵志军，2019. 中国农业起源概述 [J]. 遗产与保护研究，4(1): 1-7.

案例十

黄河三角洲盐碱地菌棉轮作生产技术模式

一、黄河三角洲棉区现状

黄河三角洲主要分布在山东省东营市和滨州市境内，是黄河多次改道和决口形成，土体结构主要包括黏土、沙土和不同盐化程度的各类盐渍土，呈现出洼、坡、岗交错的微地貌形态。海拔高度低于 15 m，面积达 5 500 km^2，属温带季风气候，四季分明，光照充足，日照时数 2 590～2 830 h，无霜期 193 d，年均气温 11.7～12.6℃，年均降水 530～630 mm，70% 分布在夏季，年蒸发量 750～2 400 mm。黄河三角洲地区种植棉花历史悠久，棉花品质好，产量高，是我国重要的产棉区。以滨州市为例，滨州市盐碱地总面积约 11 万 hm^2，占全市土壤总面积的 14.67%，其中无棣县、沾化区的面积较大，两县（区）面积之和为 78.73%，含盐量高于 0.4% 的盐碱地面积有 10.3 万 hm^2，占总面积的 85.56%，含盐量 0.2%～0.4% 的盐碱地占总面积的 7.6%，分布面积 0.84 万 hm^2。2005 年之后的几年中，随着国家棉花良种补贴、高产创建项目等强农惠农政策出台实施，滨州市棉花生产步入稳定发展轨道，植棉面积基本稳定在 13 万 hm^2 左右，后随着政策转变等各种因素影响，植棉面积不断降低，2021 年全市植棉面积仅为 1.54 万 hm^2，而无棣县、沾化区植棉面积之和占全市植棉面积的比重却由 2011 年的 43% 提高到 2021 年的 58%。这种变化与当地自然环境有密切关系。具有盐化度高、结构性差、肥力不高等特点的滨海盐碱土不利于小麦、玉米等作物的正常生长发育，只有耐盐碱性较好的棉花生长基本不受影响，盐碱地棉花成为中国棉花主要生态类型之一，份额越来越大，地位逐渐重要。

随着植棉技术的不断优化，棉花单产不断提高，对应的棉秆量也随之增加，棉秆主要有以下两种处理方式：一是棉秆还田（机械直接还田、堆沤腐解还田），二是棉秆离田循环利用（饲料化利用、燃料化利用、原料化利用、基料化利用等）。现有利用方式存在的问题表现为棉秆本身存在一定的病菌、虫害，棉秆还田会将病菌埋伏地下，棉秆覆盖为病虫害提供了栖息和越冬的场所，还田后加重土壤病虫害的发生，危害翌年棉种的发芽和生长；由于棉秆粉碎时含水量过高，机械粉碎不够均匀，直接秸秆还田后在土壤中腐熟速度慢，不能当年成肥，培肥地力效果不佳，影响下茬种植效果。棉秆离田综合利用存在的问题在于棉花为一年生植物，采摘与棉秆收集都具有较强的季节性，同时种植地块较分散，大型收集运输机械不易进入，主要依靠人工。农民如果自己将棉秆送至加工厂，负担较重，且送至工厂的棉秆量供应不稳定，工厂不能持续生产。如果将收购点设立在农村，投入会较高，同时需要有较大的需求和比较成熟的产业链。如果工厂直接收集，棉秆的收集运输效率低，对人工数量是否充裕、储存场地大小、资金投入多少等都提出了较高要求。

针对盐碱地棉花种植的现实问题，滨州市农业科学院、滨州市食用菌科技推广中心、滨州市农业农村局等开展协同攻关，利用冬季闲田和棉秆种植经济价值高的赤松茸，实现了菌棉轮作生产，显著提高了棉花种植的经济效益。

二、菌棉轮作生产技术模式的特点和优势

（一）菌棉轮作生产技术模式简介

菌棉轮作生产技术，即于当年10月下旬至11月中旬收集处理棉花秸秆，并就地播种栽培赤松茸，土壤封冻前发满菌丝，翌年3月中旬至4月上旬采收赤松茸，菌渣就地还田后种植棉花。通过集成棉秆粉碎—栽培料铺放—机械直播等关键环节的机械化生产技术，在不损害棉农利益的前提下，增加了土地复种指数，降低了棉秆离田成本，既改善了盐碱地土壤，又增加了收入，综合提高植棉效益。

（二）菌棉轮作生产技术优势

1. 循环利用棉秆资源，提高附加值

棉花平均产量约为3 750 kg/hm^2，棉秆平均产量为5 250 kg/hm^2，棉秆含有丰富的纤维素、半纤维素、木质素、蛋白质等碳素营养，赤松茸分泌的胞外酶可将棉秆中的大分子物质分解利用，再合成各类营养物质，从而实现营养优化，提高产值。赤松茸种植可就地使用棉秆，田间直接粉碎铺料播种，避免了棉秆直接还田的不利因素，降低了离田费用，取材易、成本低，优势突出。

2. 充分利用闲田，匹配菌棉轮作

当地棉花一般在4月中下旬播种，10月上中旬开始收获，赤松茸出菇时间一般为3月至4月上旬。菌丝生长适温范围为5～36℃，最适温度为25～30℃，在低于5℃时休眠，超过36℃时菌丝老化。子实体生长的适温范围为4～30℃，最适温度为12～25℃，子实体原基在温度超过30℃时难以形成。子实体可在pH值4.5～9.0范围内生长，以70%～75%的含水量为佳，需要一定量的散射光。赤松茸所需生长条件与当地环境较匹配，生长周期与棉花正好错开，不影响翌年的棉花种植。

3. 菌渣就地使用，改善盐碱环境

以棉秆为原料种植赤松茸，菌丝分泌胞外酶降解木质素、纤维素等物质，菌丝的生长和呼吸消耗所用占据了大部分，一部分以新形式存在于培养料中。菌渣具有容重小、疏松性好、通气性强的特点，一般菌渣中钙含量为0.21%～4.59%，全氮、全磷、全钾总养分含量为2.72%～5.39%，pH值为6.0～8.0，含水量30%～55%，有机质含量超过了45%。菌渣中还存在着其他活性物质，如多种微生物及酶等，对滨海盐碱土的含盐量的降低、土壤理化性状的改善和微生态环境的修复等起到了积极作用。

4. 增加农民收入，推广前景广阔

当地市场新鲜赤松茸批发价格约10元/kg，按2 250 kg/hm^{2}的产量计算，经济效益可观。赤松茸在国际市场，尤其在欧美市场比较受欢迎，韩国、日本等其他国家

需求量也较大。国内市场总体来看，东部发达地区是赤松茸消费的重点区域，中原及东北地区市场迅速崛起，西南地区市场接受度进一步加快。全国的食用菌总体市场稳步增长，区域布局优化，产业基地突出，产量超过 100 万 t 的省份有 10 个。赤松茸在整体食用菌产量中所占比例极小，全国赤松茸种植面积仅为 530 hm^2，最大产量 1.6 万 t，市场前景非常广阔。同时，该菌对管理条件和环境要求不高，抗逆、抗杂性强，栽培技术简便，适宜大面积推广。

5. 促进农旅结合，助力乡村振兴

乡村振兴的基础是产业兴旺，发展棉花赤松茸轮作可高效利用棉秆，调整种植结构，壮大农业经济，促进农民增收，带动农村脱贫，助力乡村振兴。乡村振兴的关键组成部分之一是乡村旅游，可将采摘体验、现场厨艺比拼、地块认领等设立在家庭农场、农业公司、合作社等，实现农旅结合，促进乡村特色产业发展。

（三）菌棉轮作生产技术效益分析

近年来，黄河三角洲棉区面积不断降低，根本原因在于棉花价格不稳定，棉花经济效益低，如 2021 年收购平均价格在 11 元 /kg，2022 年为 7 元 /kg，2023 年初始价格 9 元 /kg，后降低到 8 元 /kg。而种植成本却居高不下，人工采摘棉花成本 1.6～2.0 元 /kg，再除去土地整理、播种、打药等成本，棉农利润极低。但棉花对于国家安全至关重要，是重要的战略物资，要想维持棉花种植面积稳定，需要对棉花产业进行提档升级。

菌棉轮作生产技术模式有效提高了植棉的整体效益。一是充分利用了冬季闲田，增加了土地复种指数，相当于增加了一份收入；二是提高了棉秆二次利用经济效益。传统棉秆处理方式是将棉秆打捆（4～5 亩棉田的棉秆可压缩成 1 t 棉秆）自行送到发电厂，价格为 260 元 /t，除去机械和人工成本投入，效益极低。利用此技术模式进行生产，1 kg 棉柴可生产出 0.357～0.400 kg 的赤松茸，每亩产棉柴 350 kg 左右，可生产 125～140 kg 赤松茸。按照赤松茸平均价格 10 元 /kg 计算，每亩可收入 1 250～1 400 元，除去生产成本（菌种费、草苫子和遮阳网费用、机械作业费、种植人工费、收获人工费和包装费等）250～300 元，每亩纯收益增加 1 000～1 100 元。三是菌渣还田改善了土壤理化性质。赤松茸菌渣中含有丰富的有机质和矿质元素等，在采摘结束后就地还田对土壤的营养元素等进行了补充，有利于下茬棉花产量和品质的提升。

（四）菌棉轮作技术模式的核心技术

1. 高抗、质优品种的筛选

目前市面上赤松茸品种较多，但在土壤盐碱度较高的盐碱地区，推广品种需要兼顾强抗逆性、品质优、商品性好等特点，经过多年种植试验，最终确定了“赤松茸 2 号”为适宜菌棉轮作区推广栽培的当家品种。

2. 栽培料处理技术

将棉秆粉碎成3～5 cm的碎屑备用，栽培料配方为：棉秆69%，玉米芯30%，麸皮1%，控制含水量为65%～70%，将上述材料混合均匀后起堆发酵。发酵温度需要达到65℃以上，维持48 h后翻堆继续发酵至65℃以上，播种时提前摊凉备用。

3. 播种覆土覆秸

用人工或机械将栽培料铺成80 cm×20 cm规格的畦床，将菌种掰成鸡蛋大小的菌块，利用播种机进行穴播，深度5 cm，行距10 cm，穴距10 cm。表面找平后覆盖2～3 cm的细土，土壤含水量20%左右，最后覆盖5 cm厚的杂草、玉米秸秆等保温保湿。

4. 发菌期管理

温度和空气相对湿度是菌丝生长的关键因素。播种后料温在10～30℃，菌丝均可正常生长。在正常时间段内播种，覆土2～3 d后菌丝就开始萌发，15～20 d即可见到菌丝露出土面。随着季节的更替，要注意以下几点：一是随时保证覆土水分适宜，若湿度小，可在遮阳网上纵向设置一条喷水带，随时调整覆土水分；二是认真检查沟内棉秆中心温度变化情况，因菌丝最适温度范围为20～28℃，在<5℃或>32℃时不能出菇，需要将温度保持在12～30℃，此时菌丝生长速度较快，且长势健壮。若气温较低，可采取覆盖草苫子、增设拱棚及减少喷水等措施来提高料温。若温度超过28℃，要进行散热，可用铁叉子插入沟底向上掘起，使沟内棉秆表层裂缝，达到散热透氧的目的，并加速菌丝生长。正常管理下，入冬前菌丝会长满全部基料并进入覆土层。入冬后，随着温度的不断降低，菌丝会进入越冬休眠状态，等到翌年春季气温回升后，于3月中旬开始调节覆土水分，沟内菌丝吃透覆土层，覆土层表层菌丝束分枝增粗，通过营养后熟阶段后即可扭结现蕾。

5. 出菇管理

4月上旬开始，经过发菌期的管理，菌丝向土层爬升，并向覆盖的遮阳网下生长蔓延，覆土层中有粗菌束伸延，菌丝束分枝上出现小米粒大小白状物时，是幼菇的菇蕾，为出菇前兆。出菇前水分管理是重点，采取少量多次喷水的办法，保持覆土层湿润。出菇期喷水原则：现蕾和幼菇发生期，少喷勤喷，幼菇长大时少量多次，菇多多喷，菇大多喷，晴天风大多喷，阴天雨天可少喷或不喷。

6. 采收

当赤松茸子实体菌盖呈钟形、菌盖内卷不开伞、菌膜欲破而尚未破裂时为最佳采收时机。菌褶转变成暗紫灰色或黑褐色，菌盖平展时，则子实体品质低、重量轻。出菇期间应注意观察畦面，并检查子实体的成熟程度，做到及时采收。4月上中旬为出菇期，第一茬菇收完后停水养菌3～5 d后，再次向沟内引水，进行增湿和催蕾，经10～12 d又开始出下一茬菇，整个周期可采收2～3茬菇。采收时用拇指、食指、中指捏住菇柄基部轻轻扭转，松动后再向上拔起，注意不要伤及周边幼菇。采收后要及时清理床面，将菇取走后形成的小洞覆土补平，将棉秆复位铺好，清除残菇，防止腐烂招引虫害而对周围健康菇或沟内菌丝造成危害。鲜菇采下后可及时切除带泥菇脚进行上市鲜销，也可进行盐渍处理后储存。

三、加快技术模式推广的做法

（一）加快发展速度，形成特色产业

赤松茸对于广大消费者来说仍是新兴产品，赤松茸“点草成金”更是种植新模式，应充分利用此良机和先机。结合黄河三角洲盐碱区的实际情况，无棣县人民政府和滨州市农业科学院以及食用菌推广中心进行合作，由无棣县人民政府出资在菌种及种植面积等方面给予当地种棉大户相应的财政和政策补贴，滨州市农业科学院和食用菌推广中心负责栽培技术培训和指导，通过先行打造示范基地和培育典型亮点，显著提高了菌棉轮作的示范带动作用。后期要进一步优化、完善产业体系，稳步增加种植规模，力争在3～5年内把黄河三角洲棉花—赤松茸轮作产业做强、做大，形成特色产业，实现棉秆和冬季闲田的良性循环和高效利用，使其切实成为乡村振兴的重要产业。

（二）强化宣传方式，拓展营销渠道

赤松茸生长速度快，采收集中在4月，保鲜时间短，开伞过大不易运输，商品性差，因此要保证销售渠道的畅通快捷。此外，要加大菌棉轮作技术的推广宣传力度。可通过新闻报道、官方公众号文章推介以及电视台报道、召开现场会、培训会等多种途径对该技术进行宣传，同时也让消费者知道、了解赤松茸的种植过程和营养价值，从而刺激对赤松茸的消费。还可将菌棉轮作与旅游采摘、学校的素质教育课结合起来，达到让市民亲近自然、增长知识、销售产品、获得效益、扩大宣传的目的。只有将政策扶持、金融支持、部门联动作用充分发挥，对专业化龙头企业重点扶持、培育，打造特色农产品，增加市场占有率，创建地方品牌，才能从点到线再到面不断推广，达到提高经济效益、社会效益、生态效益的目的。

（三）加强技术攻关，实现农机农艺融合

滨州市农业科学院和食用菌推广中心通过连续3年的菇棉轮作试验，不断调整栽培技术，优化栽培模式，并结合当地实际情况，最终筛选出适合当地推广的最佳栽培配方。后期还要通过制定棉花—赤松茸轮作生产技术规程和地方标准、行业标准等来规范种植，同时也有利于该技术的大面积推广。当前，滨州市农业科学院已经取得了《一种用于赤松茸播种、覆秸和覆膜的装置》《一种赤松茸采摘机》《一种

自走式赤松茸铺料机》等的实用新型专利授权。后期还要进一步建立与科研院所、高校及推广单位的合作平台，加快研发配套的生产全程机械化装备，降低整地、播种及收获等环节的人力投入，提高机械化水平。

（四）深入产品加工，延长产业链条

随着棉花赤松茸轮作技术的不断改进优化和宣传力度的加大，棉后种植赤松茸规模会加速扩大。赤松茸生长迅速，出菇期集中，保鲜期短暂的特点增加了产品鲜销压力，因而除了鲜菇产品，以干品、罐头、腌渍品和调味料加工为主的后期加工产品的开发也非常重要。要分门别类地创新赤松茸的深加工技术，对赤松茸的锁养保鲜、储藏加工、产品开发等深入研究，挖掘潜力，提高产品附加值，建立完善的集生产、加工、销售、研发于一体的产业发展格局。

【案例点评】

棉花是我国重要的战略储备品之一，影响棉花种植面积不断下降的根本原因在于植棉效益低。该案例的亮点是，既符合国家、省、市关于农业绿色、高效发展的需求，又找准了制约农业产业发展的难点，通过协调各方力量，创新性地摸索出适宜当地种植、推广的新模式。此外，通过建立基地、现场观摩、组织培训等方式，显著带动了棉花产业的提档升级，既有效盘活了农村闲置秸秆等废弃物资源，提高了土地利用率，又有助于改善当地生态环境，是结合地方特色、助力乡村振兴、带动农民增收致富的农业高效绿色发展之路。

（滨州市农业科学院：郝延杰、任娜娜、王子强、刘树泽、
王仁兵、穆玉玲、代惠芹、郝新美、苏志坚）

主要参考文献

郝延杰，代惠芹，尤晓胜，等，2023. 黄河三角洲棉花与大球盖菇轮作技术可行性分析及发展建议 [J]. 食药用菌，31(1): 24-27，44.

郝延杰，刘树泽，代惠芹，等，2023. 黄河三角洲棉花大球盖菇轮作技术初探 [J]. 食用菌，45(2): 40-42.

齐广耀，张书菡，孙建平，等，2022. 大球盖菇菌渣对盐碱土区林地土壤的改良研究 [J]. 山东农业科学，54(1): 104-110.

袁传峰，2022-04-28. 滨州“菌棉轮作技术”试验成功：收了棉花种赤松茸，亩产达到 300 斤以上 [EB/OL]. https://www.binzhouw.com/ms/system/2022/04/28/030368112.shtml.

张成扬，赵智杰，2015. 近 10 年黄河三角洲土地利用 / 覆盖时空变化特征与驱动因素定量分析 [J]. 北京大学学报（自然科学版），51(1): 151-158.

案例十一

盐碱地花生高产高效栽培技术

一、花生生产技术现状

花生（*Arachis hypogaea* L.）是我国主要油料与经济作物之一。改革开放以来全国花生生产得到持续发展，尤其近十年来再跨上新台阶，种植面积、单产、总产、总产值、花生油产量持续增长，综合优势进一步扩大。花生含油率高达 50% 以上，在保障我国食用油安全方面具有产业优势。2007—2021 年，我国花生种植面积和总产步入稳步增长期，中间仅个别年份调减生产。我国花生年种植面积保持在 7 000 万亩以上，其中山东省、河南省、河北省、安徽省、江苏省、辽宁省、吉林省和新疆维吾尔自治区等种植花生的面积占全国总面积的 60% 以上。2021 年我国花生生产面积达 7 207.9 万亩，总产达 1 830.8 万 t，总产占油料作物的 50.7%。目前，我国食用植物油的供需矛盾进一步加剧，油料作物与粮食作物争地的矛盾也日益突出。

花生抗逆性较强，除具有抗旱、耐瘠薄特性外，还具有较强的耐盐碱能力，可耐受的盐浓度为 0.35%～0.45%，且管理轻简，可获得较高产量，经济效益较好，可成为盐碱地种植的主要经济作物。土壤盐碱化是影响农业生产和生态环境的严重问题，严重制约了粮棉油生产和农业可持续发展。我国盐碱土面积约 1.0×10^7 hm^2，约占国土总面积和耕地面积的 10% 和 70%，主要分布于 5 个大区的 23 个省（区、市）的平原地带，包括滨海盐碱土区、黄淮海平原盐碱土区、西北干旱和半干旱盐碱土区以及东北盐碱土区，区域内资源丰富，光热充足，扩大花生种植面积的优势巨大。小麦、玉米作为大宗粮食作物主要在含盐量较低土壤种植，在盐碱耕地进行花生生产在保证油料生产的同时解决了与粮增地的矛盾问题。棉花是盐碱区域种植的经济作物，与其他大宗农作物比较经济效益稍优。以 2020 年为例，棉花籽棉价格 6.2 元/kg，亩产值为 2 424.2 元，除去成本 1 736 元，每亩效益仅为 688.2 元。花生荚果 2020 年收购平均价格为 9.0 元/kg，以亩产 300 kg 果计，亩产值达 2 700 元左右，除去成本后亩效益远高于棉花。比较而言，花生是粮棉生产很好的倒茬作物，产量高，经济效益好，且管理轻简，农民种植意愿强烈，可成为盐碱地种植的主要经济作物。为开发利用盐碱地区温光热土等自然资源禀赋，研究建立盐碱地花生高产高效安全技术体系，提高盐碱地区农业种植结构抗风险能力，对充分挖掘中低产田特别是盐碱地的改造与利用潜力，扩大花生种植面积、提高产量品质具有重要意义。

二、盐碱地花生高产高效栽培技术的特点和优势

（一）盐碱地花生高产高效栽培技术模式简介

盐碱地高产高效栽培技术改变了盐碱地花生无法高产甚至不能种植花生的观念，

通过盐碱地高产轻简化技术集成应用，减少劳动力和农药化肥投入，增加盐碱地花生产量，提高盐碱地花生效益。该技术于2011年开始研发，在国家科技支撑计划、山东省花生产业技术体系和山东省农业科学院创新工程的支持下，山东省花生研究所栽培、育种、植保等多学科联合，以盐碱地花生高效优质生产关键技术为重点，筛选培育出适宜盐碱地种植的高产耐盐花生品种，研发集成了花生耐盐避盐栽培调控技术。通过培创盐碱地花生增产增效技术样板田和示范方，开展大面积示范推广。

通过“选用耐盐抗盐品种、压盐整地、施用生物有机肥和钙硼肥、适时晚播、严控密度、化控防早衰并适时收获”6项技术的组合应用，显著降低盐碱地花生生产成本，提高花生种植效益。该技术被农业农村部列为粮油生产主推技术和山东省农业主推技术。通过该技术，实现了土壤含盐量在0.2%～0.3%盐碱地花生产量的大幅提高，解决了盐碱地花生出苗难、苗弱不齐、缺苗断垄，生长后期早衰、荚果充实度差、产量低而不稳等生产中存在的问题。

盐碱地花生产量一般较低，效益不高。本技术克服了限制花生出苗难和产量低的技术瓶颈。在土壤含盐量0.2%～0.3%地块上种植，和常规技术相比，增产20%～30%，降低成本20%（包括化肥和农药用量、人工次数、用种量等），亩增收350元以上。盐碱地花生品质发生改变，蛋白质含量增加，适口性提升，宜于进行花生食用制品生产。同时，花生耐旱、耐瘠、根瘤固氮等特性，使土壤肥力不断提高；如果与棉花实行周年轮换种植，可以解决2种作物连作障碍，改善土壤生态，扩大花生种植面积、获得双高产高效，促进盐碱区域农业种植结构优化，经济效益、生态效益和社会效益显著提高，促进花生产业可持续发展，对保障我国食用植物油供给安全具有重要的现实意义（表1）。

表1　盐碱地花生高产高效栽培技术成本控制设计方案　（元/亩）

作业环节	传统技术	高产高效栽培技术	增减	新技术方案
播种	100	80	-20	机械化播种装备，翻耕、开沟、灭茬、种肥同播
肥料	200	170	-30	花生全营养配方的缓控肥，定位施肥技术
农药	80	60	-20	采用种子包衣、拌种、封闭除草的处理技术，实现病虫草害防治
滴灌带	0	100	100	
收获干燥	350	150	-200	联合收获；分段收获
合计	730	560	-170	

在黄河三角洲区的滨州市、东营市和内陆盐碱区聊城市等地，采用该技术大面积种植平均亩产350.0 kg以上，小面积实收亩产达到584.5 kg。2014—2019年，在东营市垦利县（今垦利区）和利津县的轻、中度盐碱土壤（0～20 cm土壤含盐量分别在0.23%、0.35%）上，采用该技术在连片种植的200亩、100亩和25亩不同盐碱程

度土壤上小面积测产，2014 年（0～20 cm 表层土壤含盐量 0.35%）产量达 394.6 kg/亩；2015 年在土壤含盐量分别为 0.23%、0.35% 的盐碱土壤上，花生亩产量分别达 548.6 kg 和 481.7 kg。

（二）盐碱地花生高产高效栽培核心技术

1. 压盐整地

适当深松，深度一般以 30 cm 为宜，增加土壤通透性。使土壤含盐量降到 0.15% 以下，是保证出苗的关键。因此，盐碱地花生播种前需要以淡水压盐，尤其中度盐碱的土壤更要大水压盐，也可以通过膜下滴灌技术降低土壤含盐量。播种前进行淡水灌溉压盐，地表保持 1～3 cm 的水层 1～3 d、土壤含水量达到饱和含水量。或者用膜下滴灌技术，每亩 30～40 m^3 淡水灌溉压盐，使土壤含盐量降至 0.15% 以下，待土壤水分适宜（田间持水量的 60%～70%）后进行播种。

2. 肥料施用

由于盐碱地 pH 值较高，在肥料种类上须选择酸性或中性肥料。结合整地，每亩施腐熟有机肥 2 500～4 000 kg 或商品有机肥 150～250 kg，三元复合肥（15∶15∶15）40～50 kg、生物菌肥 30 kg，钙肥（CaO）施用 15 kg 左右。此外，还要配合使用钼肥、硼肥等微量元素肥料，以及根瘤菌肥。盐碱地土壤养分相对瘠薄，在保证氮肥和磷肥充分供应条件下，增施有机肥和钙肥，可以减少盐碱危害。

3. 品种选择与适当晚播

选用耐盐碱、抗逆广适高产的已登记花生品种，如花育 25 号、花育 36 号、冀花 2 号、冀花 13、冀花 5 号、丰花 5 号、丰花 6 号、吉花 16、潍花 6 号等。

盐碱地地温偏低，花生播种需要适当晚播，当 5 cm 土层地温稳定在 15℃以上时可进行大粒花生播种，稳定在 12℃以上进行小粒花生播种、稳定在 17℃以上进行高油酸花生播种（比非盐碱地晚播 10 d 左右）。采用起垄覆膜种植方式，垄高 6～8 cm，垄面宽 50～55 cm，垄距 80～85 cm，每垄上播种 2 行花生，行间距保持 30～35 cm，双粒穴播或单粒播种。

4. 适当增加密度

由于盐碱胁迫危害，花生易出现缺苗断垄现象，一般种植密度需比非盐碱地提高 10% 左右。种植密度依据盐碱程度和肥力状况确定，双粒穴播在 1.1 万～1.2 万穴 / 亩，单粒精播在 1.5 万～1.7 万株 / 亩。

5. 化控防早衰、适时收获

控旺长：视花生长势情况，进行化控。当主茎高度达到 35 cm 左右时，叶面喷施生长抑制剂。如每亩用 5% 的烯效唑 40～50 g（有效成分 2.0～2.5 g），加水 40～50 kg 进行叶面喷施，或亩用 15% 多效唑 50 g 兑水 15 kg 喷施，防止植株徒长或倒伏。施药后 10～15 d，如果主茎高度超过 40 cm 可再喷 1 次。也可使用其他符合安全要求的药剂。

防早衰：盐碱地花生后期易早衰，在结荚中后期叶面必须喷施专用绿叶叶面肥，或通过滴灌随水补充养分，加大营养输送量，延长植株青枝绿叶时间，促进果实发育，防止植株早衰，提高花生的产量。尤其是补充氮素和钙 2 种养分，对保证荚果充实、防止早衰具有显著效果。喷施适量的含有氮、磷、钾、微量元素肥料或花生专用绿叶叶面肥套餐。如每亩用 2%～3% 的过磷酸钙水澄清液 75～100 kg，添加尿素 0.15～0.2 kg 混合后叶面喷施，或喷施 0.2%～0.4% 磷酸二氢钾液，于 8 月下旬起连喷两次，间隔 7～10 d，也可喷施经过肥料登记的叶面肥料。也可利用膜下滴灌技术每亩随水施入尿素 3～4.5 kg，施入磷酸氢二钾 4～6 kg。

及时收获：盐碱地花生因盐毒害易造成果柄腐化、果壳褐变，因此，达到成熟标准要及时收获。当 75% 以上荚果果壳硬化，网纹清晰，果壳内壁呈青褐色斑块时应及时收获。采用花生联合收获机收获，将荚果在晒场晾晒；或采用两段式收获，用花生起收机将花生条铺于田间进行晾晒 2～3 d，再采用自动摘果机摘果，晾晒。荚果籽仁含水量降到 10% 以下时入库储藏。

三、加快盐碱地花生高产高效栽培技术模式的推广的做法

1. 政策支持

国家、山东省及青岛市相继出台盐碱地生产相关政策文件，支撑盐碱地花生产业发展。盐碱地花生高产项目是青岛市“十二五”期间重点实施的生物育种示范工程之一，通过选择耐盐碱品种、前期促早发、中期控旺长和后期防早衰等高产高效栽培技术研究，率先在国内开展了滨海盐碱地大面积种植花生示范。

2016 年中央一号文件《关于落实发展新理念加快农业现代化　实现全面小康目标的若干意见》提出实施渤海粮仓科技示范工程，加大科技支撑力度，加快改造盐碱地。山东省人民政府《山东省“十三五”科技创新规划》提出围绕黄河三角洲区域自然禀赋的有效保护、科学开发，开展以盐碱地绿色改造关键技术为核心的深度研发，探索盐碱地综合治理技术新路径，开展中低产田提质增效技术和新型种植模式示范，建立粮经饲统筹、种养加一体，粮草兼顾、农牧结合、循环发展的农业产业体系。2023 年中央一号文件提出，大力实施大豆和油料产能提升工程，稳步开发利用盐碱地种植大豆，并由主要治理盐碱地适应作物向更多选育耐盐碱植物适应盐碱地转变。山东省农业农村厅多年来将“示范推广盐碱地花生种植，提高盐碱地种植效益”作为全省花生生产技术指导意见进行发布。政策的发布和支持促进了盐碱地花生的发展和盐碱地产能的提升。

2. 多种形式强化技术培训

为提高农民种植水平、确保项目技术应用，课题组采用多种形式加大培训力度，广泛宣传项目技术。通过在山东广播电视台乡村广播 12396、山东电视台农科直播

间及中央人民广播电台“农博士在线”等信息化服务平台进行技术讲座；在关键生产环节组织志愿者服务分队深入田间地头进行技术指导，及时解决生产中出现的技术问题，同时电话解答农民咨询的花生生产问题；采用以现场观摩和现场指导为主，农闲集中授课培训与农时季节发放技术“明白纸”相结合的方式举办观摩培训会。技术培训为盐碱地花生高产高效技术模式迅速普及发挥了积极的作用。

3. 做好技术示范，发挥示范辐射作用

建立院地合作机制，成立院地合作技术专家组和联络组，以关键技术为依托建立示范基地。通过核心区集中展示，示范区规模应用和辐射区大面积带动，充分调动各方面的积极性，利用一切可以利用的条件和力量，搞好技术宣传和技术培训，强化农民对新技术的认识，以点带片，以片带区，有计划、有组织地开展各项工作。科研与推广部门结合，试验示范基地与新型经营主体结合，通过技术培训、现场观摩、田间指导等方式，推广项目创建的关键技术，创新形成了“项目组＋推广部门＋经营主体＋基地”的示范推广模式。

【案例点评】

花生抗逆性较强，除具有抗旱、耐瘠薄特性外，还具有较强的耐盐碱能力，可耐受的盐浓度为0.35%～0.45%，且管理轻简，可获得较高产量，经济效益较好，可成为盐碱地种植的主要经济作物。该案例的亮点，是山东省花生研究所抗逆栽培研究团队敢于实践，从花生品种特性入手，根据滨海盐碱地土壤特性和花生生产所需肥水特性进行花生高产高效栽培研究，形成了盐碱地花生高产高效栽培技术模式，引领盐碱地花生生产，改变了盐碱地花生无法高产甚至不能种植花生的观念。国家和山东省花生生产推广部门深入调研产业发展趋势，充分协调科研资源、管理资源等，积极推广耐盐碱花生新品种、盐碱地适宜机械装备等技术产品，通过技术培训、试验示范、政策引导，推动了盐碱地花生高产高效技术模式迅速普及和应用。

（山东省花生研究所：丁红）

主要参考文献

史晓龙，戴良香，宋文武，等，2017. 施用钙肥对盐胁迫条件下花生生长发育和产量的影响 [J]. 花生学报，46(2): 40-46.

田家明，张冠初，罗庄田，等，2020. 生物有机肥对盐碱土花生农艺性状及荚果发育的影响 [J]. 花生学报，49(1): 66-71.

万书波，张佳蕾，2019. 中国花生产业降本增效新途径探讨 [J]. 中国油料作物学报，41(5): 657-662.

王建国，张佳蕾，郭峰，等，2019. 强化豆科作物在北方现代农业结构中的作用 [J]. 中国油料作物学报，41(5): 663-669.

案例十二

油菜盐碱地绿色高产高效生产技术

一、基本情况介绍

油菜生产在我国农业生产中占有重要地位，我国油菜的种植面积和总产均占世界总量的1/4。油菜籽是油菜生产的主要农产品，加工后主要为菜籽油和菜籽饼，菜籽油是我国居民植物油消费的传统食用油，总消费量仅次于大豆油，菜籽饼也是畜禽水产饲料蛋白的主要来源之一。油菜也是我国分布区域最广、播种面积最大的油料作物，是我国5个种植面积超亿亩的作物之一。近年来随着我国学者对油菜全产业链的价值发掘，油菜已经从单纯的油料作物扩展成为集油用、菜用、花用、饲用、肥用、蜜用等于一体的多功能作物。从油脂品质上来说，自21世纪初我国油菜品种实现双低化（低芥酸、低硫苷）以后，菜籽油各大脂肪酸相对比例得到显著优化，不饱和脂肪酸含量超过90%，且单不饱和脂肪酸与多不饱和脂肪酸比例适当，是最健康的大宗食用油品种（刘成等，2019）。

盐碱地泛指土壤中可溶性盐类含量过高，致使大多数植物的生长受到不同程度的抑制，甚至不能生长成活的土地，其土壤称为盐渍土或盐碱土，包括各种盐土和碱土以及其他不同程度盐化和碱化的土壤（刘小京等，2023）。盐碱地是自然条件和人为活动等因素共同作用的结果，主要分布在我国北方干旱半干旱区和滨海地区。我国盐碱地面积大，分布广泛，主要可分为滨海盐碱地（含盐以氯化钠为主）、内陆盐碱地（含盐以硫酸钠为主）、苏打盐碱地（土壤含盐量低，但酸碱度很高）以及次生盐碱地。滨海盐碱地土壤类型大多是盐渍淤泥带，属于轻度盐渍化到中度盐渍化，土壤盐度随离海距离的变化而变化，一般离海越远盐度越低。表层土壤全盐含量平均值为1.68 g/kg（0.89～2.90 g/kg），pH值平均值为8.80（8.21～9.48），属于强碱性土壤（王彤等，2018）。土壤中占主要优势的阳离子、阴离子分别是Na^+、SO_4^{2-}。土壤的酸碱性主要由CO_3^{2-}浓度决定。

油菜（主要是甘蓝型油菜）为异源四倍体作物，按照播期不同可以分为冬油菜和春油菜两类，其中冬油菜播种面积占比超过90%，是主要种植类型。冬油菜秋季播种，初夏收获，具有不与主粮作物争地的特殊优势，是我国冬季唯一大面积种植的油料作物。与其他作物相比，油菜的耐盐碱性明显较强，在滨海盐碱地和内陆盐碱地生境下表现出更好的生物学适应性，被认为是改良盐碱地的先锋作物（王旺年等，2022）。油菜品种之间的耐盐特性具有显著不同，但其耐盐机理较为复杂，总体而言，随着盐浓度的提高，油菜植株先是表现为吸钠，即吸收越来越多的Na^+和Cl^-，此时同时吸收K^+、Ca^{2+}以维持较好的钾钠比和钙钠比是耐盐品种的重要特征；随后当Na^+达到一定高浓度后即抑制吸收，同时维持K^+、Ca^{2+}含量，阻钠保钾是其重要耐盐策略（郑青松等，2010；龙卫华等，2016）。正是由于油菜具有较好耐盐碱性以及吸收盐离子效果，同时油菜适种区域与我国滨海盐碱地有部分重叠，油菜成为当前我国盐碱地改良的一个重要内容。我国相关科学家对此进行了较为系统的研究，并初步形成了从品种选育到推广应用等盐碱地油菜生产全过程的模式，效果较为显著。

二、油菜盐碱地绿色高产高效生产技术

（一）盐碱种植油菜的优势

在盐碱地上发展油菜生产，具有以下比较优势。

（1）盐碱地的地下水位普遍较高，在夜晚会自动向上泛水（俗称“夜潮土”），油菜种植后无须人工补充水分即可完成全生育期。

（2）盐碱地属于沙土，涵水量大，一般不会发生渍害，即使开沟，沟距可设置较宽距离，减少开沟工作量和成本。

（3）盐碱地在初期整治时地块面积较大，一般每块地为 50～80 亩，适合机械化规模化生产。

（4）盐碱地在初期进行作物种植时一般作为旱地，实行玉米—油菜、大豆—油菜等周年种植模式，对油菜而言，可避免粳稻收获期晚不能及时腾茬的缺点，实现适期播种，进而保证油菜长势及抗逆性强、产量高、品质优。

（二）盐碱油菜高产高效栽培技术

盐碱地开展油菜生产，首要的是品种选择，因此耐盐碱油菜品种鉴定与筛选也很重要。甘蓝型油菜原产于欧洲，于 20 世纪 40 年代引入中国后，由于其产量及综合抗性优于白菜型油菜和芥菜型油菜成为我国当前主要的栽培类型。甘蓝型油菜为多倍体，其抗逆性相对较其他作物强，品种之间的遗传背景差异明显，可以预测甘蓝型油菜品种之间的耐盐性差异也较显著。

筛选耐盐碱油菜品种最准确的就是采用盐碱地实地种植鉴定法。一般选择当地新垦盐碱地空闲 2～3 年或种植超耐盐植物（大米草、黑麦草等）2～3 年后的盐碱地作为试验用地，多点测定土壤含盐量，选用在本地区已经合法登记的油菜品种开展鉴定。按照随机区组试验法结合当地种植模式开展试验，小区面积至少 20 m^2，在生育期进行田间观察记载，苗期注意记录成苗率，成熟期选择代表性单株进行考种，并按照小区严格脱粒测产。以产量数据作为最终筛选指标，并适当结合苗期表现，选择最优耐盐碱油菜品种。2007 年华中农业大学在江苏 0.6%～0.8% 的新垦滩涂地种植华油杂 7 号，菜籽亩产达到 130 kg，较当地平均亩产仅下降 22%，与当时全国油菜平均产量相当（汪波等，2021）。左青松等（2017）研究表明，在高盐（4.4 g/kg）下种植油菜，较低盐（2.7 g/kg）下产量下降约 40%，但高盐下仍能达到约 130 kg/亩。筛选的耐盐碱饲料油菜在内蒙古自治区巴彦淖尔市中度盐碱地（土壤含盐量为

0.3%～0.6%）、吉林省白城市苏打盐碱区地块和浙江省苍南县高含盐量海滩地，亩产青鲜油菜可超过 3 t（汪波等，2021）。

由于盐碱地实地鉴定虽然数据相对可靠，但试验地的盐碱水平均一性不易控制，且不适合进行较大规模品种的耐盐碱性鉴定，故而科学家们也开展了在特定生育时期进行油菜品种（系）的耐盐碱性鉴定与筛选。国内油菜科研单位江苏省农业科学院公布了《油菜耐盐性鉴定及评价技术规程》（DB32/T 3278—2017），用于在发芽期和苗期开展油菜品种的耐盐性鉴定。在发芽期，采用盐液（1.25% NaCl 溶液）胁迫油菜种子发芽，以相对盐害率作为发芽期耐盐性的评价指标，将油菜发芽期耐盐性分为（1～5）级。苗期鉴定在人工气候室（20～30℃，3 000 lx）内以 2% 的 NaCl 溶液作为 3 叶期生长水源进行灌溉胁迫，根据油菜苗情长势及形态特征计算盐害指数并进行五级划分。在控制环境下进行耐盐碱性鉴定，具有不分季节、较高通量的优势。研究也表明，室内鉴定与实地鉴定具有较好的一致性。李萍等（2021）利用上述方法对 146 个油菜品系的发芽期耐盐性进行了评价，最终筛选得到耐盐材料 6 份，中度耐盐材料 11 份。傅廷栋等（2023）报道从 2 000 多份油菜资源里筛选出 20 多份耐盐碱材料。万何平等（2022）采用油菜水培系统模拟盐碱胁迫条件筛选出华油杂 82、华油杂 62 等 7 份最耐盐碱材料（品种）。

栽培技术涵盖油菜从播种到收获的全过程。

（1）油菜品种选择。选择国家或本地省级审定或登记的油菜新品种，要求具备高产、抗菌核病、耐密、抗倒等适宜机械收获的特性。江苏省滨海盐碱地可选用宁 R101、宁杂 1818、中油杂 501、秦优 10 号、中油杂 19 等品种。优先选用杂交品种，一般而言，油菜杂交种较常规种的产量更高，抗逆性更强，尤其是对非生物胁迫（包括盐碱胁迫）的抵抗力更好。

（2）田块整理。前茬收获后抓住有利天气及时整地。盐碱地多为沙土，地面较为平整，简单旋耕之后即可满足播种要求。按照机械播种要求确定畦面宽度，一般为 3～6 m 宽。开好田间沟及四周排水沟，有利于排水防渍。尽量在播种前进行开沟，如果播种时机很紧，也可在出苗后开沟。基肥按照每亩 50 kg 复合肥施用，可在旋地时施入大田，推荐使用施肥机，高效均匀。

（3）播种。在播种量上，由于盐碱逆境影响油菜发芽，盐碱地上的油菜播种量一般较正常地块增加 10%～20%，达到每亩 350～500 g，从而能够保证有足够的成苗数，达到每亩 2 万～3 万株。在种子处理方面，建议使用油菜包衣种子，既可提高种子活力和成苗率，又能防治幼苗期虫害和病害。推荐采用机械直播方法。用中轩、黄鹤、湖南农大等品牌的油麦兼用联合播种机一次性完成开沟、旋耕、施肥、播种、覆土等工序。在盐碱地上尽量做到适期播种，最好在 10 月中旬以前完成。采用种肥同播技术后，在同样施肥量条件下，比传统直播技术增产 15% 以上。

（4）苗期田间管理。在肥料使用上，苗期可追施氮肥和钾肥（可亩施 1.5～2.5 kg 尿素 +1 kg 复合肥）。施肥时，如果田块生长不均匀，应采用看苗施肥的方式，大苗少施或不施，小苗多施。由于盐碱地涵水能力强，夜晚返潮，故而盐碱地油菜一般不会产生干旱，同时一般的雨水天气，也不会造成田间渍水，保证田间沟渠通畅即可。滨海盐碱地易出现寒潮天气，对油菜产生冻害，应及时关注天气预报。在出现长时间降温天气时，可采用无人机喷施碧护、芸苔素内酯、氨基寡糖素等植物生长调节剂，降低冻害影响。经常关注病虫草害发生程度，及时防治。如 11 月和 12 月气温偏高，蚜虫、菜青虫等较易发生。可用噻虫嗪或高效氯氟氰菊酯防治蚜虫，用溴氰菊酯或阿维菌素防治菜青虫。对于草害，可用盖草能或烯草酮防除禾本类杂草，要注意的是，在防治阔叶杂草时，应慎重施用草除灵或二氯吡啶酸，严格控制浓度，否则会对油菜引起药害。药剂可采用无人机或植保机进行全面喷施。

（5）薹期田间管理。滨海盐碱地地处海边，加之田块大，应特别注意油菜薹期的抗倒伏能力。一般通过控制株高、促进根系生长来提升抗倒性。在苗期（四叶期后），可亩用 15% 多效唑可湿性粉剂 30 g 兑水 30～50 kg 喷施幼苗控制高脚苗，此举也有防冻害效果。在蕾薹期，同样的可用 15% 多效唑可湿性粉剂 30～50 g/ 亩兑水 50 kg。选择晴天 16 时以后采用无人机喷施，药剂施用均匀且高效。

（6）花期田间管理。初花期开展“一促四防”，即将杀虫剂、杀菌剂、植物生长调节剂、叶面肥等药肥混配喷施，促进油菜后期正常生长发育，防菌核病、霜霉病、蚜虫等病虫害，防“花而不实”，防早衰，防高温逼熟，防“老鼠尾巴”。杀虫剂可选用抗蚜威（氨基甲酸酯）、噻虫嗪、溴氰菊酯等；杀菌剂可选用咪鲜胺乳液、戊唑醇、菌核净等；植物生长调节剂可选用芸苔素内酯、赤霉素等；叶面肥可选用磷酸二氢钾、硼肥等。推荐配方：25% 咪鲜胺乳油 40～50 mL 或者 50% 啶酰菌胺水分散粒剂 30～50 g 或者 40% 菌核净可湿性粉剂 100 g+25% 吡蚜酮悬浮剂 20 g 或 25% 噻虫嗪水分散粒剂 10 g+ 速效硼（有效硼含量＞20%，亩用量 50 g）+ 磷酸二氢钾 100 g+ 芸苔素内酯 10 mL。

（7）收获期田间管理。推荐采用化学干燥联合机械收获方式。在施用干燥剂时，注意确定最佳施用时期。一般以油菜田块 80% 的植株呈现枇杷黄色、大部分主花序中部角果中籽粒在转色、主花序下部角果中籽粒颜色变黑、顶部角果籽粒还是绿色时为最佳。药剂施用可以采用无人机每亩用 80～100 mL 立收油干燥剂稀释 10 倍后喷施，也可以采用轮式植保机喷施。干燥剂喷施后 5～7 d，油菜籽水分可以下降到 12%～16%，选择晴好天气，利用星光、沃德等稻麦收割机直接联合收获。

（三）油菜盐碱地改良和耕作模式

江苏省滨海盐碱地光温资源丰富，气候条件适合开展作物种植。盐碱地的治理主要通过工程、水利以及生物改良等多项措施共同达到目的。对沿海滩涂新出盐碱地进行机械深翻，深度 30～40 cm，同时平整土地。与此同时，还要配备区域性的灌排工程，使盐碱地有灌有排，灌水有来源、排水有出路，降低地下水位，达到区域脱盐的目的。引用淡水来溶解土壤中的盐分，通过下渗把表土层中的可溶性盐碱淋洗出去，再侧渗入排水沟加以排除。因为地下水位低，灌水洗盐时表层盐分向下淋洗得深，蒸发量小，在洗后不致强烈返盐。地面水平，可使其在灌水淋洗土壤盐分时脱盐均匀且高效，防止局部积盐。采取单行筑垄方法以减小土壤水分蒸发面，垄面通直整齐，土壤细碎疏松。在垄两端挖排水沟，开沟方向以排水流畅为佳，平整地面应当注意留一定坡度，挖排水沟，以便灌水洗盐。根据盐碱地的分布特点，进行划区分块，沟渠相间排布，相互连接，并与河流的主干线相连。可利用梅雨季节及夏季多雨的自然降水，以水带盐将盐分排出，淡化土层，这样可以降低土层的含盐量。一般 2～3 年后可达到强耐盐植物正常生长的要求。进一步利用生物措施进行改良，有机质缺乏是盐碱地的典型特点。最早期盐碱地会自生盐地碱蓬、大米草等超强耐盐植物。然后可人工种植黑麦草、苕子等先锋植物，结合增施有机肥料，一方面可增加土壤养分，另一方面可改善土壤结构而有利于脱盐。继而进行农作物的种植，实现盐碱地改良和农业生产共同发力。耐盐油菜可与耐盐高粱、耐盐大豆等耐盐作物合理轮作，通过品种更替、提高改良生产技术促进粮食作物增收。在周年生产中，油菜作为冬季作物，既耐寒又有较强耐盐性，是盐碱地作物生产的首选。农作物生产还可实现秸秆还田，增加土壤有机质，改善土壤结构，推动促进循环利用和可持续发展。同时，油菜还能对盐碱地进行生物改良。王旺年等（2022）研究表明，在含盐量分别为 1.82 g/kg、2.00 g/kg、2.49 g/kg 的盐碱地块中，耐盐碱油菜富集土壤中 Na^+ 效果最为明显，富集量分别为 39.45 kg/hm^2、102.24 kg/hm^2、57.19 kg/hm^2，分别占 0～20 cm 耕层土壤 Na^+ 的 13.02%、15.99%、8.94%，对盐碱地改良效果显著。白城市农业科学院研究表明，在吉林白城盐碱地的燕麦连作地块，燕麦收获后（7 月下旬）复种耐盐碱油菜两年后，与对照（无复种）相比，土壤 pH 值由 9.41 下降至 8.80，土壤全盐含量由 0.28% 下降至 0.15%，也表明了耐盐碱油菜修复盐碱地的显著效果。新疆石河子大学在华宁基地等 3 个盐碱地试验站种植耐盐碱油菜 2～3 年翻耕作绿肥，对土壤耕层进行测定分析，结果显示盐分含量降低 23.1%～46.4%，碱化程度降低 20%～30%，pH 值降低 0.4%～1.5%，盐碱弃耕荒地复垦可缩短 2～4 年（万何平等，2022）。2023 年 6 月 8 日，江苏滩涂生物与农业协同创新中心组织专家对盐城条子泥垦区 5 300 余亩盐碱地里的油菜进行现场收割与测产，实测亩产 283.99 kg，创全国重度盐碱地改良新纪录。

三、典型案例

江苏省滨海盐碱地油菜生产实践

据统计，江苏省域内的滨海盐碱地面积高达 68.7 万 hm^2（约 1 030 万亩），自南向北的濒海各市（连云港市、盐城市、南通市）均有分布，约占全国滩涂总面积的

1/4，居各省区市之首，且每年仍以 1 267 hm^2 的速度淤长，是一种独特而又十分宝贵的土地资源（崔士有等，2017）。油菜是江苏省种植面积排名第一的油料作物。从历史上看，江苏省一直是我国油菜生产和科研最为重要的代表性省份之一，出现了诸多代表性的油菜地方种、审定品种和栽培技术，在我国油菜产业体系中占有重要地位（戚存扣等，2010；张洁夫等，2013，2014）。从油菜生产区划来看，连云港市属于黄淮油菜产区，盐城市和南通市属于长江下游油菜产区，因此江苏省内的滨海盐碱地均适合种植油菜，发展油菜生产，其中盐城市和南通市是江苏省也是全国的油菜种植面积大市和单产竞赛大市，油菜发展潜力强劲。2022 年江苏省油菜种植总面积为 282.9 万亩，各地级市均有种植，但面积差异较大，南通市和盐城市为省内第一和第二的油菜生产大市。2022 年两市油菜种植面积分别为 67.6 万亩和 55.5 万亩，占全省总面积的 23.9% 和 19.6%；单产分别为 222.9 kg/ 亩和 205.9 kg/ 亩，位列省内第一名和第二名，在全国也是前列；总产分别为 15.1 万 t 和 11.4 万 t，占全省总产的 27.1% 和 20.5%（江苏省农业技术推广总站资料）。

江苏省一直十分重视滨海盐碱地的改良治理和开发利用，自 1996 年成立了省直属国有的省级滩涂开发投资有限公司，代表省政府对沿海、沿江滩涂进行投资开发和管理。省属国企通过在滨海盐碱地开展种植业、养殖业等相关农业开发，取得了相当大的成就。江苏省滨海盐碱地的油菜生产主要由省属涉农国企承担，较少比例由当地的各类小型农业企业开展，也有极少由当地农户自由种植。自 2022 年农业农村部要求提高油料产能、扩种油菜大豆以来，由江苏省沿海开发集团有限公司承担了部分扩种任务，也进一步加大了盐碱地油菜的种植面积。近年来，沿海集团利用新垦沿海土地年种植油菜面积达到 3 万～5 万亩，由于集团内投入作物全生育期技术支撑，全面统防统治，油菜平均单产达到 250～300 kg。油菜籽单价按 6 元 /kg 计，亩产值可达 1 500～2 000 元，效益优于同季小麦。

四、应用推广做法和成效

1. 严格盐碱地改良程序，合理规划油菜种植

我国在盐碱地治理利用领域已经形成了较为合理高效的改良程序。在海水退却盐碱地露出地面后，第一步就是场地整理，通过基础工程抬高地面高度，同时平整场地。第二步是工程排盐，即通过排水排盐工程来降低盐碱，主要方法包括暗管排水、明沟排水、铺设隔离层、灌溉洗盐等。第三步是理化改良，施用有机肥、生物肥来调节土壤团粒结构和土壤有机质含量，激活有机质发酵和微生物活动，调节土壤盐分；抑或使用钙质改良剂、有机物质改良剂等对盐碱土进行中和和化学反应而降低盐碱。第四步是耐盐碱作物的应用，通过种植耐盐作物来同时实现盐碱地综合治理和改良利用的目的。油菜属于较强耐盐的作物类型，是改良盐碱地的先锋作物。

2. 承担社会责任，国有企业率先开展油菜盐碱地生产

在盐碱地经改良后初步可种植作物阶段，作物的产量和产值均较低，普通企业和种植户基于种植效益一般不会主动开展作物种植，但此阶段种植作物除有一定收益外，更多的是承担盐碱地生物改良的社会责任，由国有企业来开展相关作物种植是非常合理的。国有企业具有实力强、产业链完善、管理规范、执行力强的特点，在盐碱地开展油菜生产，可高效实现盐地改良与利用的双重效果。

3. 实行全程机械化，最大限度提升种植效益

从全国来看，油菜相较于同季作物小麦而言用工较多，机械化程度较低。但在盐碱地种植环境下，完全可以实现机械化播种、开沟、防病虫、收获等几乎所有田间管理操作。与普通土地上的小农户种植模式、新型农业经营主体的规模化种植模式相比，盐碱地种植油菜的成本可大幅降低，尽管盐碱地油菜单产有所限制，但由于成本降低产生的种植效益依然相对可观。

4. 遵循盐碱地客观特征，制定合理种植模式

对于盐碱地的生物改良，遵循盐碱地的盐度分布特征和植物的耐盐碱性特点，根据不同的盐碱水平搭配种植具有不同耐盐性的植物类型。在经过若干年盐生植物（碱蓬、大米草等）的生长后，可在不同季节尝试种植具有不同耐盐性的作物，以获得相对较高的农产品产量。在冬季作物中，油菜的耐盐性较小麦强，因此油菜较小麦先行被选择进入盐碱地农业生产，与夏季作物（如水稻、大豆、玉米、蔬菜等）进行轮作，在改良盐碱地的基础上，初步形成多种周年种植模式，循环开展基本农业生产。

5. 紧密对接高校院所，及时开展新技术应用

盐碱地油菜生产企业积极对接各级农业科研单位及高校，及时采用科研院所研发的土壤改良技术和油菜高产高效栽培技术，并进行试验示范。小面积试验有效后，迅速扩大应用面积，及时将新产品新技术转化为油菜产能。

【案例点评】

油菜是最重要的植物油来源之一，提高油菜籽产能有利于缓解植物油供给形势。我国油菜品种单产已经处于瓶颈期，增加种植面积是快速提高产能的首要途径。除利用基本农田开展油菜生产以外，利用边际土地扩种油菜也是一个重要途径。江苏省滨海盐碱地位于油菜优势区域，发展油菜生产潜力巨大。该案例的亮点是江苏省深刻察觉到盐碱地的利用价值，组建省属大型企业专门用于盐碱地的开发，包括农业生产开发。通过积极与农业科研院所合作，及时引进新品种、新型栽培技术、新农药、新肥料等技术产品，开展集成组装、技术培训、试验示范、政策建议，形成具有我国特色的盐碱地油菜生产的新型技术模式。该技术模式的研发并应用，一是

可以反向鼓励科研单位加大对耐盐碱油菜品种选育和盐碱地油菜高产高效栽培技术的研究力度，加快获得最新最优成果速度，响应国家种业振兴政策和盐碱地开发利用现行政策；二是可以实际增加油菜籽产能，缓解国产植物油脂产需矛盾，响应国家油料扩种增产政策；三是改良了滨海盐碱地，提高了边际土地利用效率，为国家耕地资源扩容增量做出了贡献。

（江苏开放大学：龙卫华；长江大学：张学昆）

主要参考文献

江苏省农业科学院，2017. 油菜耐盐性鉴定及评价技术规程：DB32/T 3278—2017[S]. 南京：江苏省质量技术监督局.

李萍，燕佳琦，张鹤，等，2021. 146 份甘蓝型油菜种质芽期耐盐性筛选及评价 [J]. 西北农业学报，30(6): 848-859.

刘成，冯中朝，肖唐华，等，2019. 我国油菜产业发展现状、潜力及对策 [J]. 中国油料作物学报，41(4): 485-489.

刘小京，郭凯，封晓辉，等，2023. 农业高效利用盐碱地资源探讨 [J]. 中国生态农业学报（中英文），31(3): 345-353.

龙卫华，高建芹，胡茂龙，等，2016. 盐胁迫下不同耐盐性油菜阳离子积累特征 [J]. 中国油料作物学报，38(5): 592-597.

戚存扣，傅寿仲，2010. 江苏油菜科学技术发展 50 年 [J]. 江苏农业学报，26(2): 430-436.

万何平，余忆，陈敬东，等，2023. 甘蓝型油菜耐盐碱性快速鉴定方法与应用 [J]. 中国油料作物学报 (4): 776-784.

万何平，张浩，余忆，等，2022. 油菜耐盐碱研究与应用 [J]. 中国农业科技导报，24(12): 59-67.

汪波，张凤华，文静，等，2021. 耐盐碱油菜新品种选育及修复利用盐碱地研究进展 [J]. 科技导报，39(23): 59-64.

王彤，封超年，靳瑞萍，等，2018. 苏北滨海盐碱土壤盐碱化特征 [J]. 江苏农业科学，46(19): 339-343.

王旺年，葛均筑，杨海昌，等，2022. 大田作物在不同盐碱地的饲料价值评价 [J]. 作物学报，48(6): 1451-1462.

张洁夫，戚存扣，2013. 江苏油菜产业可持续发展的关键技术 [J]. 江苏农业学报，29(6): 1236-1240.

张洁夫，戚存扣，蒋小平，等，2014. 1982—2012 年江苏省审定油菜品种系谱及性状分析

[J]. 植物遗传资源学报，15(4): 713-719.

郑青松，刘海燕，隆小华，等，2010. 盐胁迫对油菜幼苗离子吸收和分配的影响 [J]. 中国油料作物学报，32(1): 65-70.

左青松，蒯婕，刘浩，等，2017. 土壤盐分对油菜氮素积累、运转及利用效率的影响 [J]. 植物营养与肥料学报，23(3): 827-833.

案例十三

盐碱地甘薯轻简栽培技术模式

一、盐碱地甘薯生产技术现状

据统计全世界的盐土占陆地面积的1/4～1/3，在我国从滨海到内陆，从低地到高原都分布着不同类型的盐碱土壤。我国盐碱土的总面积有5亿多亩，其中已开垦的有1亿多亩，还有3亿多亩盐碱地等待开发利用，黄河三角洲有大量的撂荒盐碱地，仅山东省东营市就有500万亩，其中60%以上属于轻中盐碱地，含盐量为0.2%～0.5%。

甘薯是我国重要的经济作物、饲料作物和能源作物，在我国种植面积仅次于水稻、小麦和玉米。随着社会经济的发展，甘薯作为经济作物和能源作物的作用越来越突出。同时，甘薯是一种适应性强的作物，具有耐盐碱、耐旱、耐涝的特点，在盐碱地种植甘薯发展盐碱地特色产业，对盐碱地综合利用具有重要的意义。目前，盐碱地种植甘薯的盐碱度不能过高，否则会抑制甘薯的生长和发育，导致产量下降；同时，传统的甘薯栽培模式不适合盐碱地的条件，盐碱地甘薯栽培普遍存在栽插成苗难、缺苗断垄严重、肥料利用率低、生长缓慢、早衰等一系列问题，多数甘薯品种在含盐量高于0.3%的土壤中不能正常生长甚至死亡。因此，筛选获得耐盐碱甘薯新品种（系）、解决盐碱地甘薯中期生长和防止后期早衰，以及因积盐重、表土板结、地温低、回升慢等造成的甘薯产量降低和品质下降问题，实现盐碱地甘薯规模化种植，加速盐碱地改良，增加可耕地和优良耕地面积，对推动盐碱地生态环境改善和盐碱地的开发利用及可持续发展具有重要作用。

在国家甘薯产业技术体系、国家科技支撑计划和山东省薯类产业技术体系的支持下，山东省农业科学院作物研究所薯类遗传育种与栽培团队在筛选培育耐盐甘薯品种的基础上，集成创新了盐碱地甘薯轻简栽培技术，使甘薯能够在含盐量0.3%～0.5%的土壤中正常生长，且获得高产，解决了传统栽培模式下甘薯苗期缺苗断垄、中期生长缓慢、减产严重的问题，实现了甘薯在中度盐碱地的高产、优质生产，为促进盐碱地特色产业发展和综合开发利用提供了有力的科技支撑。

二、盐碱地甘薯轻简栽培技术模式的特点和优势

（一）盐碱地甘薯轻简栽培技术模式简介

盐碱地甘薯轻简栽培技术模式，核心是选用耐盐甘薯品种，集成应用灌水压碱、增施有机肥和氮肥、深耕断碱、起垄、覆膜，适时晚栽、施用腐植酸肥料、生根粉蘸根、膜下滴灌、化控促秧等技术手段，通过淹灌可以使耕层土壤中的盐分降低，通过增施有机肥可以增加土壤肥力和微生物群落，通过增施氮肥可以提高甘薯地上

部的生长，提高甘薯的耐盐碱能力，减少土壤中的盐碱度；起垄、覆膜、膜下滴灌可以使垄上盐分进一步淋洗、减少蒸发、消除盐分的表聚性，同时采用耐盐碱甘薯品种，提高甘薯在盐碱地的生存概率，采用扦插方式可以减小对膜的破坏、减少蒸发、消除盐分的表聚性，从而实现在滨海中度盐碱地甘薯高产。其中，“一种盐碱地甘薯轻简化高产栽培方法”“一种提高盐碱地甘薯移栽成活率及薯苗质量的化学制剂”“一种提高盐碱地鲜食型甘薯品质和产量的栽培方法”和“一种盐碱地甘薯品种选育方法”已获得国家发明专利。《盐碱地农作物栽培技术规程　第 5 部分：甘薯》（DB37/T 2824.5—2016）作为山东省地方标准颁布。

（二）盐碱地甘薯轻简栽培技术模式实现甘薯产量和品质的协同提高

在中度盐碱条件下，利用轻简栽培技术，合理平衡施肥，可显著提高鲜食甘薯产量和块根可溶性糖含量。2016 年在东营市河口区汇邦农场进行试验，试验地为轻壤土，地力中等，设置每亩 15-15-15 复合肥 40 kg 基施、土壤修复剂 20 kg 基施、黄腐酸钾肥 20 kg 基施、煮熟大豆 38 kg 穴施、黄腐酸钾肥 20 kg 基施 + 煮熟大豆 35 kg 穴施、根施宝 10 kg 基施和 200 mL 多肽酶浇根 7 个处理，收获时进行测产验收和品质品尝（产量和品质结果见表 1）。从结果可以看出，腐植酸钾肥和大豆配合，产量提高 27.3%、可溶性糖提高 40%，实现了盐碱地鲜食甘薯产量和品质的同步提高。

表 1　不同处理在盐碱地条件下济薯 26 产量和品质（年份：2016 年；盐碱度：0.35%）

调节剂	产量 /（kg/ 亩）	品种评分	可溶性糖含量 /%
黄腐酸钾肥	2 193.9	71	3.95
土壤修复剂 20 kg	177.9	65	3.54
煮熟大豆 38 kg	2 014.9	75	4.35
黄腐酸钾肥 20 kg、煮熟大豆 35 kg	2 329.7	82	4.54
复合肥（15-15-15）40 kg	1 929.3	63	3.82
河北周天根施宝 10 kg	2 658.2	70	3.86
多肽酶 200 mL 浇根	2 089.0	70	3.87
对照	1 829.7	60	3.24

（三）盐碱地甘薯轻简栽培技术模式提高了甘薯栽插成活率和产量

采用盐碱地轻简栽培技术模式，在中度盐碱条件下，甘薯栽插成活率可达到 90% 以上，产量比传统地膜覆盖和传统栽培方法显著提高。2012 年在黄河三角洲东营青坨农场利用轻简栽培技术和传统栽培技术栽培耐盐碱品种济徐 23 和不耐盐碱的品种济薯 22（结果见表 2），试验表明，利用轻简栽培技术栽培的济徐 23 亩产量达到 2 650.5 kg，而用传统地膜覆盖和传统露地栽培技术种植的济徐 23 产量分别是 1 872.5 kg 和 1 429.6 kg，轻简栽培技术分别比这两种方法增产 41.55% 和 85.40%；利用轻简栽培技术种植的不耐盐碱品种济薯 22 的产量严重降低，但是利用传统方法栽插的济薯 22 产量更低，分别比本发明产量降低 44.14% 和 74.36%。试验结果证明，与传统方法相比，在中度盐碱地条件下，利用本发明的技术都能明显增加甘薯的产量。

表 2　不同品种不同处理在盐碱地条件下的成活率和产量（年份：2012 年；盐碱度：0.33%）

品种	栽培方法	薯苗成活率 /%	产量 /（kg/ 亩）
济徐 23（耐盐碱品种）	轻简栽培技术	92	2 650.5
	传统地膜覆盖	78	1 872.5
	传统露地栽培	64	1 429.6
济薯 22（不耐盐碱品种）	轻简栽培技术	48	853.8
	传统地膜覆盖	33	476.9
	传统露地栽培	14	218.9

（四）盐碱地甘薯轻简栽培技术模式的核心技术

盐碱地甘薯轻简栽培技术模式采用灌水压碱、深耕断碱、增施有机肥和氮肥、地膜覆盖、适时晚栽、施用腐植酸钾肥料、生根粉浸苗、前期化学调控促秧等一系列技术手段，解决在 0.3%～0.5% 的盐碱地甘薯栽培保苗难、发育迟缓、产品质量差、产量低的问题，实现中度盐碱地甘薯的高产、优质、高效的协调统一。具体步骤如下。

（1）选用耐盐甘薯品种。选用耐盐、高产、抗病、耐储藏的甘薯品种，淀粉型品种选择济徐 23、徐薯 18 和济薯 25 等；鲜食型品种选择济薯 26、烟薯 25 等；高花青素型品种选择济紫薯 1 号等。

（2）灌水压碱。栽前 7～10 d，用淡水对盐碱地进行浇灌，使耕层土壤在浸泡条件下保持 24 h，将盐碱压到耕层以下。

（3）增施有机肥和氮肥。当土壤表面淹灌水分自然下渗后，地面能进行田间操作条件下，撒施腐熟的农家肥 6～8 m^3/ 亩、尿素 15～20 kg/ 亩。

（4）深耕断碱。在施肥后对田地进行深翻，深度为 30～35 cm，破坏土壤毛细管，减少土壤水分的蒸发，降低土壤盐碱向耕层的渗透。

（5）起垄、覆膜。深翻后进行平整、起垄，垄宽 85～95 cm，垄高 25～30 cm，垄面宽 20～30 cm。起垄后立即用塑料薄膜覆盖垄表面，以减少土壤水分蒸发和盐分上移，并在膜下铺设滴灌带。

（6）适时晚栽。盐碱土壤升温慢，影响薯苗成活率，因此盐碱地甘薯适宜栽插时间为 5 月 10 日左右，此时土壤温度高，有利于甘薯发根缓苗。

（7）施用腐植酸钾肥料。栽插前破垄施入腐植酸钾（氮：磷：钾 =8：8：20，腐植酸含量 5%）40～50 kg/ 亩，可提高盐碱地甘薯的产量和品质。

（8）生根粉蘸根。利用生根粉进行蘸根，提高甘薯在盐碱地的栽插成活率，成活率可提高 20% 左右。

（9）扦插。在薯苗蘸根后进行栽插，每垄栽插 1 行，株距为 23～28 cm，栽插时注意尽量减少对地膜的破坏，扦插后及时覆土封住扦插口。

（10）膜下滴灌。扦插后，利用已经铺设的滴灌带进行膜下滴灌，保证秧苗成活，缓苗后 20 d 浇一水，15 d 后再浇一水，此后每隔 10 d 浇水 1 次，直到收获，全生育期灌水量 360 m^3/ 亩。

（11）化控促秧。栽后 20～30 d，用浓度为 30～50 mg/L 已酸二乙氨基乙醇酯（DA-6）进行叶面喷施，每亩喷施 30 kg，促进甘薯地上部的生长，增加光合面积，为高产打下基础。

三、盐碱地甘薯轻简栽培技术模式应用推广做法和成效

（一）政府重视，加大投入力度

山东省有大量的盐碱地，其中 34% 属于中到重度盐碱地。甘薯是我国重要的粮食、饲料、工业原料及新型能源作物，营养丰富、养分平衡，适应范围广、耐瘠薄，本研究先后得到国家甘薯产业技术体系“种薯繁育岗位”和“栽培生理岗位”、山东省农业良种工程“优质高产多抗甘薯新品种培育”、山东省农业重大应用技术创新课题“甘薯丘陵薄地高产高效关键技术研究”、国家科技支撑计划“耐盐碱能源甘薯种质创新与新品种培育”和山东省自主创新专项子课题“中重度盐碱地甘薯品种筛选及栽培技术集成研究与示范”等项目的资助，提供了大量的资金支持，保证了盐碱地甘薯轻简栽培技术研究和应用的持续开展。

（二）立足现实需求，加强关键核心技术攻关

根据国家生物能源战略和黄河三角洲可持续发展试验区的规划，以培育耐盐碱高淀粉甘薯新品种为重点，利用国内外广泛搜集的甘薯品种资源，通过杂交聚合，结合分子标记辅助筛选，选育鲜薯产量高、淀粉含量高、耐盐碱性较强、耐涝耐湿性较强，耐储性较好的适合黄河三角洲地区盐碱地种植的能源甘薯新品种，培育出 3 个耐盐碱能源甘薯新品种济徐 23、济薯 24，在含盐量 0.3% 左右的盐碱地上，平均鲜薯亩产分别为 2 656.56 kg、2 426 kg 和 2 385.14 kg，干物质含量分别为 32.24%、35.66% 和 28.36%（夏薯），同时开展盐碱地甘薯栽培技术和规模化、集约化种植技

术的研究，为黄河三角洲特色农业的发展提供必要的科技支撑，促进该区域的生态环境改善和广袤盐碱地的开发利用及可持续发展。

（三）注重生产实际，集成盐碱地轻简栽培技术模式

围绕限制盐碱地甘薯产量的众多因素，开展有关盐碱地品种筛选、壮苗培育、施肥技术、耕作技术、壮苗培育、肥水管理、化学控制、病虫害防治等一系列的研究，对试验积累的原始数据资料进行归纳、分析、整理，从中找出规律并提出相关的技术指标及参数，再到实际生产中进一步试验验证。同时，还查阅了与盐碱地栽培技术相关的国家标准、行业标准和其他省市地方标准，集成了盐碱地甘薯栽培技术体系，经过在山东省东营市利津县、东营市青坨农场、滨州市，河北省黄骅市等地进行的生产示范验证，对技术模式进行了多次修改，力求使本模式更具科学性、先进性和可操作性，最后归纳集成并于2015年7月形成了《盐碱地农作物栽培技术规程　第5部分：甘薯》征求意见稿，并于2016年7月作为山东省地方标准颁布，建立健全盐碱地甘薯轻简栽培技术的规范化工艺流程和衡量标准，为盐碱地甘薯生产和产业化发展提供切实可行的指导性技术支撑和保障。

（四）建立示范基地，加快示范推广

为促进技术模式尽快落地，在山东省及周边地区盐碱地甘薯推广与应用，实现了盐碱地甘薯生产的优质、高产和高效。目前该技术模式已在山东省东营市、滨州市等地的盐碱地进行大面积示范应用，并在东营市建立了盐碱地甘薯栽培技术示范基地，取得了显著的经济效益、生态效益和社会效益，并为基层生产第一线培养了大批专业技术人员，深受当地政府的重视和广大农民的欢迎，为盐碱地甘薯产业化发展奠定了技术基础。2012年通过采用综合配套栽培技术，中等程度盐碱地栽培淀粉型甘薯取得成功，济徐23鲜薯亩产达到2 656.56 kg；薯块干物率29.25%，折合薯干亩产777.04 kg。通过采用综合配套栽培技术，在盐碱地栽培鲜食型和紫薯加工型甘薯均获得高产。2014年在河北省冀州区建立示范基地，基地总面积2 300亩，种植品种为济紫薯1号，2014年10月21日机收实打1亩，鲜产2 740.6 kg，薯块干物率36.77%，薯干亩产1 026 kg。2015年在山东省齐河县建立鲜食型甘薯品种济薯26示范基地，基地面积120亩，2015年10月23日，现场测产验收鲜薯平均亩产3 255.8 kg。2016年在东营市垦利区完成百亩方1个，项目区甘薯平均单产提高13%，肥水利用率平均提高11%，生产成本降低10%。通过示范，辐射带动0.6万亩，实现甘薯年增产30 t，同时节约肥料成本约1.2万元，累计经济效益200万元，净利润160万元，有力推动东营市、滨州市等地盐碱地甘薯产业的发展。

通过本技术模式的实施，将有利于规范盐碱地甘薯生产过程，提高盐碱地甘薯的产量和品质，进一步拓展市场份额，满足市场的需要，促进社会效益、经济效益和生态效益同步协调增长，为盐碱地发展高效生态农业提供新选择。

【案例点评】

甘薯是我国重要的粮食、饲料、工业原料及新型能源作物，种植面积占世界总种植面积的69%，产量占世界总产的85%，甘薯适应范围广、耐瘠薄，提高甘薯的耐盐性，在盐碱地规模化种植将产生较好的经济效益和生态效益。目前，盐碱地甘薯栽培中存在的栽插成苗难、缺苗断垄严重、肥料利用率低、生长缓慢、早衰等一系列问题亟待解决，因此，通过盐碱地栽培和抗性分析筛选获得耐盐碱甘薯新品种（系）；通过深耕断碱、灌水压碱、覆膜栽培和适时晚栽等技术措施，提高盐碱地甘薯栽插成活率；通过合理肥料运筹和化学调控等调控措施，促进盐碱地甘薯中期生长和防止后期早衰，解决盐碱地因积盐重、表土板结、地温低、回升慢等一系列问题造成的产量降低和品质下降，集成盐碱地甘薯高产栽培关键技术，实现盐碱地甘薯规模化种植，加速盐碱地改良，增加可耕地和优良耕地面积，促进盐碱地生态环境改善和盐碱地的开发利用及可持续发展具有重要意义。本团队通过多年研发，获得一批综合性状优良的甘薯新品种，其中包括淀粉型、鲜食型和紫薯加工型；通过盐碱地甘薯高产栽培配套种植技术研究，明确了盐碱地甘薯栽培关键技术；通过关键技术研发，形成了一套以“肥水管理”为核心的甘薯耐盐栽培技术规程。通过盐碱地甘薯栽培技术集成与示范，获得了高产纪录，为在盐碱地推广示范新品种和新技术奠定了基础。

（山东省农业科学院作物研究所：张立明、张海燕、解备涛、段文学）

主要参考文献

董顺旭，张海燕，解备涛，等，2016. 盐碱地甘薯轻简化高产栽培技术 [J]. 农业科学，6(2): 39–42.

段文学，张海燕，解备涛，等，2018. 甘薯苗期耐盐性鉴定及其指标筛选 [J]. 作物学报，44(8): 1237–1247.

山东省农业标准化技术委员会，2016. 盐碱地农作物栽培技术规程　第 5 部分：甘薯：DB37/T 2824.5—2016[S]. 济南：山东省质量技术监督局 .

山东省农业科学院作物研究所，2014-4-30. 一种盐碱地甘薯轻简化高产栽培技术：CN201310756286.1[P].

山东省农业科学院作物研究所，2017-06-13. 一种提高盐碱地甘薯移栽成活率及薯苗质量的化学制剂：201710033859.6[P].

山东省农业科学院作物研究所，2018-12-07. 一种提高盐碱地鲜食型甘薯品质和产量的栽培方法：201810592689.X[P].

解备涛，王庆美，张海燕，等，2013. 甘薯耐盐碱研究进展 [J]. 华北农学报，28(S1): 219-226.

张海燕，张立明，王庆美，等，2007. 甘薯耐盐性及遗传转化研究进展 [J]. 山东农业科学 (2): 10-12.

案例十四

向日葵盐碱地绿色高产高效生产技术

一、基本情况

向日葵是我国主要油料作物之一，按其用途可分为油用型和食用型两大类。向日葵全身是宝，可油、花、饲、肥等多功能利用，用途广泛，经济价值高。葵花籽油富含多不饱和脂肪酸，饱和脂肪酸较低，有利于降低人体心血管疾病，营养价值高，近年来从欧洲进口不断增加。向日葵耐盐碱能力强，种植向日葵能有效减少土壤含盐量，对盐碱土的改良效果明显，是生物治理盐碱地的先锋作物。据内蒙古自治区巴彦淖尔市农牧业科学研究所测定，每亩向日葵理论上可以从田间吸收盐分 285.8 kg，减少土壤含盐量。向日葵种植 3～5 年后，土壤含盐量和碱性会显著下降，改良后的土壤上种植小麦，小麦出苗率可达到 90%，能获得较高的产量。

我国盐碱地约有 5.4 亿亩，已经被开垦的约 8 600 万亩，还有丰富的盐碱地资源有待开发。当前，世界耕地面积不断减少，影响粮食安全，改良和利用盐碱地能有效增加耕地面积，提高作物产量，增加粮食供给。在盐碱地种植向日葵，能够做到不与主粮争地，既改良了盐碱地，又充分发挥其景观功能，带动休闲观光旅游，提高土地利用率和农业生产力，促进农业可持续发展和增加经济效益。针对向日葵对盐碱地改良效果显著的作用，我国科研人员针对性地开展了系列研究，在品种选育、配套生产技术试验示范及推广应用等方面取得了良好进展。

二、向日葵盐碱地绿色高产高效生产技术要点

（一）分类选择耐盐碱向日葵品种

向日葵原产于美洲，虽然不是盐生植物，但是耐盐碱能力极强。向日葵通过拒钠离子机制、离子转运、渗透调节和钾钠等选择性吸收等方式，能将钠离子积累在根、茎等器官的细胞中央液泡中，并及时转运排出，同时还具有较强的自由基清除系统，能忍受较高的含盐量土壤。不同向日葵品种的耐盐碱能力差异较大，需要针对性进行筛选，对不同含盐量的地块分别规划种植，以最大程度提高向日葵单产和盐碱地利用率。

筛选耐盐碱向日葵的方法一般采用盐碱地品种比较试验法，选择当地有代表性的盐碱地，测定土壤含盐量，针对不同含盐量分别进行品种比较试验。将参试向日葵品种按当地种植方式，进行随机区组试验，重复 2～3 次，小区面积 20～30 m^2，做好田间观察记载，成熟期调查生育期、株高、花盘直径，单株产量、千粒重和小区产量等性状，产量高的品种耐盐较强。黄仕泉等研究发现，土壤含盐量 0.5%～0.6% 时，向日葵能正常生长，单株生产能力能达到 123.9～172.5 g，超过 0.6% 的含

盐量时才会对生长造成明显影响，单株生产能力下降 50%～90%。马荣对 59 个食用向日葵品种（系）进行聚类分析，发现强耐盐性品种（系）占 30.5%，中等耐盐品种（系）占 42.4%，耐盐性弱品种（系）占 27.1%，筛选到 14CF56 和 14CF57 等耐盐能力强的品种。

大田品种比较试验周期较长，工作量较大，为加快筛选效率，也可以采用盐胁迫下种子发芽鉴定，目前也是筛选耐盐品种通常的鉴定方法。每个品种挑选 50 粒种子，消毒后置于两层滤纸的培养皿进行发芽处理，以 150 mmol/L NaCl 溶液保持湿润，25℃恒温光照培养箱发芽，重复 3 次。发芽 10 d 后统计发芽率，发芽率高于 90% 的品种具有较强的耐盐性。已有研究表明，种子发芽快速筛选的周期一般为 10～15 d，理论上可以同时进行 100 个品种的快速筛选，鉴定结果与大田品种比较，试验产量变化有显著的相关性。张庆昕等研究发现，盐碱胁迫处理情况下，33 个油用向日葵品种中，72.7% 的品种在种子发芽期具有抗盐碱性，其中 33.4% 的品种具有较强的盐碱抗性。

针对不同含盐量的沿海滩涂盐碱地进行优化品种布局。针对含盐量超过 0.8% 的土壤，在协同灌排淋洗的情况下，选择强耐盐油用向日葵品种，充分利用其耐盐性、耐密性和易加工优势，作为高盐度土壤改良的先锋作物，通过种植 2～3 年，将高盐度土壤改造成中高盐度土壤，兼顾一定的经济效益。针对含盐量低于 0.8% 的土壤，可以选择较耐盐的食用型向日葵品种，充分发挥食葵产量高、经济效益好的优势，最大限度提高种植经济效益，同时进一步改造盐碱地的含盐量，为小麦、玉米等粮食作物提供低盐度土壤做准备。

（二）中低盐度盐碱地降盐保苗栽培技术

滩涂盐碱地除含高盐胁迫外，还具有土壤贫瘠、有机质低、土壤养分严重不足等问题，对向日葵生长造成严重影响。与正常土壤栽培的向日葵不同，对中低盐度（含盐量小于 0.8%）的盐碱地，可采用降盐耕作栽培技术措施，改变盐碱地不良特性，确保向日葵发芽和出苗，提供足够的氮磷钾等营养元素保证幼苗成活率和较强的增长势。另外，栽培技术还必须经济实用，做到少投入、易操作、效果好。王海滨等综合总结盐碱地向日葵栽培技术，提出在优选耐盐品种和机播机防机收的基础上，还要结合压沙改土、施用磷石膏、播前灌水淋洗盐碱、增施农家肥和商品有机肥等降盐碱技术措施，克服盐碱地“旱、涝、瘦、冷、硬”等多种生产障碍，提高土壤肥力水平，确保苗齐苗壮，单产显著提高。主要应用的技术措施如下。

1. 土壤隔断，降低盐度

耕翻地前，在播种带进行压沙处理，改善土壤结构进行阻断防盐，降低土壤含水量及含盐量，提高土地的易耕性。人工穴播的地块，在开穴点籽后先覆 2 cm 厚的土，再盖 2 cm 厚的沙子，减少穴中水分蒸发，减轻返碱。播种前通过灌水把表层土壤盐分压到耕层以下，一般耕深 40～50 cm，耕翻后进行灌水，水渗下后及时耙压保墒，使耕层土壤含盐量显著下降。

2. 种子处理，防病耐盐

选择丰产稳产、出油率高、抗病、耐盐碱等抗逆性强的向日葵优良品种，科学选用向日葵登记药剂进行种子包衣处理，可以提高苗期黄萎病等的抗病虫能力，促进耐盐性提高。各地实践表明，10% 氟硅唑水分散颗粒剂、19% 啶氧菌酯 · 丙环唑悬浮剂或 40% 多 · 锰锌可湿性粉剂按照种子重量的 0.3% 进行拌种，或 10 亿 /g 蒌菌净可湿性粉剂按照种子重量的 15% 进行拌种处理，具有较好效果，可在试验示范的基础上扩大应用范围。

3. 适时播种，增加密度

4 月到 6 月初都是很好的播种时节，播种遵循“春早播，夏晚播”的原则。4 月下旬，当地温稳定通过 10℃即可播种。种植密度行距 60 cm、株距 27～30 cm；本着薄地宜密、肥地宜稀的原则，每亩保苗 3 500～4 000 株，比正常土壤增加 10% 以上密度。每亩用种量约 0.5 kg，每亩用 300 g 持力硼等高效硼肥（有效硼含量 18% 以上）拌种，采取穴播，每穴 2 粒，播后覆土厚度 3～4 cm。

4. 降盐施肥，提高肥效

配合施用酸性磷石膏，通过播前灌水时的离子代换降低土壤盐分。采用种肥同播方式，将酸性磷石膏 1 000～1 500 kg/ 亩与有机肥和复合肥混合，侧深施于播种垄，定位改良播种带的含盐量和土壤耕作特性。以复合肥（纯 N、P_2O_5、K_2O 含量 45%，纯 N：P_2O_5：K_2O 为 1：2：1）50 kg 作基肥，灌水定额 100 mm。现蕾期灌水定额 70 mm。中后期亩施硫酸铵或者碳铵 20～25 kg、硫酸钾 15 kg。

5. 中耕除草，防治病虫害

及时中耕松土，去除杂草。向日葵生育期内要进行 2～3 次中耕，第一次中耕间苗时进行，第二次中耕定苗 7 d 后进行，第三次中耕在现蕾前进行，并适当培土，促使向日葵根深叶茂，防止倒伏。在向日葵始花期防治菌核病，花盘正面喷施 200 g/L 氟唑菌酰羟胺或 75% 肟菌 · 戊唑醇水分散粒剂 20～30 g/ 亩，一般施药 2～3 次。施药器械以高架车为主，植保无人机和人工喷雾作为补充。

6. 及时收获

花盘背面发黄 3～5 d、当叶子大部分干枯凋萎、上部茎秆和花盘背后变黄、舌状花脱落、籽壳变黑或变硬、籽实丰满充实时为收获适期。为提高收获效率，可以采取机械化方式收割。

（三）高盐度盐碱地向日葵栽培技术

对于超过 0.8% 的高盐度盐碱地，向日葵的生长和发育受阻，但与其他作物相比仍是最好的高盐度土壤改良的先锋作物。在高盐度土壤中种植向日葵，在上述中低盐度盐碱地栽培技术的基础上，首先要利用灌排淋洗技术工程措施降低盐碱土壤含盐量，选用耐盐性强、耐密植的油葵品种作为先锋作物，在工程实施期同步进行生物排盐降盐，提高种植密度，机械化种植和收获油用型葵花籽，开发营养丰富的葵花籽油。通过3年左右的高盐度盐碱地种植后，土壤含盐量会出现显著下降，达到中等盐度水平。

张谦等利用浅井排盐可降低重度盐碱土壤含盐量，加上利用矿化度1.2 g/L的深井水灌水洗盐4 d后，重度盐碱土的脱盐率达到50%以上。韩冬等利用向日葵种植与排盐淋洗结合，种植向日葵能显著提高土壤含水量，降低土壤的含盐量。在含盐量3.6 g/kg的滨海盐碱地，采用灌排淋洗措施进行土壤改良，种植向日葵后土壤平均含盐量为2.27～2.74 g/kg，不种植向日葵的含盐量为2.81～3.09 g/kg，平均下降了14.6%。优化排盐暗管布局后，向日葵单产最高可达2.73 t/hm^2。建议在滨海盐碱地改良中，可以采用暗管排盐淋洗的规格为埋深 × 间距为0.9 m×15 m，结合种植向日葵，可加快土壤改良，并且可获得较好的向日葵种植经济效益。

巴彦淖尔市于2017年实施《484万亩盐碱化耕地“改盐增草（饲）兴牧”示范工程改良和利用规划》，采用暗管排盐淋洗和向日葵生物结合改良技术，改良轻度、中度、重度和盐荒地等不同盐渍化程度的盐碱地。其中利用重度和中度盐碱地年新增向日葵24.6万t、青贮饲料2 526万t、多年生优质牧草109.1万t，可满足3 710万羊单位饲草需求。利用轻度盐碱地计划恢复小麦种植110万亩，增产4.45亿斤。2018年该市完成改良净耕地面积47 360亩，其中五原县复兴镇的万亩盐碱滩盐碱地改良，改良周期从5年缩短到1年，土壤脱盐率70%，pH值降低1以上，地力等级提高1个等级以上，向日葵亩产达150 kg，亩增收500～600元。

三、典型案例

河北省盐碱地向日葵生产实践

河北省盐碱地面积较大，总面积约1 074万亩，以滨海盐碱地为主。河北省从20世纪80年代开始种植向日葵，近年来随着高产早熟优质向日葵品种的培育成功和配套高产栽培技术的推广，河北省向日葵种植面积和产量快速增长，目前种植面积由原来的40万亩增长为100万亩左右，总产由原来的5万多吨增长为20多万吨。河北省在盐碱地向日葵生产过程中，转变农业生产方式，强化科技支撑，围绕滨海盐碱地高质量开发利用，聚焦高产稳产、优质专用、耐旱节水、抗病虫、抗逆、适宜全程机械化作业等优异特性，在品种选育、生产技术等方面已取得了明显成效，整地、播种环节已基本实现机械化。选育出了“滨葵1号”“冀葵3号”等耐盐碱向日葵新品系和新品种，研发了向日葵全程绿色生产栽培技术等，为促进盐碱地特色产业发展提供了有力的科技支撑。

针对我国对向日葵育种研究起步晚，尤其对耐盐向日葵育种的研究少，缺乏集耐盐、高产、高油于一体的向日葵品种，河北省农林科学院滨海农业研究所成功选育出集耐盐、高产、高油于一体的向日葵新品种“滨葵1号”，确定了向日葵的耐盐阈值0.6%，制定了河北省地方标准《油葵耐盐性鉴定技术规程》（DB13/T 2493—2017），集成包括耐盐品种与农艺控盐、适宜播期、合理密植等在内的栽培技术，制定了河北省地方标准《滨海盐碱地油葵栽培技术规程》（DB13/T 2331—2016）。该技术于2014—2016年在河北省沧州市、承德市、唐山市等向日葵种植区推广应用16.88万亩，增产10%以上，增加经济效益1 650多万元。

河北省农林科学院棉花研究所培育出了耐盐高产向日葵“冀葵1号”“冀葵2号”“冀葵3号”等三系杂交新品种，配套向日葵全程绿色生产栽培技术和乡村旅游，减少化肥与农药投入50元/亩以上，葵花籽亩产450斤，每亩实现经济效益2 000元。该技术在沧州市河间市、承德市围场满族蒙古族自治县等地示范，显著减少化肥农药的投入，改善生态环境，提高了土壤地力，降低含盐量，带动了乡村休闲旅游发展，增加了油料作物供给。在围场县哈里哈镇棋塞公路两侧油葵示范基地，向日葵花海与青山绿水勾画出一幅壮丽的美景，成为塞罕坝旅游的网红打卡地，自产的葵花油也供不应求。

（一）强化领导，加大盐碱地改造力度

河北省委和政府高度重视，总结河北盐碱地向日葵生产发展，如下经验值得借鉴，并将盐碱地开发利用与国家大豆油料产能提升战略充分结合，成立省盐碱地综合利用工作领导小组，探索不同类型盐碱地综合利用方法，多渠道增加盐碱地利用投入，充分发挥高标准农田建设、土地整理等项目资金作用，集中力量进行盐碱地规模化开发利用。

（二）调整农业产业结构，加快盐碱地资源利用

根据河北省农业水资源节约利用和油料生产发展需求，及时压减玉米等高耗水作物，大力推广耐盐碱、耐旱的油葵种植，大力推广秸秆还田、增施有机肥等措施，实施全程机械化作业，向日葵种植面积显著增加，有效提升盐碱地质量和地力水平。

（三）科技创新，强化科技支撑作用

地方政府、农业农村主管部门和科研院所不断加大科研项目投入力量，河北省农林科学院棉花研究所设立了油料创新团队特色油料岗位，在盐碱地区域积极开展三区科技服务，加大新品种和新技术推广力度。

（四）市场导向，全产业链发展产业

积极引入社会资本，以市场化手段培育深加工企业，打造从育种选培、规模化

种植到深加工的全产业链发展模式，带动乡村旅游，将盐碱地资源劣势转化为高品质农作物产业优势，提高盐碱农业综合效益。

【案例点评】

向日葵是盐碱地改良的先锋作物，在盐碱地种植向日葵，能够做到不与主粮争地，既改良了盐碱地，有效增加油料供给和种植收入，又充分发挥了其景观功能，带动休闲观光旅游，提高土地利用率和农业生产力，促进农业可持续发展和增加经济效益。河北省针对水资源与耕地资源矛盾，及时进行作物结构调整，强化科技支撑，加强适宜盐碱地作物品种及配套栽培技术的开发应用。通过挖掘向日葵耐盐优良种质资源，显著提高向日葵品种的耐盐性和丰产性。滨海盐碱地向日葵栽培技术规程的研制，提高了盐碱地向日葵经济效益，对盐碱地资源的有效利用具有推动作用。河北省滨海盐碱地向日葵生产为其他滨海盐碱地高质量开发利用，发展特色农业，让盐碱地也能变废为宝提供了可借鉴的成功经验。

（长江大学：殷艳、张学昆；江苏开放大学：龙卫华）

主要参考文献

冯福东，2016. 油葵高产栽培技术 [J]. 现代农村科技 (24): 17.

光明网，2022-05-28. 我国近 1.5 亿亩盐碱地具有开发利用潜力 为重要后备土地资源 [EB/OL]. https: //m.gmw.cn/baijia/2022-05/28/1302969261.html.

韩冬，姚宇阗，陈超，等，2023. 向日葵种植和灌排淋洗改良滨海盐碱地的协同效应研究 [J]. 节水灌溉 (7): 90-95，109.

韩国彪，2017-11-06. 我国盐碱土的分布及治理情况 [EB/OL]. http: //www.360doc.com/content/17/1106/03/42718021_701365899.shtml.

河北省农林科学院滨海农业研究所、唐山市曹妃甸区市场监督管理局，2016. 滨海盐碱地油葵栽培技术规程：DB13/T 2331—2016[S]. 石家庄：河北省质量技术监督局 .

李巍，马朝丽，王育民，等，2023-05-20. 发展盐碱地特色农业，全力保障粮食安全 [EB/OL]. https: //www.sohu.com/a/677273194120333600.

李先生，2017-06-15. 向日葵具有改善盐碱地的作用 [EB/OL]. https: //www.gengzhongbang.com/article-483446-1.html.

刘静，2022. 河北省滨海盐渍土植物生态改良适宜性研究 [D]. 保定：河北农业大学 .

刘森，2017. 油葵机械化丰产高产栽培技术 [J]. 农机科技推广 (1): 50-51.

吕林，李义强，马斯琦，2021. 向日葵在北方盐碱地的种植及多用途开发展望 [J]. 江苏农业科学，49(5): 51-57.

马荣，2017. 内蒙古河套灌区向日葵耐盐性种质资源筛选与评价 [D]. 呼和浩特：内蒙古农业大学 .

妥德宝，李焕春，安昊，等，2015. 覆膜栽培对盐碱地向日葵产量及土壤盐分影响的研究 [J]. 宁夏农林科技 (7): 63-64.

王海滨，刘丽青，2016. 盐碱地向日葵高产栽培技术 [J]. 农业技术与装备 (12): 54-55.

王鹏飞，2016. 不同施肥量对向日葵产量相关性状的影响及经济效益分析 [D]. 呼和浩特：内蒙古农业大学 .

阎海平，1994. 种植向日葵能改良盐碱地 [J]. 农业科技信息 (8): 39.

佚名，2022-09-02. 河北省推广油葵种植助力乡村振兴 [EB/OL]. https: //www.163.com/dy/article/HG8IJJDR0514DFR1.html.

于晓冬，2021. 盐碱地向日葵测土施肥栽培技术 [J]. 现代农业科技 (3): 33-34.

张谦，冯国艺，王树林，等，2019. 排盐补淡对滨海盐碱土壤盐分变化的影响 [J]. 节水灌溉 (4): 56-59.

张庆昕，张玉霞，刘庆鹏，2015. 33 个油用向日葵品种种子萌发期抗盐碱性的综合评价 [J]. 种子，34(11): 23-30.

张晓东，鲁雪林，张国新，等，2018. 河北省滨海盐渍土地区油葵综合性状分析 [J]. 中国农业生态学报，26(5): 693-702.

赵存鹏，王凯辉，王兆晓，等，2020. 河北省油葵全程绿色生产栽培技术 [J]. 现代农村科技 (12): 124.

中国农技推广信息服务平台，2021-11-21. 防灾减灾技术：向日葵盐碱危害及减灾技术 [EB/OL]. http：//njtg.nercita.org.cn/baseInfos/detail.shtml?id=142311.

案例十五

盐碱地蓖麻高效栽培技术

一、蓖麻的种植和综合利用现状

（一）蓖麻简介

蓖麻（*Ricinus communis* L.）属大戟科多年生木质草本植物，原产于埃及、埃塞俄比亚和印度，后广泛传播至全球各地。我国栽培的蓖麻由印度传入，历史悠久。20世纪初，因航空工业对不冻结的润滑油的需求，蓖麻迅速发展为重要的油料作物。目前，蓖麻籽的最大生产国为印度，其次为中国、巴西和泰国。蓖麻叶片可作蓖麻蚕的饲料，秸秆可用于造纸，油渣饼经处理后可用作高蛋白饲料和生物防虫剂，根部也含防虫成分。20世纪80年代以前，蓖麻在我国的种植非常普遍。90年代以来，随着杂交种的出现，蓖麻产量大幅度提高，亩效益逐步提高到1 000元左右。蓖麻全株具备药用价值，尤其根、茎、叶和种子，在传统中医中用于治疗多种疾病，包括头痛、妇科问题及多种癌症，其中蓖麻毒蛋白展现抗肿瘤潜力。蓖麻籽含油量高，达46%～56%，是蓖麻油及蓖麻油酸的独特来源，被誉为可再生“石油”。蓖麻油特性优越，如高黏度、高燃点，使其在航空、化工、医药等领域广泛应用，还能合成尼龙11等材料。蓖麻油转化的生物柴油，环保高效，降低了汽车尾气排放。榨油剩余的蓖麻饼富含营养，不仅是优质的有机肥料，脱毒后还可作饲料，同时，蓖麻植株的天然毒性可作为生物防虫手段。

（二）蓖麻产业对盐碱地经济发展的重要意义

蓖麻在我国的种植分布广泛，南起海南岛、北至黑龙江均有栽培，以黄河和长江流域分布最广。蓖麻植株不高、果穗较大，采收方便，种植管理简单，省工省力投入少，尤其在一年一作地区，其效益远高于玉米、大豆等常见作物。由于蓖麻具有耐干旱、耐瘠薄、耐盐碱、适应性强、节省人工、投入少、效益高等突出特点，且“不与粮争地”，在山坡、丘陵、盐碱地、地头堰边、房前屋后都能种植，在旱薄地和盐碱地开发中，理所当然地成为有前景的作物。

据不完全统计，目前全世界常年种植蓖麻300多万公顷，年产蓖麻籽150万t左右，基本不能满足现有的加工需求，市场的需求潜力为发展种植蓖麻和建立蓖麻产业链提供了良好的机遇。仅从目前蓖麻深加工产品的广泛应用趋势判断，全球对蓖麻油的需求量将达到80万～100万t，折合蓖麻籽为190万～240万t。21世纪以来，我国蓖麻籽产量持续下降，2000年中国蓖麻籽产量仍有30万t，到2021年我国蓖麻籽产量下降至2.1万t。2022年我国蓖麻籽产量在2.4万t左右，2022年我国进口蓖麻籽1.48万t，出口蓖麻籽仅40 kg，我国每年花费几百到上千万美元用于进口蓖麻籽。目前，我国年蓖麻籽供需缺口非常大，由于受蓖麻原材料供应短缺的困扰，多数蓖麻加工企业处于停产或半停产状态，很多企业不得不从印度等国家进口大量蓖麻籽和蓖麻油做原料。随着我国经济社会的快速发展，蓖麻的供需矛盾将更加突出，因此，在盐碱地种植蓖麻，发展蓖麻产业，不仅有巨大的市场需求，而且对盐碱地的综合开发和利用具有重要意义。

二、蓖麻高产栽培技术

要实现蓖麻种植的高产目标，不仅需要优良品种作为种质基础，还必须辅以科学严谨且具有广适性的栽培管理技术。“良种良法配套，农机农艺结合”同样适用于蓖麻生产实践。因此，优化品种选择与创新栽培策略需要相辅相成，同时充分利用现代农业机械和技术，以确保每一环节都能精准高效，推动蓖麻生产技术体系的提升，实现蓖麻的高效生产。

（一）耕地与整地

土壤是蓖麻生长发育的基础，土壤耕作的好坏对蓖麻生长发育有较大的影响，为蓖麻生产提供合适的土壤环境非常重要，深耕常用于蓖麻种植的整地环节。蓖麻属于深根性植物，根系深且庞大，进行合理的深耕，可使蓖麻主根向下，侧根伸展，充分吸收土壤中的水分和矿质营养。深耕在冬前进行，耕翻深度以 30～40 cm 为宜，有效增加黏重土壤孔隙度，改善土壤团粒结构。深耕宜在晴天进行，不要在土壤湿度过大时进行耕翻，旱地注意镇压保墒，排水不良的地块注意排水。深耕时注意结合有机肥的施用，可有效改善土壤理化性质，提高旱地蓄水保墒能力。

（二）地膜覆盖

地膜覆盖是蓖麻生产上的一项重要栽培措施，在无霜期短、降水量低的地区已经得到广泛应用。覆盖地膜可以保墒提墒，提高地温，控制杂草生长，改善土壤环境。在地膜选择上，以广谱地膜、黑色地膜和化学除草地膜为宜，一般选用幅宽 80 cm 的线性膜。覆盖地膜一般有两种模式，机械覆膜同时播种或先铺地膜后播种。切忌先播种后覆膜，不仅出苗破孔放苗费时费力，而且放苗不及时很容易灼伤幼苗。覆膜时一般采取条状盖膜，依行距宽窄选择地膜。每隔 5～6 cm 压一条“土腰带”，防止风将地膜吹起。盐碱地区应在返碱前整地盖膜，以抑制盐分上升。盖膜 2～3 d 后，膜内温度升高，地面湿润，此时即可打洞播种。在蓖麻收获后要彻底清除地膜碎片，以免影响田间作业和后茬作物的生长。

（三）播种

1. 播种时间

蓖麻有无限开花的习性，适期早播能延长蓖麻的生长期，增加产量。蓖麻种子发芽温度是10℃左右，最适温度为25～30℃。一般选在常年终霜日期之前10～15 d播种，做到霜前播种，霜后出苗，有效防止幼苗霜冻情况。早播蓖麻虽不出苗，但幼根却优先伸长下扎，纵向伸长的幼根有利于增强苗期的抗旱性。

2. 播种方法

蓖麻播种方法分为穴播和条播两种，播种深度根据土质和土壤湿度而定，土壤黏重湿度大的地区播种宜浅，以3～5 cm为宜。土壤疏松干燥的地区播前宜浇足底墒水，播种后注意镇压保墒。盐碱土地温低，浅播出苗快，受盐碱危害轻，播种深度以5 cm左右为宜。施基肥时可堆施也可条施，但要做到种肥分离，种肥远离种子5～10 cm，不能施在种子下方。

3. 播种量

播种量要求既能保证全苗的需要，又要节约种子。蓖麻播种行距120～130 cm，株距80～85 cm，种植密度地区每亩600～800株，每亩约播种0.5 kg，行向建议南北方向。

（四）田间管理

1. 苗期管理

苗期管理主要内容包括查苗、补苗、间苗和定苗。出苗后及时田间观察，移栽补苗在3叶期以内成活率较高。间苗一般在子叶展开时进行，一穴留2株壮苗，其余苗拔掉。苗长到25～30 cm高时进行定苗，每穴留1株，拔除最大和最小的苗。

2. 中耕除草

降水或灌水之后，土壤易板结，需要中耕破除。蓖麻株行距较宽，行间裸露的地面易生杂草，蓖麻出苗后，应立即中耕，以提高土温清除杂草。一般在3～4叶期、定苗后7～8 d和植株封行之前分3次进行中耕。

3. 培土

蓖麻枝繁叶茂易遭风灾，定苗后要结合中耕除草进行高培土、重护根工作。一般在定苗后开始，雨季到来之前完成。培土一般结合中耕分1～2次进行，逐步增加培土高度，最后达到15～30 cm，避免培土过高伤根。培土后垄与垄之间的沟要平直，保证排水通畅，沟底土壤保持疏松。

4. 整枝

整枝可以调整株型结构，使枝条分布更为合理，平衡营养生长和生殖生长之间的矛盾。通常采取摘心和打除侧枝的方法。

5. 化学控制技术

化控技术运用得当可以显著提升蓖麻产量，但要掌握好喷药时期和药量。喷药要均匀，打湿茎叶即可，避免漏喷和重喷。在生产上多效唑、矮壮素、缩节胺都普遍用于蓖麻生产。

（五）肥水管理

1. 施肥

蓖麻具有耐旱耐瘠薄的特性，在边际土地上种植也能获得较高产量。但想要获得更高的产量和收益，必须加强肥水管理。蓖麻施肥的原则是：底肥为主，追肥为辅；农家肥为主，化肥为辅；氮、磷、钾肥配合施用。

首先要施足基肥，基肥应以农家肥为主，农家肥中养分齐全且有机质含量高，可以提高土壤肥力，改良土壤结构，增强土壤保水保肥性。施用基肥的方法有撒施、条施、穴施等几种，一般每公顷施用腐熟的农家肥 15 000～22 500 kg 比较适宜。若基肥施用不足，可在播种时配合施用种肥。种肥选择以速效肥料为主，如磷酸二铵、过磷酸钙、三元复合肥或缓控释肥等化肥。注意种肥应与种子分离，避免烧种和烧根。蓖麻根系发达，特点是前期需氮肥量大，中期对钾肥敏感，所以宜多施氮肥，增施磷肥，配施钾肥。现蕾至开花期是需肥的关键时期，为避免后期早衰，每公顷追施复合肥 150 kg 或尿素 90～120 kg，多采取条施或穴施的方法。

2. 灌溉

蓖麻耐干旱能力强，一般栽培在干旱、半干旱地区，但严重缺水也会导致产量下降。蓖麻不同生长阶段对水分的要求不一，幼苗期需水量较少。生长初期和灌浆期需水量大，灌浆期水分不足容易导致籽粒不饱满、含油量低，干旱严重时会导致落花落果。

在主茎花序开花前和开花期浇水的增产效果最明显，此时可根据土壤墒情和雨水情况浇水 1～2 次。在垄作地区实行沟浇，灌水深度在垄高的 2/3 处。渠灌地区采用大畦条状浇灌，浇水进度快。盐碱地宜采取大水灌溉，既能提供蓖麻生长用水，又起到淋洗盐碱的作用。浇灌过的土地要及时松土破除板结，以蓄水保墒和抑制盐碱上升。

（六）病虫害防治

病虫害是严重影响蓖麻产量和质量的因素之一，做好病虫害防治对蓖麻栽培提质增效有重要意义。蓖麻常见的病害有枯萎病、疫病、灰霉病和锈病等，常见虫害有地老虎、小绿叶蝉、桃蛀螟、潜叶蝇、红蜘蛛等。

种植抗病品种是防治病害的最好方法，重视抗病品种的选育和推广，对病虫害防治工作有重要意义。对于锈病、白粉病这些气流传播的病害和枯黄萎病等土传病害，单纯使用化学药剂很难做到彻底防治，因此选用抗病品种是防治此类病害最有效的方式。对于土传病害，轮作倒茬可以减少病原菌的来源，对病害起到控制和减轻的效果。加强田间管理，多施磷钾肥少施氮肥，合理灌溉避免土表积水，增强蓖麻的生活力和抗病性，也是病害防治的有效方法。化学防治仍是蓖麻病害防治最重要的主导方式，适用范围广，见效快，方法简便。在未来很长时间内，化学防治仍是病害防治的主要措施。

对于蓖麻虫害，需要综合考虑生物防治、农业防治、物理防治和化学防治。生物防治持续有效且绿色环保，是优先选择的防治方法。可在蓖麻栽培地繁殖和释放瓢虫、平腹小蜂、金小蜂、草蛉、捕食螨等防治害虫，效果显著。生物农药对人畜安全，对环境污染小，如利用灭幼脲防治尺蠖等害虫，利用害虫性外激素和信息激素进行诱捕也能达到良好的防治效果。害虫的综合防治手段结合，其中化学防治是一个重要手段，化学防治作用快效果好，且使用方便，在害虫每个生长阶段均可使用。但化学防治除提高防治效果外，还应考虑其生态效益。

（七）收获与储藏

适时采收是蓖麻获得高产的重要环节，成熟度对蓖麻籽的成分含量有较大影响，蓖麻收获时间过早或过晚，会影响籽粒的脂肪酸酸价和油率。采收不同成熟度的蓖麻，对产量也有较大影响，因此要找到产量和油率的平衡点，做到适时收获，实现最高效益。一般选择在果穗 80% 蒴果变成黄褐色、蒴果缝隙凹陷并出现裂痕时开始采收，一次采收不彻底可分多次采收。

采收后的果穗应立即运往晒场晾晒，可用农具翻动果穗加速脱粒。少量果穗可通过人工搓擦脱壳的方法，大面积种植地区必须使用蓖麻脱壳机脱粒。蒴果可按照不同大小分开存放，破损的籽粒也要及时剔除。蓖麻籽的储藏阶段，主要任务是降低籽粒温度和含水量，做好防潮、隔热、合理通风、低温密闭工作，同时还要控制害虫活动。

三、推广做法与成效

滨州市位于山东省北部，是黄河三角洲综合开发的重点区域，长期以来，盐碱地严重制约着种植业结构的优化调整和农作物产量品质的提高，是影响现代农业高质量发展的突出瓶颈。沾化区有盐碱地 54.83 万亩，含盐量大于 0.4% 的重度盐碱地面积为 20.13 万亩，严重影响了地方农业经济的发展。近年来，滨州市沾化区海防办事处加大了盐碱地的开发和综合利用力度，在盐碱地上种植“淄蓖麻 5 号”品种，因该品种耐盐碱和抗逆性强，长势良好，平均亩产 201.3 kg，取得了显著的经济效益、生态效益和社会效益。该蓖麻品种的成功种植，为滨州市盐碱地的开发和利用提供了科学依据与技术支撑。随着黄河流域生态保护和高质量发展战略的实施，该区盐碱地蓖麻的种植面积将进一步扩大。同时，会带动相关产业的快速发展，为地方经济的发展注入新的动力。

（一）加大杂交种推广应用力度

要大幅提高蓖麻产量，关键在于匹配各生态区域的优质品种及配套的综合栽培技术。我国在蓖麻育种方面与其他传统作物相比，无论是育种手段还是技术水平，都存在一定差距。但是，我国现已培育出了达到或超过国际水平的优良杂交种，如“淄蓖麻5号”和“淄蓖麻7号”，在杂交率和产量方面均超过国外引进品种。借鉴印度蓖麻种植的经验，中国现阶段发展蓖麻产业的首要关键是蓖麻杂交种的推广，只有推广应用高产、高含油量、多抗的杂交新品种，才能够提高单位面积效益，增加农民和加工企业的收入。

（二）发挥政府宏观调控功能

蓖麻产业的发展离不开政府的宏观调控。为最大程度激发蓖麻产业潜力，要充分发挥政府政策引导、规划指导、扶持营造、推动协调、信息服务等功能。在与蓖麻产业相关的科研项目审批、风险资本投资导向、信贷政策制定，以及对龙头企业的特别扶持上，制定一系列倾斜性优惠政策，为蓖麻科研和技术转化创造良好的环境，促进蓖麻产业有计划的生产，有规划的发展。

（三）培育下游企业做长产业链

我国目前从事蓖麻油加工的企业，效益较好者屈指可数，多数企业因效益不佳而难以为继。究其原因，首先，高端技术人才匮乏，导致企业创新能力薄弱，技术进步缓慢；其次，加工设施老化与产品线单一成为通病，企业在低端产品上的重复生产降低了市场竞争力；最后，原料供应不稳定，经常面临原料短缺，影响持续生产。加工企业作为推动蓖麻行业前行的重要引擎，其现状亟须改善。针对这些问题，地方政府策略上侧重于培育一批核心企业，通过重点扶持这些“领头羊”，激活企业引领产业升级的潜能，带动整个蓖麻产业向更高层次的规模化、专业化与技术创新迈进，进而扭转行业颓势，实现健康可持续的发展。

（四）订单式种植惠农

在政府的积极引导下，农户与蓖麻加工企业建立起直接购销合同关系，农户依据合同的生产目标规划种植，不仅有效缓解了供需错配的问题，还为农户提供了稳定的订单保障。通过这种“田间直达车间”的模式，收获的蓖麻直接从农田输送至加工厂，极大缩短了物流链路，降低了储运成本，同时削减了中间商参与所带来的利润分流，为农户开辟了一条更为通畅的增收渠道，确保种植收益最大化。此举不仅增强了农业生产的计划性和效率，也为实现农业产业链的优化升级与农民收入的实质性增长奠定了坚实基础。

【案例点评】

蓖麻是世界十大油料作物之一，在化工、能源、医药和农业领域都有重要作用。蓖麻具有耐干旱、耐瘠薄、耐盐碱、适应性强、节省人工、投入少、效益高等突出特点，可以提高旱地和盐碱地利用率，提高农民收入。本案例剖析国内国际蓖麻生产和需求情况，阐述了我国在旱地和盐碱地发展蓖麻种植的可行性；从耕地整地、地膜覆盖、播种准备、田间管理、肥水管理、病虫害防治和收获储藏等方面详细介绍了蓖麻的耐盐碱高效栽培技术。蓖麻产业作为特色产业，只有政府协调各方、制定政策；科研机构积极创新品种和栽培技术；加工企业改进工艺提高产品质量；蓖麻种植户做好栽培生产等多方共同努力，才能更好发展，才能为提高我国旱地和盐碱地利用率和农民增收做出贡献。

（山东滨州国家农业科技园区管理服务中心：卢振宇、张开心、刘健；
淄博市农业科学研究院：谭德云、徐刚）

主要参考文献

李敬忠，张宝贤，王伟男，等，2018. 我国蓖麻育种与栽培技术研究进展 [J]. 农业科技通讯 (10): 198-200，2.

孙振钧，吕丽媛，伍玉鹏，2012. 蓖麻产业发展：从种植到利用 [J]. 中国农业大学学报，17(6): 204-214.

王光明，2013. 蓖麻育种与栽培 [M]. 北京：中国农业出版社 .

王建华，孙丽娟，王光明，等，2015. 不同生态区蓖麻高产高效栽培技术规程 [J]. 农业科技通讯 (7): 235-237.

张宝贤，谭德云，孙丽娟，等，2009. 中国蓖麻的发展优势与加快能源化利用的对策 [J]. 中国农村小康科技 (12): 12-13，15.

案例十六

盐碱地棉草两熟绿色高效栽培技术

一、盐碱旱地棉花生产技术现状

棉花在我国是大宗农产品、纺织工业原料、重要战略物资。我国常年植棉面积在5 000万亩左右，产量约600万t；常年消费棉花900万～1 000万t，自给率占60%～70%，每年仍有300万～400万t的缺口。近年来，受用工多、效益低等因素的影响，植棉面积和产量总体上呈下滑态势，棉花生产压力逐年增加，内地棉区下降尤为明显。从长远来看，因地制宜，通过发展灵活多样的植棉模式来稳定植棉总面积并提高单位面积产量和效益对恢复内地棉花生产意义重大。

黄河流域棉区是我国三大主要棉区之一，该区域人多地少但原棉需求大、粮棉争地矛盾大，且棉花种植主要转移至盐碱地和旱薄地，栽培方式为一年一熟地膜覆盖种植，集中成熟难、人工多次收花，管理和收获费工费时，比较效益偏低，残膜污染重。近年来，随着短季棉育种水平的不断提高，涌现出一批早熟性好、产量高、品质优的短季棉品种，山东棉花研究中心曾利用无膜栽培短季棉代替覆膜栽培春棉，取得了省工节本和集中成熟收获的成效。但是，一年一熟无膜栽培短季棉的产量和效益仍十分有限。一熟棉花改为棉麦两熟是提高单位面积产出和效益的重要途径，但鲁北棉区热量条件有限，无法发展棉麦两熟，难以实现真正意义上的一年两熟。

鉴于此，山东省农业科学院经济作物研究所（山东棉花研究中心）利用短季棉生育期短、开花结铃集中、晚播早熟的生育特点，并充分发挥小黑麦、燕麦等饲草作物收获期弹性大、营养价值高的优势，采用冬（春）季种植饲草（小黑麦、燕麦），5月中下旬饲草收获后机械直播短季棉，实现了棉草两熟，经济效益提高了50%。实践证明，在黄河流域棉区特别是盐碱地和旱地发展短季棉与饲草作物一年两熟是一条行之有效的稳棉增效途径。

二、棉草两熟技术模式的特点和优势

（一）棉草两熟技术模式简介

棉草两熟技术模式是利用短季棉晚播早熟无须覆盖地膜、农药化肥投入少的特点，以及冬春种植牧草抑盐肥田增效的优势，冬（春）季种植饲草（小黑麦、燕麦），5月中下旬饲草收获后机械直播短季棉，实现了短季棉与饲草作物两熟接茬种植，较好地解决了黄河三角洲生态系统和熟制单一、面源污染重、作物生产效益低等突出问题。

自2015年开始，在国家棉花产业技术体系抗逆栽培岗位以及山东省现代农业产业技术体系棉花创新团队等项目支持下，山东省农业科学院经济作物研究所联合东营市农业科学研究院、山东绿风农业集团有限公司等单位就开始着手棉草两熟接茬种植高效生产技术的研究，重点开展了适宜品种筛选、最佳接茬期、合理密植、简化施肥、集中成熟、机械收获等关键技术的研究，在此基础上集成建立了棉草两熟轻简绿色高效种植技术。

该技术成果丰富、推广应用效果显著。一是选育出了优质短季棉品种鲁棉 532、鲁棉 551，其中鲁棉 532 先后通过河南省、山东省和国家审定；二是盐碱地棉草两熟绿色高效栽培技术入选 2020 年山东省农业主推技术，并制定了团体标准；三是以棉草两熟栽培模式为主要内容的“早熟棉集中成熟绿色轻简栽培模式”获 2023 年度山东省科技进步奖二等奖和齐鲁农业科技奖一等奖。

（二）棉草两熟技术模式实现了四大突破

棉草两熟技术模式的效益实现了四大突破。

一是改传统一熟种植为两熟种植，增加了一季饲草，提高了单位土地面积产出，单位面积经济收益提高 50% 以上。

二是改地膜覆盖春棉种植为短季棉无膜栽培，避免了残膜污染，彻底解决了长期以来棉田残膜污染的难题。

三是短季棉生育期短、结铃集中，不仅为机械收获提供了便利，而且肥药用量降低 30% 以上，显著减少了棉田的面源污染。

四是棉花收获后接茬播种牧草，冬春季节牧草覆盖地表，有效抑制了盐碱地返盐，促进了盐碱地的改良。

试验示范表明，与传统春棉一熟种植相比棉花略有减产（5%～8%），但增加了一季饲草，全程用工平均减少 45% 以上，农药、化肥用量平均减少 20% 以上，亩纯收益平均增加 500 元以上。2020 年 9 月 26 日，组织专家对在东营市、滨州市建立的 6 处共计 3 000 余亩示范田进行测产验收，示范区均采用了以“采用优质短季棉品种鲁棉 532，5 月下旬至 6 月初黑麦草收获后精量播种，合理密植免整枝（等行距 76 cm，密度 6 000～8 000 株 / 亩），盛蕾期一次性追肥，化调壮株控高促进集中成熟”为关键措施的草棉两熟轻简绿色高效栽培技术。示范田比传统春棉种植减产 13.5%，全程用工减少 45% 以上，物化投入（如农药、化肥等）节省 30% 以上，前茬饲草每亩纯利润 360 元，较传统种植每亩纯收益提高 500 元。黄河三角洲棉草两熟轻简高效种植在丰富生态系统和熟制的同时，实现棉花生产的轻简省工、减肥减药与节本增效，促进了经济效益、生态效益和社会效益的协同提升。

（三）棉草两熟技术模式的核心技术

1. 品种选择

饲草选用早熟、茎秆粗壮、抗倒伏、耐寒抗逆强、饲用品质好的品种，如冀饲

2 号小黑麦、冀引一号燕麦等；棉花选用早熟性好、结铃集中、纤维品质优良、吐絮畅，对脱叶催熟剂敏感的短季棉品种，如鲁棉 532、鲁棉 551 等（图 1）。

图 1　饲草收获后机械直播短季棉

2. 整地备播

棉花收获后及时整地，经深耕、精平、碎土作业后，于 11 月 15—30 日进行冬灌，待翌年早春冻土解冻后达到备播要求。小黑麦和燕麦等饲草作物收获后及时进行灭茬、整地，重点做好除草工作，视土壤状况酌情造墒。

3. 抢时机械播种

饲草于 5 月 15—20 日（灌浆期至乳熟期），抢时机械收获，收获后立即灭茬，采用 76 cm 等行距贴茬直播短季棉，棉花播种量 30～37.5 kg/hm^2，确保收获密度 9 万～10.5 万株 /hm^2；待棉花收获后，抢时拔柴，深翻（30～40 cm）、耙平，机械播种，小黑麦于 10 月 30 日至 11 月 20 日贴茬直播，种子用量 195～225 kg/hm^2，行距 20～25 cm；饲用燕麦于翌年 2 月 10—30 日播种，种子用量 100～125 kg/hm^2，行距 20～25 cm。

4. 简化施肥

短季棉和饲草均采用一次性施肥。饲用小黑麦和燕麦每公顷基施商品有机肥（有机质含量≥40%）1 500 kg、复合肥（N-P_2O_5-K_2O 为 15%-15%-15%）600 kg 作基肥；短季棉现蕾后每公顷追施 N 150 kg、P_2O_5 75 kg、K_2O 100 kg。短季棉也可采用缓控释肥种肥同播一次施肥技术，每公顷施用 120 kg 控释氮（释放期为 90 d）、P_2O_5 75 kg、K_2O 100 kg。

5. 棉花化控免整枝

全生育期化控 3 次。现蕾前后根据棉花长势和土壤墒情，每公顷喷施缩节胺 7.5～15 g；盛蕾初花期、打顶后 5 d 左右分别化控 1 次，每公顷喷施缩节胺 22.5～

60 g。于7月20日前后或棉株出现7～8个果枝时，每公顷采用45～75 g缩节胺喷施棉株，侧重喷施主茎顶和叶枝顶；7 d后每公顷采用75～90 g缩节胺进行第二次喷施，着重喷施主茎顶，实现自然封顶，株高控制在70～90 cm。

6. 收获

（1）棉花收获。9月底至10月初且气温稳定在18℃以上、田间吐絮率达到50%左右、棉花上部铃的铃龄达40 d以上时，采用专用喷雾机械喷施脱叶催熟剂。脱叶催熟剂用量50%噻苯隆可湿性粉剂600～900 g/hm^2+40%乙烯利水剂1 500～3 000 mL/hm^2，脱叶率95%以上、吐絮率90%以上。集中采收，有条件的地方可选用符合质量标准的采棉机械一次性机收（图2）。

图2　棉草两熟短季棉机械采收

（2）饲草收获。一般于5月15—30日，选择晴朗天气采用压扁割草机对小黑麦或燕麦刈割，为便于后续搂草作业，宜采用梭形法或环形法进行摊晒；当干草含水量在40%～50%时，利用搂草机进行搂草，一般搂草1～2次即可，一般于清晨或傍晚进行搂草作业；打捆前利用水分测定仪测定干草含水量，小草捆的打捆含水率一般为15%～18%，大草捆的打捆含水率一般为14%～15%，尽量选择夜间或清晨进行打捆作业，以减少叶片的掉落和破碎。

三、加快棉草两熟技术模式推广的做法

（一）发展棉草两熟是落实黄河流域生态保护和高质量发展战略的重要举措

2013年，习近平总书记到山东省农业科学院视察时，做出了“给农业插上了科

技的翅膀”的重要指示，并对山东省农业科学院的棉花科研寄予了厚望。2021年10月，习近平总书记到山东省东营市考察黄河入海口时指出：“坚持生态优先、绿色发展，把生态文明理念发扬光大”，并强调，要落实好黄河流域生态保护和高质量发展战略部署，坚定不移走生态优先、绿色发展的现代化道路。近年来，山东省农业科学院经济作物研究所（山东棉花研究中心）始终坚持生态高效、绿色发展的原则，提出了黄河三角洲盐碱地“分类施策、种养结合”的开发策略，开展滨海盐碱地棉花育种和栽培技术研究，创建黄河三角洲棉草两熟轻简高效种植技术模式，实现了棉花生产的轻简省工、减肥减药与节本增效，促进了经济效益、生态效益和社会效益的协同提升。研究和开发成果完全契合了黄河流域生态保护和高质量发展战略要求。

（二）产学研结合，开展协同攻关

山东省农业科学院经济作物研究所联合山东绿风农业集团有限公司、山东省农业技术推广中心、山东农业大学、东营市农业科学研究院联合开展协同攻关，通过创新短季棉育种方法选育短季棉新品种，研发棉草两熟栽培关键技术，集成建立两熟栽培技术模式。

首先，建立了“春夏杂交、双优融合”的棉花早熟育种方法，选择优良春棉品种和优良短季棉品种杂交，融合两类品种的优良性状，实现“双优融合”；杂交后代轻简化种植管理，在轻简栽培选择压力下连续定向选择，选出兼具两者优势的优良品系；通过南繁北育、多点鉴定和优选，育成鲁棉532和鲁棉551等多个早熟棉品种，其中鲁棉532于2018年山东省（鲁审棉20180011）和河南省（豫审棉20180009）审定，2020年国家审定（国审棉20200007），是黄河流域棉区育成的首个棉纤维长度和强度超“双30”并与其他纤维品质指标合理搭配的抗虫短季棉品种，解决了短季棉产量、纤维品质和早熟性难以协同提高的难题。

其次，集成建立了“棉草两熟”轻简高效栽培模式。选用早熟高产的饲用小黑麦，待10月底至11月初棉花收获后，抢时秸秆还田，深翻、耙平，机械播种小黑麦。选用早熟性好、结铃集中、纤维品质优良、吐絮畅，对脱叶催熟剂敏感的早熟棉品种鲁棉532，5月15—30日饲用小黑麦收获后贴茬机械直播高品质早熟棉品种，密度6 000～8 000株/亩。免定苗，免整枝打顶，轻简施肥，脱叶催熟，机械采摘。棉饲两熟增加了一季饲草，纯收益比单作增加了50%～70%，亩增收300～500元，而且降盐养地作用明显。棉草两熟是滨海盐碱地棉田熟制的重大突破，为黄河流域生态保护和高质量发展提供了重要的技术支撑。

（三）加大推广力度，开展大规模试验示范

2020年，山东省农业农村厅将棉草两熟技术模式纳入全省农业主推技术，着力在优质高产品种、全程机械化、绿色生态环保等领域开展集成创新、技术示范和推

广应用。

2020年5月、2021年6月，连续两届全省“草棉轮作现场会暨高峰论坛”在无棣县召开。时任省畜牧兽医局副局长戴文超指出，“棉草两熟”做法高起点定位，有力推动了现代畜牧业绿色高质量发展，走在了全省的前列，值得借鉴推广。中国科学院院士朱玉贤在研讨会上说，“棉草两熟”应系国内首创，值得大力推广。

2021年6月，滨州市将“棉草两熟”种植模式推报山东省畜牧兽医局和省政府，得到时任省委书记刘家义、省政府副省长于国安等省领导对棉草两熟进行推广的重要批示。

2023年8月，黄河三角洲盐碱地现代植棉技术研讨会在利津县召开，华中农业大学张献龙教授、河北农业大学副校长李存东教授、山东省农业技术推广中心王桂峰研究员等与会领导专家均对黄河三角洲“分类施策、用养结合”的盐碱地生态利用方案和实施效果给予了充分肯定。大家认为，棉花是盐碱地“以地适种”向“以种适地”转变中不可或缺的大宗农作物，在盐碱地开发利用过程中扮演重要角色，对增加粮田储备和促进农业高质量发展具有重要意义。

2020—2023年，在山东省农业技术推广中心的主导下，山东省农业科学院经济作物研究所与涉棉家庭农场、专业合作社、相关企业在夏津、高唐、无棣、利津、垦利等产棉县建立了一系列“棉草两熟”模式示范田，辐射到河北邯郸、邢台、唐山等地区。

（四）加强技术服务，保障技术落实到位

山东省农业科学院经济作物研究所一方面联合山东省农业技术推广中心通过组织开展不同层次的技术培训、高产展示，互联网、微信、新闻媒体传播，以科技人员驻点指导、服务等多种形式，对棉草两熟栽培模式进行示范推广；另一方面，联合山东绿风农业集团有限公司，采用“龙头企业＋合作社＋基地＋农户”的“村企社共建”经营模式，开展全程社会化服务，通过土地流转和土地托管两种方式整合土地资源，进行大规模标准化经营。大力推行棉花、牧草等作物标准化生产、机械化作业。并集成和融合北斗导航自动驾驶系统、膜下滴灌、苗期化控、棉花机采等技术于一体，大大提高了棉草两熟生产的规模化、集约化水平。

棉草两熟栽培模式近3年在黄河三角洲等适宜地区已累计推广14.5万亩，按照亩增收400元计，新增经济效益5 800万元。该技术模式还支持了山东绿风农业集团有限公司、无棣景国农机专业合作社等企业和专业合作社的发展。

【案例点评】

黄河三角洲盐碱地资源丰富，适宜植棉。但该区多采用一年一熟春棉覆膜种植，

生态系统和熟制脆弱单一，植棉效益不高。为此，山东省农业科学院经济作物研究所联合山东绿风农业集团有限公司，在山东省农业技术推广中心的支持下，利用短季棉晚播早熟无须覆盖地膜、农药化肥投入少的特点，小黑麦等饲草耐旱性好、适合冬春种植的特点，建立了短季棉与饲草作物两熟接茬种植新模式，较好地解决了黄河三角洲生态系统和熟制单一、面源污染重、生产效益低等突出问题，完全符合习近平总书记提出的“生态优先、绿色发展，把生态文明理念发扬光大”的发展理念。该模式的成功研发和推广应用，说明了农业科研和技术推广要树立生态高效、绿色发展的理念，适时关注产业发展动态，以问题和需求为导向，开展重大关键技术联合攻关，并形成先进实用的技术模式推广应用，引领产业高质量发展。

（山东省农业科学院经济作物研究所：张艳军、董合忠、
代建龙、崔立华、肖春燕、王智华、张冬梅、崔正鹏）

主要参考文献

崔正鹏，代建龙，李维江，等，2021. 优化棉作制度，创新种植模式，为山东棉业发展插上科技的翅膀 [J]. 中国棉花，48(2): 13-16.

董合忠，迟宝杰，代建龙，等，2023. 黄河三角洲盐碱地作物生态高效生产策略与技术 [J]. 山东农业科学，55(3): 38-41.

王智华，苗兴武，代建龙，2022. 黄河三角洲棉饲两熟模式中早熟棉鲁棉 532 表现及栽培要点 [J]. 中国棉花，49(4): 43-44.

张冬梅，代建龙，张艳军，等，2019. 黄河三角洲无膜短季棉轻简化绿色栽培技术 [J]. 中国棉花，46(4): 45-46.

张升，聂军军，徐士振，等，2023. 短季棉与小黑麦两熟接茬种植技术及其试验示范 [J]. 中国棉花，50(3): 44-46.

案例十七

冬季咸水结冰灌溉改良滨海重盐碱地技术模式

一、滨海缺水盐碱区土壤盐碱化与咸水资源利用现状

我国环渤海区河北省、山东省、天津市、辽宁省是我国典型的滨海缺水盐碱区，气候类型为暖温带季风气候，地理区位优势明显，在我国经济建设中占据重要位置。然而受到水文地质条件和气候因素的影响，土壤盐碱化极其严重，超出了多数作物和植物的耐受范围，导致大多数作物和植物难以生长，农业产能低、生态环境差等与该地区快速的经济发展形势极不匹配。据统计，目前环渤海地区约有 $68\times10^4\ hm^2$ 的盐碱荒地，目前尚没有被开发利用，作为该地区重要的后备耕地资源，盐碱地的综合利用对当地农业生产和乡村振兴具有重要意义。

滨海缺水盐碱区土壤盐碱化过程属现代盐碱化过程，其驱动因子为地下水埋深、成土母质、气候因素和地形因素等。土壤盐分随着土壤水分呈现明显的规律性变化，该地区土壤水盐运移过程呈强烈的表聚性、明显的季节性、较大的时空变异性和治理的复杂性等特点。其中春季由于蒸发量大、降水量小，土壤盐分受到土壤水分蒸发的驱动，由地下水迅速上移，并积聚在地表，造成土壤的爆发式积盐；夏季，降水量大，整个土体盐分均表现为淋洗，土壤盐分迅速降低；而随着秋季和冬季降水量逐渐减少，土壤盐分重新呈现出上移的趋势（图 1）。此外，冬季土壤冻融过程是春季土壤爆发式积盐的重要驱动力，在极端低温条件下，土壤冻结剖面中出现温度梯度导致的水势梯度差，造成土壤盐分和水分由地下水中向冻层集结，随着土壤冻层的进一步加厚，冻层中的土壤水盐含量日益增多，直至最大冻深；春季土壤冻层融化过程中，冻层上下两个锋面分别融化，其中冻层下锋面融化后即入渗至深层土壤和地下水中，而上锋面融化的水分由于冻层的阻隔作用阻止了下渗而滞留于冻层表面，冻层中的盐分随着土壤水分蒸发迅速迁移至地表，因此冬季土壤的冻结

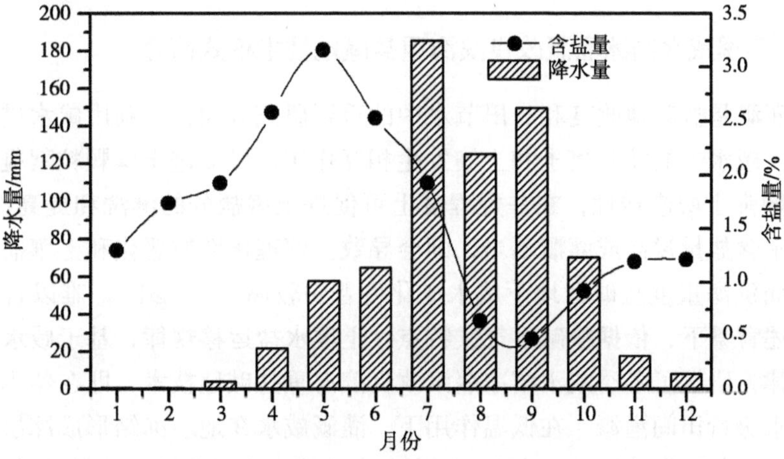

图 1　河北滨海区降水和土壤盐分的耦合关系

是一个潜在积盐过程。上述土壤水盐季节动态过程表明，春季既是土壤返盐的高峰期，最高可达3%，又是大多数作物生长和发育的盐敏感时期，因此，如何在春季降低和控制土壤盐分，是该地区盐碱地利用和农业生产的关键。

大量的盐碱地改良研究与实践表明，盐随水来、盐随水去，充足的淡水是盐碱地改良利用的基础，而盐碱地主要集中在淡水资源短缺的干旱、半干旱和沿海地区，淡水资源短缺制约了盐碱区的农业生产。滨海缺水盐碱区的平均降水量520～600 mm，且具有明显的季节性差异，约75%降雨主要集中在夏季。此外，据研究该地区多年平均水资源总量为990.5 × 10^8 m^3，仅占全国的3.5%；多年平均地表水资源量为792.1 m^3，占全国的3.0%；人均水资源占有量为427.9 m^3，占全国的18.8%。随着经济进一步发展，该地区水资源供需矛盾日益紧张，用于盐碱地改良和农业生产的水资源量不足的问题也日益严峻。在上述情况下，积极开辟新水源、增加区域水资源可利用量则更显得尤为重要，环渤海区丰富的地下咸水资源的开发和利用在农业生产的作用也日益突出。河北省沿海平原区咸水资源量达到9.2亿 m^3，咸水资源极为丰富，而利用率却非常低，具有很大的利用潜力，其中盐碱地分布面积最大的沧州市地下咸水可供水量为4.7亿 m^3，而利用率仅为8%，利用潜力达0.94。因此，合理开发该地区丰富的地下咸水并用于盐碱地改良，拓展农业可利用水源，提高咸水资源利用效率，是滨海缺水盐碱区农业生产中的重要研究课题。在上述背景下，本项技术通过筛选耐盐作物品种和优化种植制度、依据作物阶段性耐盐特性和需耗水规律、结合区域气候特点，形成了冬季咸水结冰灌溉改良滨海重盐碱地技术模式，为滨海重盐碱地的适生种植和节水改良提供技术支撑。

二、冬季咸水结冰灌溉改良滨海重盐碱地技术模式的特点和优势

（一）冬季咸水结冰灌溉改良滨海重盐碱地技术模式简介

咸水灌溉是盐碱地改良和农田节水中的重要研究方向，在利用咸水进行农业灌溉过程中，咸水中的盐基离子和土壤发生相互作用，可促进土壤颗粒絮凝、稳定土壤结构和增强土壤渗透性，在一定程度上可促进土壤盐分的淋洗和提高作物产量，但如果咸水含盐量过高或灌溉不当，则会导致土壤理化性质恶化和土壤盐碱化加重等问题。而滨海重度盐碱区地下咸水矿化度普遍较高（＞7 g/L），难以直接用于灌溉。在上述背景下，依据盐碱区气候特点、土壤水盐运移规律，基于咸水冻融咸淡水分离规律，研发了冬季咸水结冰灌溉改良滨海重盐碱地技术，即在冬季抽提当地高浓度咸水进行田间灌溉，在低温作用下，灌溉咸水在地表冻结形成冰层覆盖，春季咸水冰层逐渐融化过程中，咸淡水逐渐分离入渗，先融化高含盐量的咸水先入渗，后融化低含盐量微咸水和淡水的入渗可实现表层土壤脱盐，结合后续降雨和抑盐措

施，可实现作物整个生长季土壤保持脱盐，从而保证作物的正常生长。在整个过程中，冬季抽提地下咸水降低了地下水位，减少了春季地下水蒸发而导致的土壤返盐。咸水结冰灌溉后，冰层覆盖平抑了低温，减少了冬季土壤冻结积盐。通过以上综合过程，咸水结冰灌溉实现了春季土壤脱盐，为作物的出苗和生长创造了良好的水盐条件。该项技术突破了盐碱地淡水资源少的制约，实现了高矿化度咸水改良盐碱地的目标，保证了重度盐碱地油葵、棉花、甜高粱、甜菜、柽柳、枸杞、芙蓉葵等作物或植物的种植。另外，通过多年的田间定位试验和示范应用验证，形成了冬季咸水结冰灌溉改良滨海重盐碱地技术体系，构建了“两创一综合”适生改良技术模式，即创新淋排盐方式，采用咸水冬季结冰融冰淡化淋盐；创新临界水位，即保证土壤耕层季节性脱盐；统筹耐盐作物、田间耕作、土壤培肥等措施综合改良盐碱地。以上技术突破了盐碱地淡水资源依赖性强的约束，达到了重盐碱地“适盐用盐、以盐治盐”的目标，实现了盐碱区气候、耐盐植物、咸水和盐碱地资源的高效利用。

（二）冬季咸水结冰灌溉技术模式效益分析和社会影响

该项技术模式在河北省沧州市滨海试验区集中开展了模式示范与应用，引领带动了滨海重盐碱地的改良利用。目前，已在河北省沧州市、唐山市以及吉林省大安市、内蒙古自治区巴彦淖尔市开展了推广应用，集成构建重盐碱地耐盐作物种植技术模式和植被快速建造及绿化技术模式，在不增加投入的情况下，实现了重盐碱地上棉花、油葵、甜高粱、菊芋、枸杞、柽柳、甜菜、秋葵等经济作物和耐盐植物的种植，使过去不能利用的盐碱荒地得到高效利用。通过本项技术，其中籽棉产量当年可达到 200 kg/ 亩，油葵产量当年达到 150 kg/ 亩，甜菜产量达到 4 t/ 亩，菊芋产量达到 1.7 t/ 亩，甜高粱鲜草产量达到 5 t/ 亩，亩增效益在 1 000 元以上，累计推广面积达到 20 000 亩以上。经核算，该项技术投入产出比高达 1：3，每亩节约淡水资源 120 m^3 以上。2008 年经《河北日报》报道后，该项技术被评为该年度十大经济新闻之一，此外，该项技术模式作为主推技术在国家科技支撑计划项目“渤海粮仓科技示范工程”“典型盐碱地改良技术与工程示范”、国家重点研发计划项目“河套平原盐碱地生态治理关键技术研究与集成示范”进行了示范应用，同时获得了 2015 年河北省科技进步奖一等奖、第九届大北农自然科学奖创新二等奖。

（三）冬季咸水结冰灌溉技术模式核心技术要点

通过多年的咸水结冰灌溉的研究，明确了咸水结冰灌溉关键技术指标，主要技术要点如下（表 1）。

1. 平整土地

入冬前（11 月上中旬），进行土地整理，为使灌溉时灌水均匀，把土地整成大约 100 m^2 的小畦，注意田块的平整。

表 1　冬季咸水结冰灌溉技术条件下作物出苗及产量

年度	处理	棉花				油葵					甜菜		
		出苗率 /%	株高 /cm	成铃 / 个	产量 /（kg/ 亩）	出苗率 /%	株高 / cm	盘径 / cm	株产 / g	产量 /（kg/ 亩）	成活率 /%	块根重 /g	产量 /（kg/ 亩）
2017	CK	0.90	52.50	2.30	1.00	1.23	35.20	9.00	7.15	0.35	18.70	255.00	211.70
	处理	89.40	80.30	8.70	205.30	97.90	51.40	14.20	24.80	97.50	85.10	1 326.30	5 018.70
2020	CK	0.40	60.00	5.10	0.80	1.56	34.30	6.50	4.90	0.34	11.80	259.80	136.10
	处理	87.60	90.10	11.20	216.10	95.80	80.30	17.30	42.90	182.50	80.20	1 160.30	4 137.90
2022	CK	1.20	59.60	3.20	2.10	0.67	28.00	0	0	0	5.60	220.70	54.50
	处理	85.20	86.70	12.50	240.50	92.00	81.10	17.50	50.60	206.80	83.20	1 093.00	4 207.00

2. 冬季咸水结冰灌溉

（1）灌溉时期，当平均气温低于 -5℃时（1 月上旬）开始对盐碱地进行灌溉。

（2）灌水方式，采用大水漫灌的形式，利用潜水泵（32 m^3/h）直接抽提地下咸水进行灌溉，为使咸水在地表均匀结冰，采用分次灌溉的方式，即每天灌少量的水，结冰后再灌，直至达到水量要求。以沧州滨海盐碱地区为例，在冬季低温条件下，大约灌溉 3 次（约 3 d），第一天约为灌水量的 1/4，剩余水量分 2 d 灌完。

（3）灌水水质，依据当地的地下咸水水质而定，如在河北省沧州市滨海盐碱地区，冬季地下咸水的矿化度大约为 15 g/L。

（4）灌水水量，依据灌水水质、咸水冰融化过程中融水水质、水量的二元回归方程以及土壤盐分淋洗定额方程确定灌溉水量。以沧州市滨海盐碱区为例，利用 15 g/L 咸水进行冬季咸水结冰灌溉后，计算的此时的灌水水量约 120 m^3/ 亩，土壤盐分可由 0.9% 降低至 0.4% 以下。如果咸水的矿化度过高，应相应增大灌水量。以下为小于 5 g/L 融水占总融水的百分比的二元回归方程。

Y（5 g/L）$=74.052-0.945Tm-1.018Si$　$R^2=0.877^{**}$

Y（4 g/L）$=71.867-0.536Tm-0.942Si$　$R^2=0.803^{**}$

Y（3 g/L）$=66.823-0.962Tm-0.842Si$　$R^2=0.788^{**}$

Y（2 g/L）$=66.757-1.087Tm-0.879Si$　$R^2=0.813^{**}$

Y（1 g/L）$=60.365-1.148Tm-0.731Si$　$R^2=0.759^{**}$

式中，Y 为融水百分比（%），Tm 为融冰温度（℃），Si 为咸水冰初始含盐量（g/L）。

（5）春季抑盐措施，咸水结冰灌溉后，咸水在地表冻结成冰，春季气温逐渐上升，咸水冰逐渐融化入渗，在 2 月下旬或 3 月上旬，咸水冰完全融化并入渗。此时进行地膜覆盖，采取全覆盖措施，以减少春季土壤水分蒸发而导致的返盐。

（6）田间作物和植物的种植和移栽，春季种植作物或植物时，揭掉春季覆盖的地膜，进行施肥、旋耕、播种等田间操作，也可不揭地膜，采用膜上移栽盐生植物等。

（7）后续措施与普通的田间管理相同，多年的咸水结冰灌溉的研究表明，咸水结冰灌溉当年便可取得较好的盐分淋洗效果，土壤由最初的 1.5% 降低至 0.4% 以下。

依托上述冬季咸水结冰灌溉改良滨海重盐碱地技术的要点，结合不同植物阶段性耐盐特性，构建了以冬季咸水结冰灌溉为核心的盐碱地适生种植技术模式，包括棉花、油葵、甜高粱、甜菜、田菁、菊芋等适生种植，同时也形成了柽柳、枸杞、芙蓉葵、千屈菜等适生种植植被绿化模式。

三、冬季咸水结冰灌溉技术模式的推广应用

（一）面向盐碱地产业需求，构建技术模式，分区分类示范应用

中国科学院遗传与发育生物学研究所农业资源研究中心盐碱地大团队成员每年深入不同盐碱区包括河北省沧州市、唐山市，山东省东营市，内蒙古自治区巴彦淖尔市、吉林省大安市等地开展广泛调研，对接当地农业种植企业、合作社或家庭农场等经营主体，了解上述中重度盐碱区农业生产或植被绿化方面的需求，结合前期冬季咸水结冰灌溉改良滨海重盐碱地技术指标的研发和优化，依托承担的国家、中国科学院、国家自然科学基金、省部级盐碱地改良相关科技项目，围绕盐碱地农作物生产和植被建设，构建了多套以冬季咸水结冰灌溉为核心的盐碱地适生种植技术模式，有力带动了滨海盐碱区棉花、能源植物、牧草等产业的发展。并针对不同盐碱区形成了分区分类的盐碱地适生种植技术模式，其中农作物当年可获得理想产量，如棉花籽棉产量 200 kg/ 亩、油葵籽粒产量 120 kg/ 亩、籽粒苋干草 760 kg/ 亩、菊芋产量 1 500 kg/ 亩、甜高粱鲜草产量 3.5 t/ 亩；绿化植物包括柽柳、枸杞、景天、马蔺、蜀葵、芙蓉葵等，成活率均在 75% 以上，植被覆盖度提高至 80%。

（二）建立试验和中试基地，加大技术优化和推广示范

在环渤海沿岸重盐碱地区包括河北省海兴县、黄骅市、曹妃甸区，天津滨海新区和黄河三角洲等地区多地布点，建立多个核心示范区，开展相关技术的研究工作。针对示范区实验基地进行了规划和基础设施建设工作。包括多年咸水结冰灌溉技术研究试验场地，长期定位观测咸水结冰灌溉下土壤水盐运移规律，设置不同盐碱地抬田、条田模式，研究不同盐碱地地形模式下咸水结冰淋盐过程，同时结合典型耐盐作物或植物试验样地，系统观测区域气象、土壤水盐、植物生长性状。同时以示范区为中心，开展冬季咸水结冰灌溉适生种植模式的应用，累计示范面积 5 万余亩，并深度对接合作社、家庭农场、农业开发公司等新型主体，举办技术观摩、开展了相关技术培训和示范推广，促进技术成果的快速转化。

【案例点评】

盐碱地改良和咸水的安全利用始终是干旱半干旱地区农业发展迫切需要解决的问题。国内外在盐碱地改良方面已做了大量工作，且取得了巨大成效，主要是采用以淡水压盐为主的灌排措施改良盐碱地，另外，近年来国内外也兴起了以经济盐生植物利用为主的生物措施改良盐碱地的方法，取得了一定进展。在淡水资源匮乏的

环渤海滨海盐碱地区，采用淡水压盐的措施改良盐碱地显然已不太现实，而区域丰富的咸水资源由于矿化度高而难于利用。本项技术模式涉及的技术核心是“适盐用盐，以盐治盐”，属于具有中国特色的盐碱地和咸水利用技术。突破了传统的淡水压盐的制约，充分利用了当地的气候资源和咸水资源，为国内外首创，实现了人与自然的和谐。另外，本项技术模式产投比高，亩节约淡水资源 120 m^3 以上，且由于咸水的利用还促进了地下水质的改善，技术、经济、环保指标先进。构建的盐碱地耐盐作物和绿化植物配套栽培技术，在不增加投入的情况下，实现了在盐碱地上的种植，带动了滨海盐碱区棉花、能源植物、经济盐生植物和绿化产业的发展，使过去不能利用的滨海盐碱荒地得到高效利用。提高了滨海盐碱地的生物生产力和土地产出效益，增加了植被覆盖，技术、经济和环保指标优势明显。

（中国科学院遗传与发育生物学研究所农业资源研究中心：郭凯、刘小京、封晓辉、巨兆强、孙宏勇）

主要参考文献

郭凯，刘小京，封晓辉，等，2021. 冬季咸水结冰灌溉对河套重盐碱地改良效果研究 [J]. 中国生态农业学报（中英文），29(4): 640-648.

郭凯，张秀梅，刘小京，2014. 咸水结冰灌溉下覆膜时间对滨海盐土水盐运移的影响 [J]. 土壤学报，51(6): 1202-1212.

黄冠华，2007. 再生水农业灌溉安全的有关问题研究 [J]. 中国农业科技导报，9(1): 26-35.

刘小京，2018. 环渤海缺水区盐碱地改良利用技术研究 [J]. 中国生态农业学报，26(10): 1521-1527.

田宇，陈环宇，郭凯，等，2021. 不同咸水梯次滨海盐土入渗过程及水盐分布特征 [J]. 土壤学报，58(4): 911-920.

王全九，邓铭江，宁松瑞，等，2021. 农田水盐调控现实与面临问题 [J]. 水科学进展，32(1): 139-147.

杨劲松，姚荣江，2015. 我国盐碱地的治理与农业高效利用 [J]. 中国科学院院刊，30(Z1): 162-170.

GUO K, LIU X J, 2015. Infiltration of meltwater from frozen saline water located on the soil can result in reclamation of a coastal saline soil[J]. Irrigation Science, 33(6): 441-452.

GUO KAI, LIU XIAOJING, 2021. Reclamation effect of freezing saline water irrigation on heavy saline-alkali soil in the Hetao Irrigation District of North China[J]. Catena, 204: 105420. DOI.Ovg/10.1016/j.catena.2021.105420.

案例十八

两相耕作改良盐碱地技术模式

一、盐碱地耕层培育改良利用现状

我国在盐碱地改良利用方面已形成较为成熟的技术体系，得益于建立的以淡水压盐为核心的技术模式以及完善的灌排体系，使我国大面积的盐碱地得以改良，但同时也造成了大量的淡水资源消耗，而目前淡水资源短缺已成为盐碱区农业可持续发展的关键制约因素，传统的以淡水洗盐为主的盐碱地灌排措施改良模式已很难适应当前盐碱区农业可持续发展需求。在当前盐碱区淡水资源日益不足条件下，盐碱地利用逐渐由高投入高耗水的水利工程改良模式向以肥沃耕层构建水肥盐综合调控的节水改良模式方向发展。已有研究表明，盐碱地通过田间耕作、施肥、秸秆还田、有机培肥等措施可有效改善耕层土壤结构、提高土壤肥力和调控土壤盐分，并能够培育“控盐、保水、保肥”的肥沃耕层，在地下水浅埋条件下实现了土壤盐分剖面由平均型向底聚型空间格局发展。通过上述肥沃耕作层培育，改变了盐碱地土体固有的水汽热盐的传输过程和水盐运动的方向，进而创造了适于植物生长的根层环境，实现了盐碱地的节水改良。因此依据盐碱区土壤水盐运移规律、气候资源特点，充分利用盐碱区生物质资源，依托当前耕作栽培技术，开展盐碱地肥沃耕层构建方面的研究日益成为盐碱地改良利用中的重要方向，同时也对盐碱地节水改良具有重要的意义。

环渤海缺水盐碱区的种植制度以雨养旱作的冬小麦—夏玉米一年两熟为主，而作为淡水唯一来源的降水年内分配极为不均，加之地下水埋深浅且矿化度高，导致土壤盐碱反复性强、耕层土壤质量低下，制约了农业产能的提升，小麦产量仅为100～200 kg/ 亩。近年来，通过耐盐作物品种改良，结合深耕改土、秸秆还田、秸秆深埋、增施有机肥等肥沃耕层构建措施的应用，有效地提高了耕地质量和粮食产能。而该地区地下咸水浅埋、蒸发降雨季节性强的条件下，耕层盐分的反复性依然较强、作物生长受到制约、产能依然低下，因此迫切需要建立对耕层土壤盐分有效阻控的技术模式，创建与区域水土资源特点相适应的耕层水盐优化调控技术指标体系，为盐碱耕地质量和产能提升提供技术支撑。

二、两相耕作改良盐碱地技术模式

（一）两相耕作改良盐碱地技术模式简介和原理

滨海平原盐渍化类型区，春季由于蒸发强烈、降雨较少，土壤处于返盐阶段，而这一时期又是冬小麦返青生长及其他春播作物的播种期，小麦生长迅速，对土壤盐分极为敏感；夏季由于降水量大且集中，是土壤盐分的淋洗阶段，可以种植夏季播种作物。两相耕作改良盐碱地技术基于河北滨海盐渍化区土壤盐分的季节动态特征。通过在夏季土壤淋盐期间种植高生物量作物如玉米、甜高粱等，秋季籽粒或植株收获后，将作物秸秆整株埋覆于耕层以下，在耕层以下形成秸秆隔层，起到隔断土壤毛细管的作用，降雨及有条件的灌溉水能将表层盐分通过秸秆层，入渗淋洗到秸秆层以下，而在春季土壤蒸发强烈条件下，秸秆层能隔断土壤毛细管，阻止土壤盐分向秸秆层以上表聚，以保证春季作物的正常生长。因此秸秆深埋通过秸秆相和耕作层相两相互作，隔断了地下水及土体中的盐分向秸秆层以上土体的表聚，从而保证了在春季耕层土壤处于一个较低的盐浓度环境，有利于春季作物的生长。此外，秸秆深埋改变了土壤的物理性质，提高了土壤通透性，改善了土壤结构，减轻了土壤板结，降低了土壤容重，增加了土壤孔隙率等。

由于秸秆腐烂分解需要很长时间，秸秆深埋初期，在土壤水分入渗过程中，秸秆层减缓了土壤重力水入渗需要通过的土壤孔隙，有效降低了土壤水的入渗速率，使土壤表层的积水在秸秆层以上保持了较长的时间。在降水量较少的河北省滨海平原地区，这对于秋播作物来说，播种期间的降雨和灌水为出苗及苗期生长保持了根部土层水分含量。对土壤渗水性较强的土壤，春季有一定灌溉条件的地区，秸秆深埋能使耕层保持高的含水量，以保证作物度过水分敏感期。在地下水位埋深较浅时，水分的蒸发和土表的返盐强烈。因此，在实际生产中，采用秸秆深埋隔盐方式，在蒸发条件下，促使水分上行的毛管张力被打破，降低了秸秆层下土壤及地下水中的盐分向土壤表层积累，秸秆层以上土壤盐分含量保持在一个相对较低的水平。此外，秸秆熟化程度高时，土壤的干燥度增加，孔隙率增大，干燥度增加可从整体上影响水分运动，降低蒸发强度，从而减少了盐分在地表的积累，且增强了土壤的淋洗功能。因此两相耕作法基于冬小麦—夏玉米种植制度，充分利用盐碱区气候和土壤水盐运移特点，通过耕翻秸秆深埋隔层隔盐，改变了土壤水盐动态过程，满足小麦的生长。通过上述技术的实施，春季耕层土壤盐分控制在 0.4% 以下，小麦季产量得到显著提升，其中在盐碱更重的盐碱区（小山）产量提高 1 倍多，盐碱稍轻的盐碱区（房庄），产量提高 11.9%（表 1）。因此通过两相耕作能够显著阻控土壤盐分，提高了小麦产量。冬小麦收获时秸秆深埋耕层 10～20 cm 和 20～30 cm 处理土壤容重分别为 1.31 g/cm^3 和 1.25 g/cm^3，与对照相比分别降低 12.2% 和 13.6%。

表 1　秸秆深埋处理和对照小麦收获期产量构成因素

试点	处理	返青期死苗率 /%	亩穗数 / 万穗	穗粒数	千粒重 /g	产量 /（kg/ 亩）
小山	两相耕作	18.6	18.6	27.4	31.6	156.2
	对照	48.2	10.5	24.4	29.8	76.3
房庄	两相耕作	5.3	25.8	28.3	32.4	236.4
	对照	15.7	24.9	27.5	30.5	211.3

（二）两相耕作改良盐碱地技术模式效益分析

该项技术模式有效地调控了根区水盐条件，显著提高了冬小麦产量，其中丰水年小麦种植前后，耕层土壤盐分经降雨淋洗降到了 0.1%～0.2%。小麦的出苗率高，越冬前生长健壮，至翌年春季，耕层土壤处于返盐期，秸秆深埋处理抑制了耕层土壤返盐，耕层 20 cm 土壤含盐量一直保持在 0.2%～0.3%，而对照却达到 1.2% 左右。秸秆深埋处理下小麦死苗率降低，小麦的正常生长得以保证，秸秆深埋处理的小麦亩穗数达 32.5 万穗，对照只有 13.5 万穗，穗粒数 34 粒，比对照多 15 粒，两相耕作处理冬小麦产量为 411.37 kg/ 亩，是对照的 86.47 kg/ 亩的 4 倍多。枯水年小麦种植以后降水量非常少，耕层土壤含盐量在小麦播种之前就很高。小山试验点小麦出苗率，秸秆深埋处理和对照分别只有 65.4% 和 63.6%，而房庄试验点小麦出苗率，处理和对照分别达到 92.3% 和 90.4%。土壤盐分的空间分布极为不均，盐分含量也表现出明显的差异，导致种植小麦之前盐分含量就很高，因此小麦出苗率较低，并且呈斑块状分布。本项技术模式在传统耕作田间下，增加秸秆深翻的成本约 40 元 / 亩，收益各年型不同，其中丰水年亩增效益 300 元以上，枯水年亩增效益 140 元 / 亩。

此外，基于本项技术模式的推广应用，也衍生了上膜下秸、上膜下砂等技术模式，在河套盐碱区、滨海盐碱区进行了大面积的推广应用，并进行了成果转化，在国家公益性行业专项、国家重点研发计划项目等进行了示范应用。

（三）两相耕作改良滨海盐碱地技术模式的核心技术

盐碱地“两相耕作法”作物快速生产技术其特征在于将夏季种植的作物完整秸秆翻压在土壤之下，使土体形成“土壤相”和“秸秆相”的“两相结构”，阻断土壤的泛碱，在其上土壤中播种冬小麦。

1. 土壤表层脱盐

春季在未改良的盐碱耕地上，平整土地，周围筑堰，以蓄纳雨水或灌水，使土壤表层脱盐。

2. 夏玉米种植

6 月上中旬播种夏玉米。

3. 冬小麦种植

在夏玉米收获时，仅摘取玉米穗，植株直立留在田中，利用拖拉机或拖拉机带动的扶平器把玉米植株推倒平铺在土壤表面，土壤耕翻时利用拖拉机带动铧犁，把平铺的玉米植株整株翻压于土壤 20～30 cm，之后利用圆盘播种机播种冬小麦。

4. 田间肥水管理

耕翻土地前，亩施氮肥≥30 kg，满足小麦的生长和秸秆腐烂消耗氮元素的需要。

三、两相耕作改良滨海盐碱地技术模式的推广做法

1. 在典型盐碱区建立核心试验示范区，开展关键技术研发和模式集成

针对两相耕作改良滨海盐碱地技术的关键过程，中国科学院遗传与发育生物学研究所农业资源研究中心经过多年的研究积累，提出拟解决的关键科学问题和解决办法，在典型盐碱区多地布点，建立示范样板，开展不同地力、不同盐碱程度、不同年型等条件下的两相耕作对土壤水盐动态和小麦生长的影响研究，并形成关键技术指标，结合品种配套，构建两相耕作改良滨海盐碱地技术模式，以核心示范区为中心，在示范区开展技术研究、适应性验证、规模化效果展示等规模化示范。另外，依托当地镇政府，对接专业合作社、家庭农场和公司等经营主体开展技术模式示范、技术培训与田间观摩等活动，促进技术模式的快速应用和再转化。

2. 农机农艺相结合，促进技术模式大规模推广应用

针对两相耕作农田机械化应用，依据两相耕作关键技术指标，与农机设备研发机构、农资服务部门、农机服务合作社、种植专业合作社等，开展两相耕作技术模式大规模田间推广应用。组建“耕作、培肥、播种、植保”等冬小麦标准化种植服务体系，确保技术模式实施效果，有力地保障了该项技术模式的大规模推广应用。

【案例点评】

本项技术针对盐碱区土壤盐碱化现状，基于季风气候区的气候特点，通过夏季种植作物的秸秆完整翻耕反压至耕层以下，使土体形成“土壤相”和“秸秆相”的“两相结构”阻隔浅层地下咸水的上行而导致的土壤返盐，创建淡化土壤耕层。保证盐碱区一年两作冬小麦—夏玉米作物的正常生长，并当年取得丰产，实现了盐碱区作物快速生产。本项技术模式充分考虑了区域水土资源特点，利用土体积蓄的水分条件和低盐环境，实现盐碱地夏雨春用，并维持春季低盐条件，保证了冬小麦增产稳产，为旱碱麦高效生产提供了技术支撑。

（中国科学院遗传与发育生物学研究所农业资源研究中心：郭凯、刘小京、巨兆强、孙宏勇、封晓辉）

主要参考文献

乔海龙，刘小京，李伟强，等，2006. 秸秆深层覆盖对水分入渗及蒸发的影响 [J]. 中国水

土保持科学，4(2): 34-38.

乔海龙，刘小京，李伟强，2006. 深层秸秆覆盖对土壤水盐运移及小麦生长的影响 [J]. 土壤通报，37(5): 885-889.

赵永敢，李玉义，胡小龙，等，2013. 地膜覆盖结合秸秆深埋对土壤水盐动态影响的微区试验 [J]. 土壤学报，50(6): 1129-1137.

赵永敢，王婧，李玉义，等，2013. 秸秆隔层与地覆膜盖有效抑制潜水蒸发和土壤返盐 [J]. 农业工程学报，29(23): 109-117.

PANG H C, LI Y Y, YANG J S, et al., 2010. Effect of brackish water irrigation and straw mulching on soil salinity and crop yields under monsoonal climatic conditions[J]. Agricultural Water Management, 97(12): 1971-1977.

ZHAO Y G, LI Y Y, WANG J, et al., 2016. Buried straw layer plus plastic mulching reduces soil salinity and increases sunflower yield in saline soils[J]. Soil and Tillage Research, 155: 363-370.

ZHAO Y G, WANG J, LI Y Y, et al., 2013. Reducing evaporation from phreatic water and soil resalinization by using straw interlayer and plastic mulch[J]. Transactions of the Chinese Society of Agriculturd Engineering, 29: 109-117.

案例十九

盐碱地蔬菜设施土壤淋盐培肥技术模式

一、传统盐碱地蔬菜生产技术现状

山东省是蔬菜生产大省，2023年全省蔬菜及食用菌播种面积2 368.38万亩，总产量9 272.4万t，持续保持全国第一。蔬菜产业产值2 415.58亿元，占全省农牧渔业总产值的19.28%。蔬菜及食用菌出口货值362.8亿元，比上年增长25.80%，居全国首位。蓬勃发展的山东省"菜篮子"，为我国蔬菜产业绿色发展提供了新模式，树立了新标杆，寿光市、兰陵县及莘县等蔬菜主产区有力推动了我国蔬菜产业高质量发展。山东省及全国消费食用的蔬菜主要种植在非盐碱土壤（含盐量低于0.1%）上，而种植在轻度盐碱地（含盐量0.1%～0.3%）的蔬菜占比低于0.1%，种植在中度盐碱地（含盐量0.3%～0.6%）、重度盐碱地（含盐量≥0.6%）的蔬菜更是少之又少。盐碱地蔬菜高效栽培难度极大，是蔬菜产业发展中亟待突破的关键技术难题。

盐碱地既是农业可持续发展的制约因素，又是潜力巨大的耕地后备资源。2021年10月，习近平总书记在考察黄河三角洲农业高新技术产业示范区时强调，"18亿亩耕地红线要守住，5亿亩盐碱地也要充分开发利用"。2023年7月，习近平总书记在中央财经委员会研究加强耕地保护和盐碱地综合改造利用问题时强调，要"以种适地"同"以地适种"相结合，加快选育耐盐碱特色品种，大力推广盐碱地治理改良的有效做法。2024年中央一号文件强调，"分区分类开展盐碱耕地治理改良""支持盐碱地综合利用试点"。黄河三角洲地区属滨海盐碱类型区，地下水埋深浅、矿化度高，土体盐分重，以氯化物为主，受海潮影响大，是我国乃至世界范围利用难度最大的三角洲型盐碱地之一。2021年10月，习近平总书记在东营市考察调研时强调，山东省要在推动黄河流域生态保护和高质量发展上走在前，推进盐碱地综合利用再上新台阶。我国盐渍化土地总面积达15亿亩，大约占世界盐碱地总面积的1/10。山东省现有盐碱地890万亩，是拥有盐碱耕地较大的省份。因此推广种植耐盐碱蔬菜实现产业化，是落实习近平总书记重要讲话精神、推动盐碱地生态保护和高质量发展的重要举措。

实现耐盐碱蔬菜产业化，亟待建立高效栽培管理技术体系。盐碱地通常水溶性盐分含量高，有机质含量低，结构黏滞、板结紧实、通气性差、容重高，因此存在土温上升慢、水分释放慢、渗透系数低、毛细作用强和土壤中好气性微生物活动性差等问题，对蔬菜生产十分不利。蔬菜的耐盐碱能力均较差，当滨海盐碱区耕层土壤含盐量超过0.2%时，大多数蔬菜作物生长发育受到阻碍；含盐量为0.2%～0.5%时，蔬菜的发芽率、缓苗时间、开花坐果率、产量品质都会受到不同程度的影响，且后期植株易早衰、生长点萎缩、叶面积小且光合能力差；含盐量升至0.6%～1.0%时，将导致植株营养失调、根系生长受到抑制等，严重时整个根系发黑腐烂，茎叶枯死，引起减产甚至绝产。

制约盐碱地蔬菜产业发展的另一个主要因素是淡水资源匮乏。盐碱地治理改造最为有效的措施是灌排为主的水利工程措施，通过抽提地下水，降低地下水位，发展灌溉，淡水淋盐，使大面积的盐碱土地得到改良治理。但盐碱地区同样面临淡水资源短缺的局面。环渤海中低产区人均、地均水资源量仅有 190 m^3/ 人和 1 650 m^3/hm^2，分别是全国的 1/12 和 1/16，致使盐碱地蔬菜生产的同时面临着土壤含盐量高、有机质含量低、淡水资源不足和盐渍胁迫等问题。

针对盐碱地蔬菜产业中存在的关键核心问题，分析国内盐碱地生态保护和高质量发展的现实需求，山东省农业科学院蔬菜研究所充分利用山东省自然禀赋、成功经验，破解盐碱地蔬菜产业发展中的瓶颈，创建土壤淋盐培肥高效栽培技术模式，推动耐盐碱特色高值蔬菜产业化应用，以农业新质生产力引领现代农业创新之路，为全国盐碱地蔬菜产业提供新路径，再树新标杆。

二、土壤淋盐培肥技术模式的特点和优势

（一）土壤淋盐培肥技术模式简介

采用盐碱地蔬菜设施土壤淋盐培肥生产集成技术替代传统栽培技术，通过集成应用耐盐碱品种、设施地上式隔盐栽培槽、膜下滴灌、盐碱土壤调理剂和有机肥料施用等技术，降低表层土壤含盐量，形成淡化脱盐土层，降低土壤 pH 值，提高土壤有机质和养分含量，减缓蔬菜盐渍胁迫，提高蔬菜种植效益。

该技术于 2012 年，在山东省蔬菜产业技术体系、山东省渤海粮仓、华能项目的支持下，由山东省农业科学院蔬菜研究所发起，山东省农业科学院农业资源与环境研究所、山东省农业机械科学研究院、山东省农业科学院蚕业研究所、山东农业大学等科研院校协同攻关，并于 2021 年获神农中华农业科技奖二等奖。

（二）土壤淋盐培肥技术要点

1. 品种选择

选用耐盐碱品种，可选择优质、高产、耐盐碱性强、适应性强、符合市场需求和适宜当地种植的蔬菜品种。耐盐性强的蔬菜有菠菜、白菜（包括大白菜和小白菜）、茄子等；耐盐性中等的有番茄、胡萝卜、辣椒等。

2. 设施灌溉洗盐

（1）漫灌洗盐。漫灌前土壤深翻整平，灌大水洗盐两次，每次每棚（约 400 m^2）灌水 100 m^3 以上，使 0～20 cm 土层含盐量由 0.630% 下降到 0.153%，20～40 cm 土层含盐量由 0.449% 下降到 0.113%，达到蔬菜正常生长要求的土壤水溶性全盐含量指标。

（2）膜下滴灌洗盐。在滴灌带或滴灌毛管上覆盖地膜，通过滴灌持续滴水，达

到高频率小水量洗盐的效果，使滨海重度盐渍土 0～20 cm 土层含盐量由 7.10 g/kg 降到 1.64 g/kg，形成“脱盐淡化层”，提高盐碱地水分含量。膜下滴灌可种植需水大的蔬菜作物（适宜土壤水势在 20～40 kPa 的作物）。

3. 盐碱土壤调理剂

（1）化学类盐碱土壤调理剂。化学类盐碱土壤调理剂主要成分有腐植酸、氨基酸、硫黄、磷石膏等。施用量为 2 250～3 000 kg/hm^2 效果较好，投入量为 2 250 kg/hm^2 时综合投入产出比最佳。

（2）生物类盐碱土壤调理剂。在盐碱土中混入 5∶1 的有机肥后，按照 1∶3∶3∶1 的比例施加 0.5% 的地衣芽孢杆菌、假单胞菌、黄杆菌和鞘氨醇单胞菌菌液，可显著提高土壤微生物数量和多样性指数，快速增强土壤有机质的利用能力。

（3）复合类土壤调理剂。生物有机型盐碱土调理剂主要成分为植物源有机肥、生物炭和耐酸耐盐功能微生物，最佳使用量为 9 t/hm^2，能显著降低 0～20 cm 土壤 EC 值（降低 0.08～0.14 dS /m），提高土壤有效养分含量，pH 值降低 0.23～0.29 个单位。

4. 盐碱地设施蔬菜有机物料培肥

有机物料培肥包括作物秸秆、畜禽粪便堆肥、普通有机肥和生物有机肥。根据土壤的盐碱程度不同，有机肥的使用量为 5 250～9 000 kg/hm^2。长期施用有机肥能够改变土壤不同粒级的组成，促进土壤团粒结构的形成，改善土壤的理化性质。实验表明，施用 1.0% 生物有机肥的土壤细菌和放线菌数量比对照显著增加，土壤微生态环境改善、土壤肥力提高。

5. 盐碱地设施蔬菜水肥一体化技术

水肥一体化技术是借助低压灌溉系统，包括首部枢纽和田间输水管网，将肥料溶解在水中，在灌溉的同时进行施肥，将水分和养分运送到根部附近的土壤，适时适量地满足作物对水分和养分的需求，使作物按需灌水和施肥，实现肥水同步管理，提高肥水利用效率，达到节本、增产和提质增效的目的。目前生产中常用的灌溉方式主要包括滴灌、微喷、涌泉灌（小管出流）及喷灌（喷水带和立式喷灌）等。

根据盐碱地的实际情况，通常选择膜下滴灌模式。滴头间距一般采用 30 cm，需水量较大的可采用 20 cm。在每次实施时一定要注意的事项，一是滴灌滴水孔出水口向上；二是先灌溉 20～30 min 清水再施肥；三是施肥结束后务必再继续灌溉清水 20 min 左右，使灌溉肥料养分充分渗透作物的有效根区附近，不至于使肥料溶液停留在土壤表层。

（三）效益分析

以种植一茬白菜为例，该技术能使 0～20 cm 土壤的盐碱性状得以明显改善，土壤有机质含量显著增加，土壤 EC 值被控制在适宜蔬菜生长的范围内，土壤 pH 值大大降低；增施有机肥后显著提高了蔬菜叶片维生素 C 含量，使硝酸盐、丙二醛含量大大降低。该技术显著提高了蔬菜生产的效率，劳动用工从每亩10～20个下降到1.0个以内，大幅度降低了生产成本，减少黄河三角洲蔬菜设施生产60%的农药施用量，减少2%～5%的肥料施用量，单产潜力提高30%以上。2021年以来，该技术在惠民县、沾化区、垦利区、利津县等开展了连续3年的大面积集成研发应用，蔬菜生产成本从传统的每千克超过0.8元，逐渐下降到0.5元，生产效益不断提升，产品竞争力逐年提高。

种植一茬白菜，土壤淋盐培肥技术模式的综合效益一般可达2 300～2 500元，比传统种植技术提高效益700～800元，劳动力投入从10个工降到2个工，因此深受广大农民欢迎，直接生产成本竞争力接近国际先进水平。据山东省东营市河口区2021年春季白菜示范现场验收结果，按商品白菜鲜菜收购价格2.0元/kg计算，一季亩平均产值2 391.8元，总成本673.9元，投入产出比为1∶3.55（表1、表2）。

表1　盐碱地蔬菜（一茬白菜）设施土壤淋盐培肥技术模式环境成本控制设计方案

作业环节	传统技术/（元/亩）	淋盐培肥技术/（元/亩）	增减/（元/亩）	新技术方案
种子	200	160	-40	提高品种的单产、抗病性和抗倒性，精量育苗技术
耕播	120	100	-20	机械化移栽装备，翻耕、开沟、灭茬、有机肥、土壤调理剂同播
防害虫	60	10	-50	采用种子包衣处理技术，实现设施及苗期防虫防病
肥料	210	150	-60	设施水肥一体化，定位浇水施肥技术
病害防治	80	60	-20	抗病品种+设施防控技术
土壤改良	230	140	-90	设施装备+土壤淋盐+培肥技术
其他人工	60	45	-15	减少人工管理及采收等成本
合计	960	665	-295	

表2　2021年山东省不同区域白菜生产情况调查表

县市	实收亩产量/kg	亩生产成本							亩产值/元
		种子/元	肥料/元	药剂/元	育苗/元	移栽/元	用工/元	合计	
惠民县	1 181.2	119.1	281.3	22	150	80	1.8	654.2	2 362.4
沾化区	1 213.5	115.3	275.9	31	165	79	1.3	667.5	2 427.0
阳信县	1 200.3	114.6	294.2	19.0	169	81	1.3	679.1	2 400.6
垦利区	1 196.4	118.2	297.0	28	157	78	1.7	679.9	2 392.8
利津县	1 196.7	127.4	284.6	28.1	163	83	1.6	687.7	2 393.4

（续）

县市	实收亩产量/kg	亩生产成本							亩产值/元
		种子/元	肥料/元	药剂/元	育苗/元	移栽/元	用工/元	合计	
广饶县	1 193.5	116.7	273.8	25	171	85	1.9	673.4	2 387.0
滨城区	1 189.8	119.8	284.5	23.5	159	87	2.0	675.8	2 379.6
平　均	1 195.9	118.7	284.5	25.2	162	81.9	1.7	673.9	2 391.8

三、山东省加快土壤淋盐培肥技术模式推广的做法

（一）广泛调研，强化政策引领

山东省农业农村厅组织有关专家，每年坚持深入黄河三角洲土壤盐碱化重的县市开展基层调研，摸清盐碱地农业生产情况，突破瓶颈，2022 年完成了《山东省盐碱地生态渔业发展规划（2022—2030 年）》。围绕“科技创新引领支撑盐碱地特色农业产业发展”主题，2023 年山东省农业农村厅联合中国农业科学院、东营市人民政府等单位，组织召开了“盐碱地特色农业发展会议”。2023 年 9 月，为统筹推进山东省盐碱地等耕地后备资源综合利用试点工作，协调解决试点推进中的重大问题，根据工作需要，山东省政府决定成立山东省盐碱地等耕地后备资源综合利用试点工作领导小组。2024 年 7 月，山东省政府新闻办召开新闻发布会，介绍山东省盐碱地综合利用工作成效，山东省因地制宜、分类施策、科学治理，初步探索出一条具有山东特色的盐碱地综合利用之路。2019—2024 年，全省在蔬菜科技创新、生产发展、轮作试点、蔬菜基地建设、多功能开发利用、蔬菜品牌创建等方面累计整合落实支持资金 30 亿元左右。

（二）做好顶层设计，开展联合攻关

山东省科技厅、农业农村厅，整合山东省农业科学院、山东农业大学、青岛农业大学等科研院校的科研优势，积极吸收国家蔬菜产业技术体系、国家重点研发计划、山东省蔬菜产业技术体系、山东省重点研发计划等最新科技成果，引进国外先进技术，建立联合攻关团队，将过去分散的单一生产技术，集成标准化、模块化的盐碱地蔬菜新型产业技术规程，推进了盐碱地蔬菜新技术的转化应用。从 2021 年开始，对黄河三角洲蔬菜生产县市的农业技术推广队伍、种植大户、家庭农场等开展“蔬菜设施土壤淋盐培肥技术”培训 10 余次，打造了一支引领蔬菜高效栽培、涵盖生产管理、生产主体、技术供应一条龙的综合服务队伍，为设施土壤淋盐培肥技术

模式迅速普及发挥积极的作用。

（三）助力示范推广，强化现场观摩

农机农艺高效融合，助力蔬菜设施土壤淋盐培肥技术模式推广应用，着力在优质高产品种、盐碱土壤改良、全程机械化、节水节肥节药、绿色生态保护等领域开展集成创新、技术示范和推广应用。2021—2023 年山东省累计示范推广盐碱地蔬菜绿色高效模式 1 130 万亩，亩平均纯收益 5 123.08 元，增产增收成效显著。

（四）种植耐盐碱品种，确保蔬菜优质稳产

通过公开征集品种、田间展示比较、专家现场考评、双低品质检测、种子市场抽检等程序，优选符合“设施土壤淋盐培肥技术模式”要求的耐盐碱新品种，积极推进标准化栽培技术规程。在垦利区、利津县、沾化区等地开展设施地上式隔盐栽培槽、膜下滴灌、水肥一体化、盐碱土壤调理剂和有机肥料施用效果试验及技术培训会，推进设施土壤淋盐培肥技术模式与菜农直接对接，加快新技术产业化进程。

（五）重视品牌引领，推进新技术模式产业化进程

为促进盐碱地生产的蔬菜进入消费市场，打通产品生产、加工和市场链条，2021 年以来，围绕做强黄河三角洲蔬菜品牌，山东省强力扶持龙头企业、培育品牌产品、增加产业投入。2021 年以来，东营、滨州两市积极支持蔬菜企业开展品牌宣传、发展订单生产、拓展销售网络、强化购销运储，推进优质蔬菜进校园进社区进机关进超市，着力做活零售市场，做强团购市场，做大批发市场，做优电商平台。强化宣传，培育知名品牌，做到“一村一品牌，一村一特色”。惠民县、阳信县、滨河区、沾化区 4 个滨州蔬菜品牌，结成联盟，抱团闯市场；龙头企业抱团参加食博会、农博会、农交会，形成黄三角盐碱地蔬菜品牌宣传合力，让“设施土壤淋盐培肥技术模式”发挥更大的作用。

【案例点评】

盐碱地既是农业可持续发展的制约因素，也是潜力巨大的耕地后备资源。习近平总书记在考察黄河三角洲农业高新技术产业示范区时强调，“18 亿亩耕地红线要守住，5 亿亩盐碱地也要充分开发利用”。推广种植耐盐碱蔬菜并产业化，是落实习近平总书记重要讲话精神、推动盐碱地生态保护和高质量发展的重要举措。制约盐碱地蔬菜产业发展的主要障碍因素有两个：一是土壤盐碱度高，二是淡水资源缺乏，生产不出高产优质的蔬菜产品。该案例的亮点，是山东省蔬菜科研及推广部门能深入调研产业发展趋势和国际国内形势，找准产业发展的技术瓶颈，充分协调科

研资源、管理资源、蔬菜生产主体，以国际化的视角确定盐碱地蔬菜发展的新方向和新目标，积极筛选培育新品种、机械装备、新肥料等技术产品，开展集成组装、技术培训、试验示范，形成具有黄河三角洲特点的蔬菜种肥药机一体化新型技术模式。该模式的成功推广是对科研、推广等相关部门善于适时关注产业发展动态，主动创新重大关键技术，针对全产业链不断发力，推动蔬菜产业高质量发展的生动诠释。

（山东省农业科学院蔬菜研究所：高建伟、李景娟、李程、
张一卉、李俊林、董晓霞、郭洪恩）

主要参考文献

董晓霞，马征，刘盛林，等，2020. 盐碱地设施蔬菜土壤淋盐培肥研究进展 [J]. 山东农业科学，52(11): 150-153.

李振声，欧阳竹，刘小京，2011. 建设“渤海粮仓”的科学依据——需求、潜力和途径 [J]. 中国科学院院刊，26(4): 371-374.

山东省农业农村厅（山东省乡村振兴局），2022-12-23. 关于印发《山东省盐碱地生态渔业发展规划（2022—2030 年）》的通知 [EB/OL]. http: //nync.shandong.gov.cn/zwgk/tzgg/tfwj/202212/t20221224_4199193.html.

山东省人民政府新闻办公室，2024-6-28. 山东举行盐碱地综合利用工作成效新闻发布会 [EB/OL]. http: //www.scio.gov.cn/xwfb/dfxwfb/gssfbh/sd_13840/202407/t20240701_853819.html.

王光飞，高晓东，马艳，2020. 生物有机类复合调理剂在设施叶菜障碍土壤上的应用效果 [J]. 中国土壤与肥料 (2): 56-65.

杨园媛，贾圣青，杨辉，2020. 土壤调理剂与酵素施用对土壤理化性质及甘蓝产量的影响 [J]. 蔬菜 (2): 14-19.

张建青，2024. 不同水肥一体化技术模式在生产中的应用 [J]. 农业开发与装备 (10): 187-189.

案例二十

盐碱地设施番茄精准高效种植技术

一、基本情况

据测算我国盐碱地总面积有近 15 亿亩，约占世界盐碱地总面积的 1/10。我国盐碱地中近 1/3，也就是 5 亿亩具有开发利用的潜力，是我国重要的后备土地资源。我国盐碱地分布较广，主要包括中西部干旱半干旱地区以硫酸盐－氯化物为主的盐碱地；东北地区以碳酸盐为主的苏打盐碱地，以及东部沿海以氯化物为主的滨海盐碱地。其中滨海盐碱地主要分布在山东省、江苏省、河北省等地，是我国重要的盐碱地类型之一。

番茄是我国重要的大宗蔬菜之一，在全国各地均有栽培，我国番茄生产面积和总产量均居全球首位，总产量 6 500 余万吨，接近全球的 1/3。随着栽培设施条件的改善，番茄无土栽培逐步开始应用，无土栽培分为固体基质栽培和水培，固体基质通常有草炭、蛭石、珍珠岩复合基质，也有岩棉、椰糠等单一基质。因其不受土质、水利条件的制约，因此成为许多沙漠、戈壁、荒原、盐碱地等难以耕种地区的主要生产方式。

针对盐碱地番茄种植，专家以及生产者都进行了大量适应性的探索，开发了多种适宜盐碱地的番茄无土栽培种植模式，其中盐碱地设施番茄精准高效种植技术在山东省、河北省、宁夏回族自治区、青海省、辽宁省、江苏省、天津市等盐碱地、戈壁地区设施种植中推广应用，有效推动了土地的高效利用。

二、技术优势和特点

（一）盐碱地设施番茄精准高效种植技术简介

盐碱地设施番茄精准高效种植技术，采用无土栽培模式，将环境调控、肥水管理、通风换气、清洁生产融为一体，以岩棉、椰糠等作为栽培基质，双茬口或越冬一大茬栽培。该技术将信息技术、智能装备与农业生产结合，在环境控制器和水肥一体化设备中集成动态调控策略和方法，并根据番茄果型、环境控制结果、基质特性等判定肥水供给参数，进行全自动的检测、配比和灌溉，同时根据生产条件，配套营养液回收消毒技术装备，实现营养液的循环利用和零排放生产，从而隔离盐碱地，并减轻环境压力。控制系统通过物联网平台和 PID 控制技术实现环境和肥水的精准管控和远程管理，为盐碱地设施番茄生产提供专业、高效的管理技术和工具。

成果核心部分获北京市新技术新产品认证，提出的营养液连续式调控技术作为部分内容获北京市科技进步奖二等奖和北京市农业技术推广二等奖各 1 项。

（二）盐碱地番茄精准高效栽培技术优势

盐碱地番茄精准高效栽培技术，以岩棉作为主要栽培基质，近年来在山东省寿光市，宁夏回族自治区银川市、吴忠市等地区进行了规模化示范，累计示范面积近400亩，取得了显著的社会效益和经济效益。示范区番茄产量可达35～40 kg/m^2，较传统土壤栽培增产超过20%；肥水利用效率提高1倍以上；与日光温室相比，获得相同产量可节约生产用地2～3倍，建造用地4～5倍，土地利用效率显著，亩均经济效益10万元以上；该技术模式采用营养液循环利用管理方式，可节水节肥30%以上，实现了农业零排放生产和可持续发展，环境与肥水信息采集和管控均实现自动化，同时通过数字化智能管控技术辅助决策，可省工近1/3。

（三）盐碱地番茄精准高效栽培技术核心

1. 品种选择

选用优质、抗病、高产、连续坐果能力强的无限生长型番茄品种，专用品种最佳。

2. 育苗技术

（1）基质选择。番茄育苗选用成品岩棉塞和岩棉块。育苗专用穴盘10×24孔，岩棉塞（带托盘）。也可以用128孔穴盘放岩棉塞育苗替代。苗龄期根据季节不同，25～50 d。嫁接苗或双头苗时间则需要30～60 d。

（2）种子处理。先用55～60℃热水浸种20 min，然后用10%磷酸三钠浸种25 min，再常温浸种6 h，可杀灭大多数病菌，同时还可起到钝化病毒的作用，注意包衣种子不进行浸种处理。浸种后放入恒温箱内，保持25～28℃进行催芽，催芽过程每天用清水冲洗，以保证催芽过程中纱布的湿润性及透气性。大多数种子2～3 d可以发芽。

（3）播种。采用穴盘育苗，在穴盘孔穴中放入直径大小一致的岩棉塞。播种前将放入岩棉塞后的穴盘，用EC值为1.5～1.8 mS/cm的番茄专用营养液浸泡，将处理后的种子（包衣种子直播即可）播入岩棉塞，在25℃条件下，密闭遮光催芽，待种子萌发后，再在上面覆盖0.5～1 cm厚的蛭石，促使根系向下伸展，子叶去壳出土。

（4）移栽。育苗期温度应保持在25℃左右，出苗前应保持较高的温湿度。出苗后，白天温度可控制在20～25℃，夜间10～15℃，为防止发病，降低育苗室湿度。当番茄小苗长到2片真叶时，就需要将带小苗的岩棉塞移栽到岩棉块中。将岩棉块摆放到育苗床，或顺向摆放到岩棉条上，再将滴灌插头插入岩棉块中，用EC值为2.0～2.5 mS/cm的营养液浸透岩棉块。然后将小苗移栽到岩棉块中，促使形成更多的根，为以后番茄高产提供保证。移栽一周后，检查番茄苗生长情况，将生长不好、节间较短的苗拔除，并补上健壮小苗。移栽后到定植前不需要浇太多的水，通过控水促进根系生长，在岩棉块明显变轻捏不出水时再给水。

（5）插杆。为缩短苗期在生产中所占用的时间，岩棉栽培可采用大苗定植，即当番茄第一穗花开花乃至开始坐果时，再移入种植区，定植到岩棉条。因此当番茄长到 30 cm 左右，及时插杆扣环扶正幼苗，防止番茄倒苗。

3. 生产管理技术

（1）定植管理。定植前，需要完成岩棉栽培所需栽培架、栽培槽、控制系统、灌溉系统、回液系统及消毒装置的安装调试。定植时，先将岩棉条摆放到栽培槽上，插入滴箭，定植前用 EC 值 2.0～3.0 mS/cm 的营养液将岩棉条浸透，放置 24 h 后，在岩棉条下部开排水口，将多余的营养液排出，回收。岩棉条上部根据定植密度和岩棉块大小开定植孔，当番茄第一穗花序开始坐果时，开始将岩棉块顺向放入岩棉条定植孔内，使根系伸入岩棉条，扩大根系营养面积，并将滴箭插到岩棉块上。注意番茄岩棉栽培在开花之前需要一段营养生长控制时期，如果移栽时直接将岩棉块放入岩棉条定植孔内，番茄营养生长旺盛，从而影响生殖生长。定植后一星期内应尽量减少操作，避免晃动植株，以免影响新生根系。

（2）密度管理。岩棉栽培番茄，初始密度根据温室结构和岩棉条规格，每米可摆放 4 个岩棉块，块间距 25 cm。行间距 1.6～1.8 m，行间可布置加热管道兼采摘车轨道。亦可采用双 / 多蔓整枝、双株定植或双头苗的方式来增加定植密度。生产过程中，须根据季节和光照情况，对密度进行动态调整，以充分利用光热资源达到增产的目标。

（3）控制系统。控制系统主要是进行营养液配比、灌溉、回收液管理、环境监测的综合控制，实现养分水分的综合调控。条件允许可与温室环境监控系统共同结合，建立物联网综合管理体系。灌溉控制不仅考虑植株的生长状况，还要考虑环境条件。因此，可将温室已有的环境监控系统融合，将采集的环境参数用于灌溉系统的决策模型，同时，也可根据植株生育期的生长需求，通过控制系统反馈到环境控制系统，进行环境的综合调控。

4. 生产农艺操作

（1）整枝。番茄可采用单蔓整枝或双 / 多蔓整枝；单蔓整枝法是目前番茄栽培上普遍采用的整枝方法。进行单干整枝时每株只留一个主干，把所有侧枝都陆续摘除。双蔓整枝法是当光照条件转优或增加密度需求时，在单干整枝法的基础上，除留主干外再选留一个侧枝作为第二主干结果枝，一般应留上面数第一花序下的侧枝，可以很快与主干平行生长、发育，双干整枝法的管理分别与单干整枝法的管理相同。多蔓整枝方法类似双蔓整枝，在需要加密时选留适宜花序下的侧枝。

（2）吊蔓、绕蔓。番茄定植扎根后，需要开始吊蔓，绕蔓，并及时打杈。打杈是将多余的分枝去掉，有利于植株通风透光，避免养分无谓地消耗。打杈的方法有推杈和抹杈两种，尽量减少手与茎蔓的接触。在定植初期，打杈整枝可以适当晚一些，让侧枝长到 6～7 cm 时再进行，有利于增加叶面积，多制造养分，以后的整枝打杈应在侧枝长到 1～2 cm 时，以免过多地消耗养分。打杈应在晴天进行，有利于伤口愈合，避免在阴雨天、湿度过大时进行，以免发生病原菌感染。对于病毒病等带病植株应单独进行整枝打杈，避免人为传播病害。结合整枝打杈还应进行绕蔓及株型矫正，及时摘除老叶、病叶及失去功能的无效叶片。

（3）授粉。番茄岩棉栽培规模较大时通常采用熊蜂授粉，熊蜂授粉需要注意熊蜂量和面积的匹配，避免开花量不够造成的过度授粉以及熊蜂数量少造成的授粉不足，此外在用药的时候要按照要求移出熊蜂。当规模不大也可采用人工辅助授粉，人工授粉应在每穗花序花朵刚开展，用电动震荡棒震荡番茄花穗基部，可促使花粉散落促进受精，人工授粉应在10—12时进行，每隔1～2 d授粉1次，授粉适宜温度在18～28℃。

（4）疏花疏果方法。番茄岩棉栽培属于长季节栽培，一般一年一茬或两茬，平均每株番茄可长到20穗果以上，为了保持果实大小一致，可采取疏花疏果措施，大中果保持每穗4～6个果，樱桃番茄保持每穗12～14个果。以大中果为例，疏花时每穗选留5～6朵正常健壮的花蕾，其余花蕾全部疏掉，特别是要疏掉第一花穗中的第一朵最早开放的花，这是争取早熟和第一果穗产量的关键措施。待每穗果坐齐后，再及时疏掉畸形果、特小果，每穗保留较整齐的4～6个果。

（5）打叶。番茄每穗果采收后应及时剪除老叶，并落蔓。打叶中番茄最底部的一穗果达到绿熟期，即果实由绿变白、果实完全膨大、开始变红之前，其上面的叶片不能打掉，其下面的叶片可以打掉。打叶时，每次以2片为宜，不能过多。打叶应在晴天的12时左右，以免伤口感染。打叶的间隔时间以10 d左右为宜。

（6）落蔓。当番茄的茎接近吊绳顶部后，需要及时落蔓。将吊蔓钩从悬挂绳上取下，翻转放绳，将茎蔓小心落到落蔓架上，茎秆上方留出15～30 cm的空间，茎蔓落好后，重新将吊蔓钩挂到悬挂绳上，尽量保持番茄头部高度一致。注意要顺着茎蔓的弯向引蔓下落，不要硬打弯，避免折断或扭裂茎蔓。落蔓前可适当控制浇水，降低茎蔓组织中的含水量，增强茎蔓组织的韧性；一般可安排在晴暖的下午进行。

（7）打顶方法。岩棉栽培番茄通常周年生产，番茄为无限生长型，为获得高产生产期间不需要进行打顶处理，使其持续生长坐果。若生产有需要换头及结束生产前，则可将植株顶芽摘去，叫打顶或摘心。打顶时，顶部应留2～3片叶，以制造养分供下部花果生长，并起遮阴作用，防止果实受强光直射。打顶应在晴天进行。

5. 环境控制

（1）温度控制。番茄温度控制夏季以白天28～30℃，夜间20～22℃，冬季以白天保持20～25℃，日落到午夜保持15～16℃，凌晨到日出前保持18℃为宜。温度控制可由管理人员根据生产经验进行人工控制，通过展开遮阳网、开通风窗、湿帘风机等进行降温；通过覆盖保温幕、辅助加温设备等进行增温。条件允许，可将环境控制设备与灌溉控制系统连接，根据植株的生长状况进行环境温度的调控。

（2）湿度控制。番茄需要空气相对湿度60%～80%，当温室内湿度较大时，可通过通风降低空气相对湿度，冬季还可通过加温降低空气湿度，当湿度较低时，可通过高压喷雾设备和合理植株密度调整来提高温室内相对湿度。湿度控制，可通过计算机程序控制电机开关来实现自动控制。

（3）光照控制。番茄是喜光植物，充足的光照有利于花芽分化，可促进坐果和提高产量与品质。种植中可通过合理密度调整、整枝打杈等一系列栽培措施，创造良好的光照条件。夏季光照过强时，可通过控制内外遮阳网的开关来调节，同时也可降低室内温度。当光照不足时，可通过控制补光灯进行温室补光，补光强度应不低于 200 μmol/（$m^2 \cdot s$）。

（4）CO_2 控制。番茄光合作用所需要的 CO_2 在 800 μL/L 以上。夏季由于经常通风，温室内 CO_2 可以得到一定补充，而在冬季，中午温度较高时也应加强自然通风来补充室内 CO_2 含量。此外，在不通风时段，可通过 CO_2 施肥机和通风施肥管道来实现进行 CO_2 施肥。在栽培行间，布置通风通气管路，CO_2 施肥机产生 CO_2，通过管道系统输送到株间，进行补充施肥，增强光合作用。同时该管路也可以用于温室植株间的臭氧消毒通道。CO_2 施肥和臭氧消毒都可以连接到肥水控制系统进行统一自动控制。

6. 水肥一体化灌溉与排液管理

灌溉控制可采用番茄岩棉栽培智能控制系统来实现，根据环境条件和番茄的生长发育进程，进行营养液的决策和自动检测、配比、灌溉，从而实现肥水管理的自动化与智能化。

（1）灌溉时间段。系统根据传感器检测的光照情况，每天自动判定灌溉启动时间和结束时间，以适应不同季节的日出时间变化，实现系统全自动运行。

（2）灌溉决策。通过传感器、水肥一体化设备与控制系统的配合，按照番茄的类别、生育期、环境条件，预测番茄植株生长状况和肥水需求，形成 4 种灌溉决策方法，并建立灌溉决策模型，内置于控制程序，完全响应环境变化和植株生长需求，进行灌溉时间、灌溉量、灌溉液浓度（EC）、酸碱度（pH 值）的调节，从而实现营养液的自动检测、配比、灌溉等精细化管理。

（3）排液管理。采用营养液全封闭式循环栽培系统，通过水肥一体化设备、控制系统、回液管路、消毒装置的配套使用，实现番茄生产营养液的全部回收利用，实现农业生产的零排放。对于回收的营养液进行消毒处理，采用生物和物理的方法进行营养液消毒，并实时监测回液量，进行营养液的重复利用。

7. 植保防治

本模式采用无土栽培，规范化、数字化管理，可大幅减少病害发生。防治中本着“预防为主，综合防治”的方针。采用物理和生物防治为主，科学使用低毒、低残留药剂防控的综合防治技术。通用方法包括在设施出入口和通风口挂置防虫网，在设施内悬挂黄板，释放天敌昆虫以及使用低毒低残留化学药剂，释放适宜浓度臭氧消毒等综合防治方法；同时在田间操作中病株和健康株要分开管理，及时清除病残体，并带至棚外进行无害化处理，避免交叉感染。此外，因番茄为连续坐果、持续采收的蔬菜，生食为主，开展药剂防治时应避开采收时间，且严格按照农药标签推荐用量，遵守药剂安全使用间隔期；注意轮换交替用药，避免病虫害产生抗药性。常见病虫害的具体防治方法如下。

（1）番茄茎基腐病。苗期至成株均可染病，主要为害番茄茎基部。防治措施：①夏季高温闷棚，温度60℃以上连续一个星期。②做好基质消毒、培育无病壮苗。③加强田间通风管理，避免湿度过高。④药剂防治：定植前使用噁霉灵蘸根；发病初期茎部喷施噁霉灵、霜霉威、精甲霜·锰锌或苯醚甲环唑等。维管束变成黑褐色的植株应立即拔除，并做好消毒。

（2）番茄早疫病。苗期至成株期均可染病，可侵害叶、茎、果实。防治措施：①选用抗病品种。②加强栽培管理，及时清除病叶、病果、残枝。③调节棚内温湿度，使湿度低于80%，抑制病害发生。④药剂防治：可在发病初期采用叶面喷施异菌脲、氟菌·戊唑醇、嘧菌·百菌清、苯醚甲环唑或代森锰锌等。

（3）番茄晚疫病。全生育期均可发生，低温高湿易导致病害流行，幼苗、叶、茎和果均可受害，以叶和青果为主。防治措施：①选择抗病品种。②培育无病壮苗。③田间管理控制湿度，抑制病害发生。④药剂防治：可用丁子香酚、几丁聚糖、霜霉威、烯酰吗啉或霜脲锰锌等进行喷雾；也可用百菌清烟剂熏蒸。

（4）番茄灰霉病。主要发生在花期和结果期，低温高湿下易发，为害花、果实、叶片及茎。防治措施：①加强通风管理，及时通风，降低湿度，防止结露。②人工摘除病果、病叶和侧枝，带出温室妥善处理，防止病菌飞散传播。③药剂防治：可用木霉菌、哈茨木霉菌、扑海因、嘧霉胺、腐霉利或多菌灵喷施。连阴雪雾天，宜采用烟雾剂熏蒸。

（5）番茄病毒病。全生育期均可发生，夏季高温干旱易发，为害番茄叶、茎和果实等部位，有花叶型、蕨叶型，条斑型、卷叶型、坏死型等表现。防治措施：①选用抗病杂交品种。②通过种子和种苗蘸根消毒。③田间管理注重通风、控温。④加装50～60目防虫网，切断粉虱等害虫的进入途径。⑤药剂防治：预防可叶面喷施氨基寡糖素等植物免疫诱抗剂；发病期可用肽霉素、宁南霉素或吗啉胍·乙酸铜等喷施，同时可配合叶面补肥，喷施芸苔素内酯或复硝酚钠等调节剂。同步防治蚜虫、粉虱等害虫。

（6）蚜虫、烟粉虱、斑潜蝇。全生育期可发生，为害叶片、花、茎、果实，通过吸食汁液或潜食叶肉，使叶片卷曲变黄、留下曲折蜿蜒的瘢痕等，影响生长，最主要的危害是传播病毒病。防治措施：①加装50～60目的防虫网。②张挂粘虫黄板。③田间管理，注重控制温湿度，保持温室密闭性，减少外源带入。④药剂防治：预防可用苦参碱喷雾，发病后可用苦参碱、啶虫脒、吡虫啉或阿维菌素等均匀喷施。

（7）潜叶蛾。全生育期可发生，为害叶片、顶梢、腋芽、嫩茎以及果实，通过潜食叶肉，蛀食生长点，钻蛀果实、嫩茎等影响植株生长。防治措施：①加装50～60目的防虫网阻隔。②田间管理，使用无虫苗，保持温室密闭性，减少外源带入。③使用蓝紫光诱虫灯（波长 360～380 nm）诱杀。④生物防治：性信息素诱杀成虫、迷向丝或迷向管干扰交配；采用姬小蜂、烟盲蝽、赤眼蜂和瓢虫等进行天敌防治。⑤药剂防治：溴虫氟苯双酰胺、氯虫·高氯氟、虫螨腈·氯虫苯甲酰胺、甲氨基阿维菌素苯甲酸盐、乙基多杀菌素和苏云金杆菌等具有较好的防治效果。

三、推广应用情况

2014—2024 年，宁夏回族自治区科学技术厅、宁夏大学、宁夏农林科学院、寿光市政府、寿光市农业农村局先后与北京市农林科学院智能装备技术研究中心合作，在宁夏银川园艺产业园、吴忠国家农业科技园区、山东寿光全国蔬菜质量标准中心智慧农业科技园开展相关研究并整套示范应用了设施番茄精准高效种植技术。2019—2020 年在山东省寿光市建立了两栋共计 8.8 hm^2 的示范园区，进行番茄规模化生产。整套技术将环境调控、肥水管理、通风换气、清洁生产融为一体，涵盖水源处理、环境调控、二氧化碳增施、臭氧消毒、肥水管理决策、营养液回收利用、育苗与栽培管理技术、智能化作业装备、智能控制与服务系统等全生产链，实现了番茄的全程高效生产和智能化精准管理。该技术参与了“十三五国家重点研发计划两减重点专项现场观摩”，山东省潍坊市 2020 年“双招双引”和创新提升“三个模式”重点项目建设情况现场观摩和评议等，被评为创新提升“三个模式”优质项目。整套技术在宁夏回族自治区应用，岩棉栽培番茄产量达到 48 kg/m^2，折合亩产 3.2 万 kg，较土壤栽培增产 30% 以上。在资源高效利用方面，与土壤滴灌相比，节水节肥 15%～30%，提高肥水利用效率 1 倍以上，省工可达 1/3 以上。该技术模式是一种以科技换产量的农业生产新模式。通过生产应用验证，设施番茄精准高效种植技术，通过全流程的综合管理，为盐碱地以及非耕地番茄生产提供了一套可推广、可复制的系统解决方案。

【案例点评】

该技术在国家自然科学基金、“十三五”国家科技支撑项目子课题、宁夏重点研发计划项目、宁夏科技攻关课题等系列项目支持下，开发了相关技术与配套装备系统，且智能化程度较高，带动了农业生产模式的转变和农业生产效率的提升。其中灌溉管理采用北京市农林科学院智能装备技术研究中心自主研发的封闭式水肥一体化装备与全自动智能控制系统，实现节能、高效、清洁、零排放生产。定植时在主界面输入植株、灌溉等基本参数，系统根据作物类型、需水需肥规律、生长环境按需供给肥水，实现全自动化管理、均匀精准供给；结合营养液回收消毒技术，实现营养液的封闭式循环利用；智能控制系统采用模块化管理，通过物联网云平台与 PID 控制技术实现环境与肥水的精准管控和远程管理；系统根据需求提供定制化配套，配备环境与灌溉参数监测与记录功能，广泛适用于科研与生产；该技术在降低生产的劳动强度，在实现资源的高效利用、环境可持续发展等方面效果显著。

实际应用时，可根据实际需求进行配套，通过适配技术的集成应用，实现盐碱地番茄的高效种植。整套技术不受土壤条件、质量、土传病害的影响，可广泛适用于盐碱地、戈壁、沙漠等地区的番茄生产。

（北京市农林科学院智能装备技术研究中心：徐凡、郭文忠）

主要参考文献

常尚连，王文倩，郭新霞，等，2022. 黄河三角洲地区盐碱地设施番茄高效栽培集成技术 [J]. 农业科技通讯 (10): 226-228.

盖叶璇，徐清云，罗广宇，等，2025. 番茄潜叶蛾发生特点及防控技术 [J]. 现代化农业 (2): 21-23.

顾丽梅，2024. 山东滨州设施番茄丰产栽培技术 [J]. 农业工程技术，44(33): 44-45.

李继蕊，王晓，温丹，2024. 黄河三角洲盐碱地杏鲍菇—薄皮甜瓜—番茄设施周年栽培模式 [J]. 中国蔬菜 (3): 139-142.

李新澳，刘元义，王丽娟，等，2024. 设施农业臭氧杀菌闭环控制系统设计与试验 [J]. 中国农机化学报，45(9): 62-68.

刘立杉，2023-5-5. 碱地种柿子结出“甜日子”[N]. 辽宁日报 (5).

欧阳竹，王春晶，娄金勇，等，2022. 构建现代生态循环农业模式，支撑盐碱地农业高质量发展 [J]. 中国农村科技 (12): 15-19.

钱小强，亓文明，2025. 设施口感型番茄主要病虫害绿色防控技术 [J]. 现代农业科技 (2): 72-76.

王胤，贾鑫慧，李锦，等，2020. 5 种杀虫剂对番茄烟粉虱的田间防效试验 [J]. 蔬菜 (11): 55-58.

巫旺，王志寰，高士佩，等，2022. 滨海盐碱地大棚种植方式优选试验研究 [J]. 江苏水利 (4): 1-4.

徐凡，赵倩，贾冬冬，等，2017. 循环式岩棉栽培水肥一体化装备及控制系统研发 [J]. 农业工程，7(4): 45-49.

张凤荣，2023. 分区分类因地制宜综合改造利用盐碱地 [J]. 中国土地 (8): 30-32.

案例二十一

耐盐碱无飞絮柳树新品种选育及高效配套栽培技术

一、耐盐碱无飞絮柳树新品种选育背景

（一）柳树简介

柳树是杨柳科（Salicaceae）柳属（*Salix*）植物的通称，以中国黄河流域为栽培中心，东北、东北平原、黄土高原等均有栽培，是一种原产于中国的树种。柳树在我国已经有两千多年的栽培历史，种植广泛。在全世界有320余种，中国有250余种，遍及全国各地。柳树树形优美，具有很高的观赏价值。对空气污染及尘埃的抵抗力强，适合在都市庭园中生长，尤其是水池或溪流边。无论是在中国古典园林还是现代园林的植物造景中都是常用树种。柳树在黄河流域，被广泛应用于纸浆林、生物质能源林、水系防护林营造，以及富营养化水体和重金属污染土壤治理，对黄河流域防止水土流失、保障林业生态安全及产业发展发挥了重要作用。柳树在水土保持、盐碱地改造、重金属污染土壤与水体修复、城市园林绿化等方面有着广阔的应用前景。

（二）传统柳树苗木产业问题

柳树作为我国重要园林绿化和用材林树种，凭借其适应性强、生长速度快等特点，在苗木产业中占据着重要地位。柳树种苗的生产环节存在较多问题，因苗木生产商生产方式、经营方式和栽培技术落后，栽培密度各不相同，导致种苗粗细不匀、分化严重，质量良莠不齐达不到优质壮苗的要求。与国际先进同行相比，国内苗木生产商在机械化、标准化、容器化、精品化等方面均有较大差距。此外，新技术、新品种、新产品的研发与推广应用尚未形成有效的机制，科研与生产脱节现象严重，知识产权保护力度不够。在生产经营中，因创新投资的长期性和不确定性，导致一些苗木企业对科技创新能力的培养重视程度不够。缺乏相应的科技创新，使得柳树种苗行业的科技含量低、种类少、产量低。在种苗存量中，以一年生苗居多，二三年生苗存量较少，柳树苗多集中于苗木经纪人和育苗专业户手中。

（三）耐盐碱柳树选育对黄河流域生态保护的意义

黄河流域是我国重要的生态屏障，在我国经济社会发展和生态安全方面具有十分重要的地位。黄河流经的大部分生态功能区都是国家主体功能区中的生态脆弱区，这些区域对于黄河流域的生态保护乃至全国的生态安全有着不可替代的重要作用。保护好黄河生态，必须把水土治理作为重大工程，尽量增加植被面积，减少对生态地貌的人为影响，在发展中要统筹好生态保护和产业发展的关系。

我国盐碱地面积9 913万 hm^2，盐碱地的治理一直是国家重点关注的问题。黄河三角洲地区有大面积的滨海盐碱地，其土壤含盐量为0.1%～0.8%，部分地区甚至更

高。多数绿化植物无法适应如此严重的盐胁迫，普遍生长情况较差，甚至无法存活，保证绿化效果的困难极大。针对滨海盐碱地的土壤条件，选育和引进部分耐盐植物、丰富当地耐盐树种的种类，是盐碱地改良的重要途径之一。作为抗逆性较强的园林树种，柳树对各种不良环境条件的适应性较强，柳树在盐碱地不仅可以生存，还能提高土壤有机质含量，进而改善土壤环境条件。研究表明，盐胁迫下柳树通过根系吸收并向上运输离子，可降低土壤中的钠离子含量，因此柳树对改良盐碱土壤有着一定作用。

（四）绿化柳树飞絮问题

柳树是我国的乡土树种，凭借其造型优美、适应性强、成本较低、绿化成景速度快等特点，成为目前城市和园林绿化中使用量较大的乔木树种之一。每逢春季，柳树飞絮问题就会成为市民生活的一大困扰。柳树飞絮是雌树在春季产生的种子，一般在 4 月初开始飘散，高发期 20 d 左右，因北方地区春季雨水较少，柳树飞絮问题更加严重。柳树飞絮会诱发皮肤过敏，导致呼吸道炎症，加重哮喘、慢性支气管炎等呼吸道疾病。还经常堵塞汽车水箱散热片致使开锅熄火，遮挡行人和车辆视线，危害交通安全。飞絮遇明火极易引燃，容易引发火灾，危害公共安全。目前防治杨柳飞絮的主要措施是人工注射药剂、换头、高压水枪喷水等，这些措施不但费时费工成本高，也容易造成二次污染。在同等自然条件下，较之有飞絮品种，无飞絮柳树的生长速度慢 10%～25%。所以在目前的柳树种苗市场中，成林成荫速度快的品种多为有飞絮品种，这也是绿化柳树产生柳絮多且污染环境的一个重要原因。因此，加强柳树遗传改良和新品种选育工作，选育速生无飞絮、适合城镇绿化的杨柳树优良新品种应用于城镇绿化，这是解决杨柳飞絮的根本措施。

二、耐盐碱无飞絮柳树的选育和高效快繁技术的特点和优势

为解决黄河流域生态保护专用柳树良种短缺和扩繁技术落后的问题，本案例项目团队定向选育了 6 个“仁居柳系列”耐盐碱无飞絮柳树新品种，并通过国家林草局审定；创新了柳树一步生根组织培养技术和黄河三角洲地区柳树高效扦插繁殖技术。不仅完善和补充了无飞絮柳树新品种种苗高效快繁和优质苗木培育新技术，而且还解决了生产中缺乏高产、优质、抗逆柳树人工林专用品种、高效快繁和定向育苗技术落后等问题，为耐盐碱无飞絮柳树新品种种苗高效快繁和优质苗木的大面积推广奠定了坚实的基础。

（一）耐盐碱无飞絮柳树新品种选育

柳树作为我国重要的绿化和景观树种，凭借其生态价值，在修复黄河三角洲湿

地和建设黄河下游绿色生态走廊任务中发挥着重要作用。柳树虽具有一定的耐盐碱能力，但适合中重度盐碱地栽培的柳树品种尚未发现，适合此类地区的绿化树种仍是一片空白。除此之外，春季柳树产生飞絮污染环境，也是困扰城市人民生活的问题。因此，选育适合黄河三角洲地区盐碱地生长的无飞絮柳树新品种的重要性不言而喻。

1. 柳树种质资源收集

丰富的种质资源库是新品种选育工作的前提和基础，针对目前柳树种质资源开发利用不足、新品种较少、无性快繁和定向栽培技术落后等柳树资源培育和产业发展问题，深入调研，结合黄河流域柳树育种和生产实际，以耐盐碱柳树和无飞絮柳树品种的选育为重点，进行柳树种质资源的搜集、保存及利用。柳树种质资源的收集有多种途径：在自然环境中采集不同地理来源、生态型、表型变异的柳树种子、枝条或整株植物，确保收集到的种质覆盖广泛的遗传多样性；记录和收集林农长期栽培、选育的地方品种，这些品种往往适应特定环境，具有独特的遗传特征；与国内外的基因库、研究机构进行种质资源的交换，或者从合法渠道购买所需的种子、苗木等材料，以丰富本地区的种质资源库。经过多年的努力，本案例相关企业保存了国内外柳树种质资源 430 余份；成功创制和鉴定出旱柳、垂柳核心种质 300 余份；筛选出雄性柳树种质资源 96 份。

2. 优良性状筛选评价

针对生产中柳树飞絮、耐盐碱和适应性强的柳树品种短缺等问题，通过种间及小种杂交、杂种变异及无性系遗传、优良无性系选育等技术方法的综合利用，通过异地多年多点品种间比较和丰产性鉴定试验，定向选育耐盐碱无飞絮柳树新品种。柳树的优良性状筛选评价通常涉及多方面的考量，以确保选出的品种既符合特定的生态和经济要求，又能体现良好的观赏价值。以下是一些常用的柳树优良性状筛选评价方法：观察柳树的树形、枝条颜色、叶片形状与大小、开花结实情况等外观特征，直接评价其观赏价值；测定柳树的光合作用效率、水分利用率、抗逆性（如耐盐碱、耐旱、抗病虫害能力）等生理指标，以及相关生化成分如蛋白质、次生代谢物含量，以此评价其适应性和生存竞争力；在不同生态区域进行种植试验，评价柳树对不同环境条件的适应能力，尤其是在盐碱地、干旱生境等环境下的存活率和生长状况；利用分子标记技术（如 SSR、SNP）分析种质资源的遗传多样性，评估遗传基础的广泛性，有助于发现特异基因型和有利遗传变异。

本案例定向选育并通过国家审定的 6 个“仁居柳系列”耐盐碱无飞絮柳树新品种，在含盐量 0.3%～0.5% 的土壤上均可正常生长，是适合瘠薄及盐碱地区的营造观赏林的新品种。均可在黄河流域、淮河以北地区及滨海盐碱地区大面积种植和推广，彻底解决了目前我国“无飞絮”柳树专用新品种和良种短缺的问题。

（二）柳树一步生根组织培养技术

植物组织培养技术是一项无性繁殖新技术，将植物器官或组织（如芽、茎尖、根尖或花药）处理后露出原生质体，接种在人工培养基上进行培养，这些器官或组织进行细胞分裂，形成新的愈伤组织。愈伤组织分化产生出植物的各种组织和器官，进而发育成一株完整的植株，所得组培苗可以继承母本优良性状。

本案例团队发明了一种柳树外植体用的一步生根培养基及生根组培方法。通过调整培养基的配方，无须更换培养基即可直接培养出生根的柳树组培苗，极大地简化了柳树组织培养程序，缩短了柳树组培苗培养时间，提高了柳树组织培养的效率，节省了大量人力物力和时间成本；使用此培养基进行柳树种苗快繁，可实现工厂化育苗，种苗性状优良；本发明的培养基可以适用于茎尖、茎段和种胚等多种外植体的组培，扩大了外植体的选择范围，提高繁殖效率的同时也具有更强的普适性。

（三）黄河三角洲地区柳树高效扦插繁殖技术

扦插是一种常见的无性繁殖技术，适合于柳树这类易于生根的树种。扦插繁殖材料来源广泛且易得，繁殖成本较低的同时成活率高，且扦插柳树苗能保持母本的遗传特性，包括生长速度、形态特征及抗逆性等。项目组结合黄河三角洲地区生态特点和土壤气候条件，在传统扦插技术的基础上不断优化，创新了适合本地区的柳树高效扦插繁殖技术。

1. 扦插繁殖技术

（1）材料的收集与制备。每年 6 月选择生长健壮且无病虫害的柳树植株做好标记秋冬季节选择直径 0.5～0.7 cm 的两年生枝条，截取长度 15～20 cm 作为插穗。插条选择时以枝条中部根原基数量最多，其次为基部，梢部最少。剪切插穗应在背阴处进行，使用锋利的枝剪剪出平滑的斜口。随后将插穗分级捆装，开沟沙藏，留作翌年春季扦插使用。

（2）苗圃选择。苗圃宜选在地势平坦、背风向阳的区域，土壤类型以沙壤土或壤土为宜，表层土壤含盐量在 0.5% 以下。苗圃应有良好的灌溉条件，且具备完善的排涝系统。此外，苗圃应有通达的交通条件，以便苗木和生产物资的运输调配。

（3）扦插技术。扦插时间一般选在春季，地温稳定在 10℃以上后即可扦插。每亩地均匀撒施农家肥 2 500 kg 和缓释肥（N-P-K=15-15-15）40 kg，随后机械旋耕整平土地，铺设黑色薄膜保温保湿。扦插前将插穗浸泡在清水中 1～2 d，保证插穗吸足水分。扦插时行距 80～100 cm，株距 20～30 cm，扦插密度以 45 000～60 000 株 /hm^2 为宜，扦插时要注意使插条上的芽点露出地面 2～3 cm。扦插后尽量踏实土壤，及时浇水促进插条尽快生根，浇水后检查插穗的生长状态，如发现插穗周围的土壤被水冲走，导致插穗大部分暴露在外，或因土壤干裂致使插穗暴露在土壤裂缝中，要及时覆土弥缝，确保插穗正常生长。

2. 田间管理技术

（1）肥水管理。柳树有喜水的特性，耐湿性较好，但在相对干旱的环境中也能正常生长发育。因此，灌溉时应结合栽培地区降水情况综合考虑，最好与施肥同步进行。头遍水足量浇灌，二遍水浅灌，植株旺盛生长期多灌、勤灌，生长后期少灌，注意雨季积水要及时排出。柳树发育前期施肥要以氮肥为主，在木质部发育的后期适量增施磷钾肥，一般在5—8月追肥较好。此外，入冬前可以增施有机肥越冬，建议使用厩肥和腐熟的饼肥。

（2）中耕除草。中耕松土能有效降低土壤水分散失，还能避免板结导致土壤透气性下降，促进柳树根系发育。行间出现杂草会与柳树争夺营养，为保证柳树正常生长发育，应及时中耕除草，做到勤耕、勤锄，保持行间土壤疏松无杂草。此外，在大雨过后要及时中耕，切断土壤毛细管，保持墒情的同时除去杂草。夏秋季以后中耕次数应适当减少，中耕时控制深度在20 cm以内，注意不伤害柳树根系、表皮和芽。

（3）适时抹芽与修剪。除中耕除草外，对柳树进行合理抹芽和修剪是保证柳树正常生长的重要环节。枝条扦插后，插穗的地下部分尚未生根，地上部萌发出的萌条应及时摘芽，避免其木质化，减少插穗水分和养分的消耗。当植株生长到10～20 cm时，选择一个粗壮的萌条，摘除多余的枝条，保证其以一个主干生长。抹芽工作要经常进行，除保留主干3/5的枝条外，其余腋芽应全部抹掉。抹芽时应从芽的基部横向连同叶片一起抹掉，注意不要撕破表皮导致病菌侵入。

除适时抹芽外，应根据柳树植株的生长情况进行修剪。对于高度1 m以内、生长状况一般的植株，应在4月将所有侧枝剪除；对于长势较好的植株，将过长的侧枝修剪平齐即可；对于两年以上的柳树植株，只保留上部主要枝干，其余侧枝全部剪除即可。

3. 病虫害防治技术

（1）病害防治。柳树的主要病害为锈病，常见于柳树生长发育初期，受害叶片早期呈卷曲状，随后叶面出现褐色病斑，病斑数量不断增多，面积逐渐扩大，导致柳树落叶。发现柳树感染锈病后，应使用25%粉锈宁可湿性粉剂800倍液喷洒叶片和枝干，喷药3～4次后症状即可缓解，配合2,4-D丁酯使用效果更佳。

（2）虫害防治。柳树春季应注意柳蓝叶甲的为害，喷施敌百虫或菊酯类药物防治即可。夏季可能有蓟马、梨木虱、天牛、柳叶甲等害虫少量出现，使用1.8%阿维菌素乳油4 000～6 000倍液喷雾防治即可。

三、应用推广做法和成效

本案例在柳树品种和技术推广过程中，强化政府的引导作用，以企业为主体，沟通科研院所、专业合作社和农户，建立了立体化多层次的推广应用体系。3 年来在全国推广耐盐碱无飞絮柳树新品种累计 790 万株；带动育苗户 203 户，就业农民工 380 人次，育苗 3 000 亩，造林 7.1 万亩。累计培训技术创新服务人员 567 人次、提供技术咨询服务 800 人次、指导农业科技服务 680 人次，促进了柳树产业的发展和乡村振兴，项目产生了显著的经济效益、社会效益和生态效益。

（一）强化政府政策引导作用

明确政策导向，政府制定清晰的柳树新品种和新技术推广政策，明确推广的重点领域给予优先支持。提供财政资金支持，对采用新品种新技术的农户、合作社和企业提供补贴，降低其初期投入成本。建立有效的激励机制，对在柳树新品种新技术推广中做出突出贡献的个人和单位给予表彰和奖励，激发技术人员和推广人员的积极性。在耐盐碱无飞絮柳树新品种和新技术推广的全过程，建立健全监督和评估机制，定期评估推广效果，及时调整推广策略，确保政策的有效实施。

（二）构建“公司 + 科研院所 + 专业合作社 + 农户”推广新模式

公司对接市场需求，实现产业化运营，还能提供资金支持、技术指导和培训服务。科研院所提供科技支撑，将最新的科研成果转化为实用技术和种植标准，提升整个产业链的技术水平和产品品质。合作社作为连接公司与农户的桥梁，负责组织农户进行标准化、规模化的生产。农户是生产主体，按照合作社和科研机构提供的技术标准进行种植，享受技术支持、资金扶持和市场保障。此模式实现了产、学、研、销的有效整合，促进了资源的优化配置，加快了农业科技成果的转化速度，增强了农产品的市场竞争力，最终达到提高农业生产效率、增加农民收入、推动农业现代化的目的。

（三）建立柳树新品种选育和繁育基地

以企业为主体，科研院所提供技术指导，建立成规模的柳树新品种选育和繁育基地。基地承担新品种选育工作的试验筛选工作，成为企业和科研院所合作创新的平台。同时，基地应用高效扩繁和栽培技术，成批量地生产高规格柳树种苗用于销售，为企业带来经济效益。基地也作为新品种和新技术集成应用的展示平台，在针对专业合作社与农户的技术推广中起到重要作用。

（四）完善新品种和技术推广机制

加强农技推广人员的专业培训，提升其技术服务能力和业务素质，确保新技术能够准确、及时地传递到农户手中。充分发挥农民合作社的组织优势，集体学习新技术，共享新品种，降低单个农户的风险。在田间地头设立教学点，结合实际生产，面对面教授农民新知识、新技术。同时利用互联网、移动通信等现代信息技术，搭建线上服务平台，实现线上线下融合推广。

【案例点评】

柳树是我国的乡土树种，也是最常用的园林和城市绿化树种之一。目前，针对造林和园林绿化优良的雄性无飞絮柳树尚无系统研究，特别是适宜盐碱地绿化的无飞絮柳树在国内更是鲜有报道。本案例中，项目科研人员围绕园林绿化产业中的问题，加强柳树遗传改良和新品种选育。建立了柳树种质资源库，利用核心种质材料定向选育了6个耐盐碱无飞絮柳树新品种，解决了我国“无絮柳”品种短缺的问题。创建了无飞絮柳树高效繁育技术体系，优化了种子繁育、扦插育苗、苗木培育的新方法，制定了2项无絮柳育苗和栽培技术规程。几年来，无絮柳新品种在山东省、陕西省、河南省、广西壮族自治区、内蒙古自治区等地累计推广790万株，有力地带动企业和农户提高收入节本增效。通过品种推广辐射带动柳树产业的发展和乡村振兴，形成了显著的生态效益、社会效益和经济效益。

（山东滨州国家农业科技园区管理服务中心：卢振宇、张开心、刘健；
山东一逸农林科技有限责任公司：杨欢、焦传礼、刘世杰）

主要参考文献

卢振宇，焦传礼，刘世杰，等，2021. 仁居柳2号的选育及育苗栽培管理技术 [J]. 农业科技通讯 (4): 310-312.

宋建翰，2018. 中国柳树文化内涵和景观应用特点初探 [D]. 北京：中国林业科学研究院 .

王春，李树森，2012. 积极培育柳树资源　加快实现林业产业化 [J]. 中国科技博览 (25): 1.

尹翠萍，2020. 黄河三角洲柳树良种推广及丰产栽培技术研究 [J]. 绿色科技 (1): 170-173.

案例二十二

杂交构树盐碱地原土种植技术模式

一、构树盐碱地种植技术现状

构树［*Broussonetia papyrifera*（L.）L'Hér. ex Vent.］属于桑科构属多年生阔叶乔木，自然分布于我国大部分地区，是典型的乡土树种和先锋植物，有着悠久开发利用历史。据考证，我们的祖先在8000年前就开始用石拍加工构树树皮衣服。《诗经》《山海经》《名医别录》《农书》等都有关于构树的记载，诸如剥皮造纸制衣御寒、摘果挖根入药治病、采花打叶食用充饥、割枝加工养猪喂牛等，最著名的四大发明之一的造纸术所用的原料就有构树皮，因此被外国人誉名纸桑Paper Mulberry。

构树种子数量多，繁殖能力强，根系发达，耐干旱、贫瘠，耐重金属，抗病虫害等，适应性强，是荒山、荒沟、荒丘、荒滩及矿区等生态绿化及环境修复的好树种。李育栋研究表明，构树是黄土高原具有对瘠薄干旱、盐碱和酸性土壤等综合抗逆强的8种乡土树种之一。邢尚军等研究发现，构树适宜在黄河三角洲含盐量3‰～4‰的中度盐碱地种植。侯军铭对沧州市盐碱区林木资源调查发现，在52种树木中仅有12种树木在重度盐碱地中分布，其中构树在非盐碱，轻、中、重盐碱区均有分布，显示出较强耐盐碱能力。

构树盐碱地种植管护技术，因不同地域和盐碱含量的高低而采取不同的方法。在黄河三角洲，属于滨海盐碱地，盐碱含量高、地下水位高、矿化度高，土地整理采用地下埋暗管和条台田整地两种整地方式，用直径为110 mm的PVC管作为地下暗管，埋藏深度2 m，管间距12 m；条台田整地要求台面宽1.5 m，沟深60 cm，2年后能显著降低土壤含盐量。造林技术采用客土法和容器育苗配合基盘法造林：客土造林有3种不同处理，即基部加10 cm河沙、10 cm稻糠、5 cm河沙+5 cm稻糠，都能显著提高造林成活率和促进林木生长，加入稻糠无论是从取材还是从经济考虑，都是最好的措施；容器育苗配合基盘法造林，对造林树种的成活、生长存在不同的影响，多数树种都是以草炭50%含量最好，既能保证林木形成完整的根系，增强其抗逆能力，又能躲过土壤返盐季节造林。通过对16种树种进行耐盐性、生长性综合评价，提出构树、绒毛白蜡等对盐碱地具有较强的适应性，可以作为黄河三角洲盐碱地造林的首选树种。在西北黄土高原寒旱盐碱地地区，面对荒山荒滩、陡坡、沟壑等严酷立地环境，通过采用四季栽植、径流林业措施、截干蘸浆深栽保墒、保水剂等旱栽保活技术措施，提高造林成效等，实现盐碱地生态造林。

野生构树有较强的耐抗性，能在中度盐碱地上生长，采用工程措施结合客土等多种手段在盐碱地种栽培植。但造林技术传统，成本较高，同时多为绿化观赏，生态效益突出，经济效益不明显，是产业推广应用亟待解决的问题。

二、杂交构树优势特点与种植技术模式

（一）杂交构树“科构101”优势特点

针对我国生态环境、粮食安全及蛋白质饲料“卡脖子”难题等重大需求，中国科学院植物研究所科技人员以野生构树为研究对象，通过杂交选育、太空搭载结合现代生物技术培育出木本、高蛋白、功能型饲用杂交构树新品种，在保留野生构树优良特性的基础上，克服茎叶毛糙食口性差、鸟吃果实无序传播、根深破坏土层等不足，还具有四大优势。

一是生长快，产量高。在暖温带地区亩产鲜枝叶5t左右；亚热带地区，亩产8t左右；热带地区，亩产高达10多吨；而且一次栽种，多年受益，每年可采收3～6茬，可连续收割15年以上。

二是蛋白质含量高，干物质粗蛋白含量20%以上，在亚热带地区，按每年亩产2t干重计算，折算成净粗蛋白质，1亩杂交构树相当于7亩大豆的产量；而且氨基酸含量高、种类齐全，有18种氨基酸；富含钙和磷等矿物质营养，适口性好，消化吸收率高。

三是富含生物碱、果胶和生物活性物质，叶片类黄酮含量达5.38%，能显著提高动物免疫机能，增强机体抗病力，减少药物、抗生素等的使用，保障健康，降低畜禽水产的死亡率。

四是耐抗性强，适应性广，能在极端最低气温不低于-20℃、含盐碱6‰以下的我国暖温带及其以南地区种植，不仅可作为高蛋白饲料的新来源，还是“四荒地”、沙漠化、荒漠化、石漠化、盐渍化、矿山、废弃地等生态修复的好树种。

各地生产实践结果表明，发展杂交构树“构—饲—畜”一体化生态农牧业，具有“一升二增三降”的效果：“一升”，即提升品质，构饲（杂交构树饲料养殖）猪肉肉质鲜嫩，蛋白质增加10%以上，脂肪降一半左右；构饲牛肉大理石花纹多，呈色好，蛋白质、必需氨基酸和风味氨基酸含量高，脂肪降低一半；构饲羊肉色泽鲜亮，肉质水嫩，DHA（俗称脑黄金）、EPA（常称血管清道夫）含量增加1～2倍；构饲鸡蛋DHA、钙、硒含量显著增加，而胆固醇含量仅为一半。“二增”，一是增强免疫力，不生病，喂养杂交构树发酵料的猪场很少发生非洲猪瘟；二是增加收益，种植杂交构树每亩增收2 000元，养猪每头多赚1 000元以上。“三降”，一是降低养殖成本20%以上；二是降低药物使用，实现无抗养殖；三是降低面源污染，粪便减少，臭味大大降低。

综上所述，杂交构树“以树代粮、种养循环”模式，可有效缓解畜牧业“蛋白总量不足、食品安全堪忧、粪便面源污染”三大瓶颈，是破解我国蛋白质饲料“卡脖子”难题的新途径。同时，见效快、收益高，当年种植当年见效，每亩收入

3 000 元以上，若加工成饲料发展养殖，其产值可达数万元，是致富增收的好产业。

（二）杂交构树盐碱地原土种植技术模式

杂交构树在盐碱地上表现出了较好的适应性，当含盐量在 10‰ 以下、pH 值在 9.0 以下时，成活率能够稳定在 95% 以上，配以适当的园林绿化管理措施，就可以实现原土种植，大幅度降低盐碱地种植成本；当含盐量在 6‰、pH 值在 8.0 以下时，可规模化种植生产蛋白质饲草料，发展生态农牧业。以滨海盐碱地为例，主要的核心技术措施如下。

1. 修筑条、台田和灌、排水系统

结合条、台田整地修建纵横交错的排水系统，做好沟渠护坡措施。条田长度依照实际情况设置，宽度一般在 10 m 左右，所有条田中央由宽度为 4 m 左右的道路连接。主排水沟宽度为 3 m，深度在 1.5 m 左右，沟壁要做出较大的倾斜角度，以降低流水下泄速度，并做好护坡处理。排水沟相互连通并与外界相通，以免防汛期来临排水不畅造成内涝。

2. 土地平整和施足底肥

使用农业机械对土地进行平整。整地完成后开沟，沟宽 20 cm，深 30 cm，沟距 1 m，垄面按 45 000 kg/hm^2 施入有机肥，750 kg/hm^2 施入 NPK 缓释复合肥（具体用量以测土肥力情况而定），旋耕后备用。在种植杂交构树前做宽 50 cm、高 20 cm 的种植垄，垄间距 50 cm，垄面上按照种植密度种植杂交构树。垄不能设计过长，应每隔 10 m 左右设计排水小沟，以便分散排水。排水沟做好后应适当做护坡处理。

3. 盐碱地炼苗和定植技术

适当的炼苗是在盐碱地种好构树的一项关键措施。采用遮阳网搭建约 2 m 高的炼苗棚，把组培苗按适当距离放置在棚里。早晚适时通风，遇强光照、高温放下遮阳网降温，视具体情况结合肥水管理，逐渐延长通风和光照时间，一般经过 10～15 d 的时间，即可培育出壮苗，适时定植。华北地区一般气温稳定高于 10℃时的月份均可定植。幼龄期的杂交构树定植密度选择 1 m × 1 m 为宜，这样可以在保证树体营养供给的前提下充分利用土地。时间选择应避免在阳光强烈的正午进行种植，最好选在每天的傍晚进行。定植时，应尽量保证根系完整不散团。栽植深度不要过深，定植后及时灌足定植水。

4. 生长期田间管理技术

苗木定植后，有一个 2 周左右的缓苗期，在此期间应加强水分管理，视天气情况，可前一周隔天浇水，后一周最少浇两次水。苗木成活后，视实地干旱情况浇水，一般为一周一次，进入雨季后，可以不浇水。苗木停长后，入冬前，适时浇封冻水，以利于苗木安全过冬。每次浇水要浇足量，切勿浇半截水或漫灌。

三、应用推广做法和成效

自2004年以来，先后在滨海盐碱地和内陆盐碱地30多个地方进行试点种植，包括辽宁省金州区、瓦房店市、普兰店区，河北省黄骅市、海兴县、盐山县、曹妃甸区、蔚县，天津市塘沽区、大港区、静海区，山东省东营市、河口区、沾化区、昌邑市，江苏省大丰区、东台市，宁夏回族自治区石嘴山市、吴中区，内蒙古自治区包头市、土默特右旗、奈曼旗，甘肃省兰州市、定西市、凉州区，新疆维吾尔自治区岳普湖县、克孜勒苏柯尔克孜自治州、疏附县、沙湾市等。结果表明，在我国暖温带及以南地区中重度盐碱地上，采取合适的种植方法，加强后期的养护管理工作，达到盐碱地绿化的预期效果，还能加快调整农业产业结构，实现经济效益、生态效益和社会效益的统一，是实现“生态建设产业化、产业建设生态化”的良好树种，具有广阔的前景。

杂交构树作为新型生态农牧业，国家高度重视，2014年国务院扶贫领导开发小组将其列入“精准扶贫十大工程”，截至2020年底，在全国200多个县累计种植突破100万亩，增收致富成效显著，为打赢脱贫攻坚战做出了积极贡献。通过10多年的应用推广，在种苗繁育、采收加工、种养结合、产品开发等板块表现突出，为盐碱地规模化应用推广奠定了基础。主要有以下4个方面。

一是产业技术体系完整。在生产上采用种源良种化、繁育工厂化、种植标准化、采加机械化、养殖科学化的“五化”技术路线。在产品方面杂交构树可以加工成鲜绿料、发酵料、粉末料、颗粒料等，配制畜禽无抗全价饲料，用于生态健康养殖。还可用作食用菌基料，养殖高档菌菇。

二是政策支持体系落地。2015年以来，国家相关部委和单位先后出台了13个关于发展杂交构树产业发展的政策文件。如农业农村部将构树列入国家饲料原料目录，国务院办公厅明确提出杂交构树为“健全饲草料供应体系”新饲草料资源；国务院扶贫办（今国家乡村振兴局）、自然资源部、农业农村部联合发文，允许在一般耕地上种植杂交构树生产饲料；农业农村部将杂交构树纳入“十四五”饲草千亿级产业区域特色饲草品种，加快我国现代畜牧业体系建设。

三是科技赋能有力。中国科学院植物研究所建立了杂交构树良种良法体系，开发了“叶培2.0”高效组培育苗技术，制定了丰产栽培技术指南，牵头实施科技部国家重点研发计划“杂交构树产业关键技术集成研究与应用示范”项目，加大研发力度，强化科技支撑。中国农业大学等70多家单位编制并发布了杂交构树饲草加工与养殖畜禽水产等21个团体标准，使产业发展有可遵循的蓝本。

四是持续宏观支持。为做好巩固拓展脱贫攻坚成果同乡村振兴有效衔接，2021年国家乡村振兴局委托中投咨询有限公司开展“构树扶贫工程专项评价”，委托中国科学院植物研究所开展“构树扶贫工程总结”，组织北京能环科技发展中心开展亚洲开发银行资助的“黄河流域杂交构树生态农牧业环境可持续发展战略研究”等，推进杂交构树产业高质量发展。2022年中国乡村发展自愿服务促进会将杂交构树纳入乡村振兴特色优势产业培育工程，助力乡村全面振兴。

四、典型案例

河北省曹妃甸工业区吹沙填海盐碱地、天津市滨海新区地处渤海退海地，土壤的盐碱含量高，严重制约了城市生态绿化建设和城市景观经济的发展。尽管已探索出暗管排盐、淡水压碱、客土造林等园林工程技术，取得了显著成效。但是，工程设施投资巨大，绿化成本260～500元/m^2不等；同时客土资源和淡水资源有限，易形成次生破坏，难以大面积推广，不符合可持续发展的要求。中国科学院植物研究所等以耐盐碱杂交构树为核心，采用原土种植技术，建立了滨海盐碱地中重度地块“以种适地”模式（图1、图2）。主要结果如下。

种植2个月

第三年生长情况

图1 河北省曹妃甸区盐碱地杂交构树种植情况

种植3个月

翌年生长情况

图2 天津市大港区盐碱地杂交构树种植情况

（一）杂交构树有较强的耐盐碱能力

通过在含盐量5‰～30‰不同盐碱地种植对比试验表明，在含盐量5‰盐碱地中杂交构树几乎全部成活，生长正常，适合种植；当含盐量在10‰时，杂交构树成活保苗为95%，但生长缓慢；含盐量15‰以上时，树苗成活困难，不宜种植。

（二）条台田和排灌水是杂交构树种的保障

条台田整地的模式，人为地改变了原有的地形地貌，将种植地变得地势高燥；改变了土壤的结构，增强了土壤的通透性，有利于盐分的淋洗，降低土壤盐碱度。在土地平整的同时，也可以结合翻土晾晒来改善土壤原有的结构以起到松土的效果，并且可在一定程度上使地块的盐分分布均一，从而改善杂交构树的种植效果。由于整地的同时形成了良好的排水系统，结合合理灌溉系统的设置，有利于地表水径流，不易形成局部涝渍和水盐积存，避免发生局部盐害，有效地改善了盐碱地的土壤环境，有利于杂交构树的成活和生长。

（三）施肥浇水是存活率和生长产量关键措施

由于盐碱地土壤含盐量高，养分含量低，植物对养分的吸收困难，所以，在树苗成活后合理施肥，可以在促进树苗生长的同时在很大程度上提高树苗的成活率。在含盐量30‰超高盐碱地上施用硫酸钾复合肥，杂交构树成活率为30%，不施肥的成活率仅为10%。施肥促生效果也十分明显，在含盐量10‰的盐碱地上施高氮复合肥结合浇水能显著促进杂交构树的生长，从株高生长情况来看，肥水同时施用的长得最快，株高增幅为302.3%；浇水、施肥次之，株高增幅分别202.6%、195.2%；不浇水不施肥长得最慢，株高增幅为73.8%。

（四）炼苗驯化是种植的必要过程

杂交构树种苗为组培容器苗，直接种植到盐碱地里，势必生根困难，缓苗慢，生长慢，成活率低。因此要培育抵抗力强、无病虫害、根系发达的壮苗来提高成活率。组培容器苗到达后，置于遮阳网下，结合肥水管理，炼苗驯化10～15 d，即可培育出壮苗，适时移栽定植，成活率和生长速度都有明显提高。

（五）"以种适地"能降本增效

杂交构树是难得的耐盐碱多功用树种，与常用盐碱地绿化树种白蜡相比，耐抗性更胜一筹，在同等盐碱地上生长成林速度更快，对生长在含盐量10‰以下盐碱地的一年生树苗调查表明，杂交构树当年株高增加了123.8 cm，而白蜡树为37.4 cm。由于杂交构树具有无病虫害、抗盐碱性强、生长速度快等特性，大幅度降低了种植后期的绿化管理和维护成本，能较好地实现低价快速绿化的目的。

以耐盐植物品种杂交构树为核心，采用整地炼苗结合肥水调盐促生技术，在中重度盐碱地上实现原土种植，建立利用自然资源系统进行生态经济建设的模式，生产蛋白质饲草料等，可以节约大量的淡水资源和建设维护资金，体现自然和谐、环境友好、持续发展的特点，具有广阔的市场应用推广前景。

【案例点评】

杂交构树是我国原创木本新饲草料品种，经济用途广泛，适应性强，在我国暖温带、亚热带及热带地区一般耕地和边际土地大量种植，特别是盐碱地上规模化发展“构—饲—畜”种养循环生态农牧业，既使盐碱地得到有效治理和生态建设，又能获得优质饲料，减缓粮饲占地压力，生产健康畜产品，还使企业得到产业提升，农户增收致富，实现“生态—生产—生活”有机结合，多方和谐共赢。该案例以耐盐碱杂交构树为主体，实际操作简单，技术门槛低，经济投入低，见效快，可持续利用时间长，可在滨海盐碱地和暖温带内陆盐碱地大力发展杂交构树优质饲草料，破解蛋白质源“卡脖子”难题，推动“繁—种—采—加—养—肥—销”全产业链集群产业，保障我国饲料安全和食品安全，助力乡村全面振兴。对此，中国工程院院士、中国科学院亚热带农业研究所印遇龙研究员就表示，每年进口的大豆如果自己种需要约 7 亿亩耕地，如果种植杂交构树 1 亿亩就可以补足目前蛋白质饲料的缺口，从根本上解决饲料原料紧缺问题，真正把饭碗端在我们中国人自己的手里。

（中国科学院植物研究所：沈世华、郑思凡、陈乃芝、王芬芬）

主要参考文献

侯军铭，2009. 沧州市不同盐碱地及主要树种离子分布特征研究 [D]. 保定：河北农业大学 .

李秀芬，2011. 黄河三角洲盐碱地造林技术研究 [D]. 北京：北京林业大学 .

李育栋，刘学哥，陈会明，等，2002. 黄土高原主要树种造林技术 [J]. 林业实用技术 (11): 14.

沈世华，2018. 从历史长河中走来的构树 [J]. 生命世界 (3): 1.

王金山，刘金升，彭献军，等，2014. 杂交构树在滨海盐碱地生态绿化中的应用 [J]. 天津农业科学 (2): 95-101.

邢尚军，郗金标，张建锋，等，2003. 黄河三角洲常见树种耐盐能力及其配套造林技术 [J]. 东北林业大学学报 (6): 94-95.

案例二十三

沾化盐碱地冬枣“沃土工程”改良技术

一、基本情况

冬枣因其成熟较晚，采摘于秋末冬初而得名。全国冬枣种植面积广泛，主要集中在黄河流域及周边地区，因其独特的口感和营养价值，冬枣已成为我国重要的鲜食枣品种之一。据不完全统计，全国冬枣栽培面积约200万亩，主要分布在以下地区：山东省沾化区30万亩，陕西省大荔县42万亩，山西省运城市临猗县20万亩，河北省黄骅市10万亩、沧县5万亩，山东省滨州市无棣县10万亩，天津市大港区、静海区一带10万亩，湖南省祁东县5万亩，新疆维吾尔自治区阿克苏和喀什地区5万亩，云南省楚雄彝族自治州1万亩，河南省、四川省等其他省份零星种植60多万亩。

滨州市沾化区地处黄河三角洲高效生态经济区和山东半岛蓝色经济区开发建设的主战场，拥有广阔的盐碱地资源。依托这一独特优势，滨州市沾化区大力发展冬枣产业，取得了显著的经济效益、社会效益和生态效益。作为黄河冲积平原的一部分，沾化区属暖温带季风性气候，土壤肥沃深厚且呈微碱性，光照充足。这一特殊的地理与气候条件，孕育了享誉盛名的稀世珍果——沾化冬枣。冬枣富含人体所必需的19种氨基酸和维生素，其营养价值和养生保健作用居“百果之冠”，被誉为“活维生素丸”。自1984年散落在农家庭院里的56株百年珍稀冬枣树被发现以来，沾化历届区委区政府始终将沾化冬枣作为富民强区的支柱产业精心培育。如今，沾化冬枣品牌已闻名全国，先后成功入选国家地理标志保护工程实施名单、世界军人运动会直供水果、首批“好品山东”品牌名单，并荣获中国驰名商标、第二十届中国绿色食品博览会金奖、山东省省长质量奖提名奖等37项殊荣，品牌影响力持续提升。近年来，沾化区紧紧围绕“产业增效、枣农增收”两大主题，聚焦“三产融合”，开启“二次创业”，通过大力实施“沃土工程”，推动冬枣产业由传统发展向高质量发展蝶变，走出了一条独具特色的乡村振兴致富之路，其成功经验做法先后在《人民日报》、中央电视台《新闻联播》等权威媒体刊播，成为全国农业高质量发展的典范。

二、沾化冬枣“沃土工程”技术特点和优势

（一）沾化冬枣“沃土工程”技术简介

依据冬枣的需肥特点，遵循“重施基肥、适时追肥、合理补肥”的原则，严格按照《地理标志产品　沾化冬枣》（GB/T 18846—2008）的要求，以提高土壤有机质含量为方向，科学选用适宜的肥料品种，协调运用大量元素和微量元素肥料，实现

合理施肥、营养均衡，促进枣树的营养生长与生殖生长的协调发展，使其达到提高产量，改善品质之目的。因此，“沃土工程”不仅是推动冬枣产区盐碱地改良的重要举措，更是冬枣管理中最为关键的环节。

（二）沾化冬枣“沃土工程”技术核心

通过“沃土工程”技术推广运用，使枣树各个生长时期都有较充足的营养供应。基本要求是以有机肥为主，配合使用生物菌肥、氮磷钾复合肥和中微量元素肥，适量补充稀有元素肥，枣果生长期禁止使用叶面喷肥。

1. 肥料选择

冬枣树与其他作物一样，其生长所必需的营养元素有 16 种，其中碳（C）来源于空气中的 CO_2；氢（H）和氧（O）来源于大气降水；氮（N）、磷（P）、钾（K）、钙（Ca）、镁（Mg）、硫（S）、硼（B）、锰（Mn）、锌（Zn）、铜（Cu）、钼（Mo）、铁（Fe）、氯（Cl）在土壤中通过施肥来解决，肥料的选择应符合生产无公害果品的要求。

（1）有机肥。可选用农家肥（包括粪肥、土杂肥、堆肥、绿肥等）、成品有机肥（如生物菌肥），提倡施用富含有机质、腐植酸及活性菌和微量元素的工业全价有机肥料等。施用农家粪肥要保证腐熟充分，因未腐熟的新鲜粪便等肥料中含有细菌、虫卵等病原寄生虫，很容易传播土传病害和病毒病，养分利用率低，而且施入土壤中很容易二次发酵，从而烧根烧苗，严重影响根系的吸收能力。

（2）氮磷钾复合肥。目前，市场上销售的肥料多为平头肥，即氮磷钾含量相同的肥料，如氮磷钾含量为 15 : 15 : 15 或 17 : 17 : 17。对于枣树而言，这种比例的肥料是不合理的。通过监测分析表明，冬枣树对氮磷钾的需求比例约为 1 : 0.6 : 0.8，所以，施用时应通过肥料配比实现冬枣对不同养分的需求。

（3）中微量元素肥。中量元素是指钙、镁、硫、氯，微量元素指铁、锌、硼、锰、铜、钼等。施肥时，应考虑及时补充一些中微量元素肥。

（4）稀有元素。某些元素如钛、硒、硅等，对提高产量和品质具有非常重要的作用，生产中可适量补充此类元素肥料。

2. 肥料配比

按照有机肥、大量元素、中微量元素三者互相搭配，缺一不可的原则进行配比。其中，有机肥占全年肥料投入的 60% 以上，化肥投入不得超过 40%，具体推荐方案。

（1）基肥（腐熟粪肥可每 2 年使用 1 次）。

每亩施肥量：腐熟粪肥 5～8 m^3+ 专用微生物菌肥 300 kg+ 中微量元素肥 50 kg+ 氮磷钾复合肥 50～75 kg。

（2）追肥。利用滴灌、冲施或施肥枪注入。

7 月上中旬追肥：氮磷钾复合肥 50 kg 或水溶肥 10 kg/ 亩；

8 月上中旬追肥：高钾三元素复合肥 25～30 kg 或高钾水溶肥 10 kg/ 亩。

3. 施肥时间

基肥。主要是指能较长期供给作物各种必需营养元素的肥料。枣树基肥自秋季至翌年春季均可施用，以秋季采果前后至落叶前施入最好。秋季枣树根系活动仍较旺盛，地温也较高，施肥时造成根部的伤口易愈合，并能发出新根，促进根系对养分的吸收。如果在秋后没有来得及施肥的，应在春季土壤解冰后及早施入。

追肥。全年可分两次追肥。第一次追肥在生理落果后至幼果迅速生长期之前（一般在7月上中旬），此时，甲口已基本愈合，枣树根系迅速恢复生长，吸肥能力达到高峰期，是追肥的最佳时期。追肥提倡用氮磷钾复合肥。第二次追肥在枣果膨果前（一般在8月上中旬），此期追肥加中微量元素肥。

4. 施肥方式方法

基肥提倡采用沟状施肥（条状沟或放射状沟施）；追肥提倡采用多点穴施，严禁撒施，也可采用滴灌或施肥枪施入。挖沟施肥时，要尽可能减少根系损伤，尤其是直径大于0.5 cm的根要加强保护；施肥深度要适宜，一般基肥可深施，追肥宜浅施（图1）。

人工开沟施肥法

机械开沟施肥法

图1　施肥方法

条状沟施。在树冠外围挖1～4条宽40 cm、深40～50 cm的施肥沟，沟的长度视肥量而定。

放射状沟施。放射状沟施又叫辐射沟施。即以主干为中心，距主干0.5 m向外挖4～6条放射状的沟，长达树冠外围1 m左右，宽0.4 m左右，深0.2～0.4 m，近树一端稍浅。

穴施。在根系分布范围内每隔一定距离挖一个穴、施入肥料即为穴施。穴施时挖的穴宜多不宜少、宜小不宜大，要尽量避免施肥过于集中。一般挖穴数为15～20个，深0.3 m左右。

5. 施肥位置

不论是基肥还是追肥，施肥要施入枣树根系集中分布区，以便最大限度地提高肥料利用率。条状沟施时，应以树冠外围向内侧推进 0.5 m 左右为宜；放射状沟施时，要沿主枝方向一侧施入；多点穴施时，避免将肥料施到两主枝之间的区域内。

（三）发展优势

“沃土工程”具有多方面的好处，主要包括以下六点：一是改善土壤结构和质量。有机肥能够增加土壤中的有机质含量，改善土壤的物理结构，提高土壤的透气性和保水性，为冬枣的根系生长创造良好的环境。同时，有机肥中的微生物代谢产物能溶解土壤中的微量元素，如钙、镁、硫等，使其变成可被植物直接吸收利用的营养元素，从而增加土壤的供肥能力。二是促进冬枣生长发育。有机肥中的有益微生物能够刺激冬枣的生长，提高冬枣的抵抗力，并有效促进冬枣的生长发育。这包括增加冬枣的细根数、提高土壤温度以及坐果率等，从而增加果实单果重并显著提高单位面积产量。三是提升果品品质。施用有机肥的冬枣，其果实品质显著提升。有机肥能够增加果实的可溶性固形物和糖含量，提高糖酸比和香气品质，使果实着色度和硬度提高，果形大小更匀称。四是减少病害发生。有机肥中的有益微生物能够在冬枣根部土壤中形成优势菌群，抑制有害菌的生长繁殖，从而减少冬枣病害的发生，降低农药使用量，实现绿色生产。五是增强冬枣抗逆性。有机肥的使用还能增强冬枣的抗逆性，如抗寒、抗旱、抗病等，使冬枣在面对不良环境时仍能保持较好的生长状态，保证果实的正常发育和品质。六是复壮冬枣根系。通过开沟施肥方式能够适当断根，促使冬枣根系重新萌发，促进根系的更新换代，能够起到较好“根系修剪”和“换根”目的。综上所述，冬枣施有机肥不仅能够改善土壤结构和质量，促进冬枣生长发育，提升果品品质，还能减少病害发生并增强冬枣的抗逆性，是冬枣种植中不可或缺的重要措施。

三、应用推广做法和成效

1. 应用推广做法

（1）建设示范基地。充分发挥示范引领作用，建设完成 10 处集新品种、新技术、新模式于一体的沾化冬枣示范园，示范推广“沃土工程”技术。如中国农业大学沾化科技小院冬枣土壤改良示范园，通过组织实地测产、技术观摩等活动，直观展示“沃土工程”技术在土壤改良、增产提质等方面的实际成效，为枣农提供切实可行的参考与学习范例，助力枣农更好地掌握土壤改良技术，提升冬枣种植水平。

（2）技术培训与指导。深化产学研用融合，引入中国农业大学领衔的土壤改良团队，大力实施“沃土工程”，增加土壤有机质含量，累计改良土壤 5.37 万亩；每年开展“专家枣乡行”活动，邀请国内知名专家现场授课，普及“沃土工程”技术知识。采用线上线下相结合的方式，组织冬枣专家、技术人员深入一线，进村入园，每年依托专业合作社建成100处培训基地，培训枣农10万人次，通过现场示范、技术讲座等形式，指导枣农掌握“沃土工程”技术，提升枣农种植管理水平。同时，充分发挥优秀枣农的示范带头作用，总结“土专家”“田秀才”“获奖枣农”等优秀本土人才的管理经验，开展“冬枣田间课堂”培训，不断壮大人才队伍方阵。此外，充分利用微信公众号、微信群等线上平台，在关键时节推送“沃土工程”技术指导视频等，确保枣农能够随时学习、随时应用。

（3）标准化管理。制定并发布了《沾化冬枣标准化生产技术管理规范》《沾化冬枣土肥水管理技术规程》（T/ZHDZ 009—2022）等多项地方农业技术规范和团体标准。为确保技术标准落地，将技术标准内容转化为通俗易懂的培训课程和技术管理手册，根据种植季节的不同情况，将标准内容简化为农民一看就明白的图、表、口语等形式。近年来，累计发放标准化种植宣传材料10万余份，让沾化冬枣“依标生产”。

2. 应用推广成效

（1）冬枣产量提升。滨州市沾化区自推广应用“沃土工程”技术以来，累计改良土壤5.37万亩。据监测，经过土壤改良后，土壤含盐量平均降低了30%，土壤有机质含量提高了20%。盐碱地改良成效显著，有效减少了冬枣的缩果现象。往年每亩地缩果在300斤左右，使用改良技术后，缩果量控制在了100斤左右，土壤透气性显著提升，冬枣缩果率下降60%，枣园亩产量可达2 000斤，较改良前大幅提升。

（2）冬枣品质提升。通过“沃土工程”技术的应用，冬枣的糖度显著提高。例如，在下洼镇西平村的“沾冬二号”土壤改良示范地块，改良组糖度达到29.97Brix%，对照组糖度在26.78Brix%，糖度提高了3.19Brix%；在后边营村的“沾冬一号”连续4年开展土壤改良示范地块，改良组糖度达到30.00Brix%，对照组糖度在23.62Brix%，糖度提高了6.38Brix%。冬枣品质的不断提升，成功通过197项国际检测，产品远销美国、新加坡、泰国等17个国家，2024年，沾化冬枣实现出口2 600余吨，出口创汇1 000万美元，进一步提升了沾化冬枣的国际市场竞争力。

（3）推动产业升级，经济效益提升。沾化区通过实施“沃土工程”技术等措施，推动冬枣产业向标准化、规模化、品牌化发展，成功打造沾化冬枣“一枣一世界”新品牌，先后成功入选国家地理标志保护工程实施名单、中国驰名商标等项殊荣，品牌影响力进一步提升。2024年冬枣产量达6.6亿斤，产业产值突破60亿元，亩均收入提升可达万元以上，带动枣农收入实现翻番。通过“沃土工程”技术的推广应用，沾化冬枣产业不仅实现了经济效益的显著提升，还为乡村振兴提供了强有力的支撑。

【案例点评】

滨州市沾化区地处黄河三角洲腹地，拥有丰富的盐碱地资源。据统计，全区现有耕地面积94.52万亩，其中盐碱耕地面积达54.8万亩，包括轻度盐碱耕地面积29.9万亩、中度盐碱耕地面积17.2万亩、重度盐碱耕地面积7.7万亩。由于黄河冲积形成的盐碱性土壤不利于传统粮食作物的种植，沾化区结合当地独特的资源禀赋，因地制宜大力发展沾化冬枣产业，持续实施土壤改良——“沃土工程”，推动冬枣产业的提质增效。冬枣产业不仅成为沾化区农业经济的支柱产业，更成为当地群众的“命根子”“钱袋子”，帮助沾化区一举摘掉“国家级贫困县”的帽子，为区域经济发展注入了强劲动力。该技术以科学施肥为核心，结合土壤改良和生态保护，显著提升了沾化冬枣的产量和品质，为盐碱地资源的有效利用和农业可持续发展提供了成功范例。通过精准施肥和示范推广，该技术为沾化冬枣产业的高质量发展奠定了坚实基础，具有重要的推广价值和长远意义。未来，随着技术的进一步优化和普及，沾化冬枣产业有望在乡村振兴和农业现代化进程中发挥更大的示范引领作用。

（滨州市沾化区冬枣研究中心：张军利、王娟、张婧）

主要参考文献

高新一，等，2002. 枣树高产栽培新技术 [M]. 北京：金盾出版社.

郭庆宏，等，2007. 沾化冬枣主要病虫害防治图谱 [M]. 济南：山东科学技术出版社.

姜远茂，等，2002. 果树施肥新技术 [M]. 北京：中国农业出版社.

刘孟军，2004. 枣优质生产技术手册 [M]. 北京：中国农业出版社.

王远国，等，2006. 最新冬枣栽培实用技术 [M]. 泰安：山东农业大学电子音像出版社.

夏树让，等，2008. 优质无公害鲜枣标准化生产新技术 [M]. 北京：科学技术文献出版社.

于毅，等，2003. 果园农药 300 种 [M]. 北京：中国农业出版社.

张安盛，等，2005. 安全优质果品的生产与加工 [M]. 北京：中国农业出版社.

周正群，2001. 冬枣无公害高效栽培技术 [M]. 北京：中国农业出版社.

案例二十四

盐碱地枣园生草修复土壤微生物生态关键技术

一、盐碱地枣园土壤生态现状

土壤微生物是土壤中重要而又活跃的一部分，推动着土壤的物质转化和能量流动。微生物在土壤中的数量、分布与活动情况可以代表土壤中物质代谢的旺盛程度，是指示土壤性质的一个重要指标。大量研究表明，土壤质地、土壤养分以及土壤理化性质等环境状况对微生物发育均有较大影响，黏质土壤养分丰富，但通气性较差，而沙质土壤通气性好，土质疏松，创造了氧气充足的良好环境，有利于需氧微生物的大量繁殖。环渤海盐碱地枣园的土壤多为黏性土，有机质含量低，微生物种类和相对丰度较低。以沾化冬枣主产区滨州市沾化区下洼镇的冬枣园为例，地表0～20 cm的土壤全氮含量0.64 g/kg，有机质含量6～11 g/kg，有效磷含量8 mg/kg左右，硝态氮含量16 mg/kg左右，铵态氮含量1.30 mg/kg左右。pH值为7.5～8.5。黏土枣树根外细菌数量为119×10^5个/g土，放线菌为42.3×10^5个/g土，真菌为4.41×10^5个/g土，微生物总量为166.0×10^5个/g土。所以该地区枣园土壤内微生物数量较少，这必将影响土壤肥力和枣树的产量和枣品质。多年的研究和生产实践表明，枣园生草能显著优化盐碱地枣园土壤生态，增加土壤中微生物种类和数量，还能提高枣园土壤的碳汇能力。

二、枣园生草技术

枣园生草技术是通过在枣园种植适宜草种，改善生态环境，提升土壤质量和枣树产量，提升果实品质，是一种先进的果园土壤管理办法。该技术结合了自然生草和人工生草两种方式，通过科学的管理措施，可实现果园的生态平衡和可持续发展。

（一）枣园生草的好处

1. 土壤物理化学性质的显著改良

生草对枣园土壤的物理化学性质产生了显著的影响。首先，生草显著提升了土壤的保水能力，为枣树生长提供了更加稳定的水分环境。这种水分稳定性对枣树生长至关重要，能确保干旱等环境压力下的水分供应。其次，生草显著增加了土壤中全氮、有机碳、有效磷和交换性铵态氮的含量，增幅超过30%。此外，生草还使碳氮比提高了9.3%，使土壤中的碳氮比例更加均衡。这种均衡的碳氮比例有利于土壤微生物的活动和土壤结构的稳定，从而进一步促进了土壤肥力的提升。生草后土壤的pH值由8.1降低至7.22。中性的土壤环境有利于土壤微生物的活性增强，还能促进养分的释放和转化，为枣树提供了更加充足的营养。

2. 生草对土壤微生物群落的优化

与传统的清耕制相比，枣园生草显著提升了土壤微生物群落的多样性和丰富度。这意味着生草为土壤中的微生物提供了更多的生态位，促进了微生物种类的增加和数量的提升。生草能够促进某些有益微生物的生长和繁殖，同时抑制潜在的有害微生物，从而维持了土壤微生物群落的平衡和稳定。

与不生草相比，枣园生草处理下的纤维素酶和β-木糖苷酶活性分别显著增加了62.85%和116.15%。这些酶可降解纤维素、木质素和半纤维素进而可为植物提供营养，是评估土壤生物活性、肥力和有机质分解情况的重要指标。这些酶活性的增加表明生草促进了土壤微生物对有机物的分解和利用能力，从而提高了土壤肥力。

3. 生草可增强土壤肥力和有机物分解能力

生草显著增强了土壤微生物对有机物的分解和利用能力。这主要是由于生草为土壤中的微生物提供了更多的有机物质来源，促进了微生物的生长和繁殖。同时，生草还改变了土壤微生物群落的组成和活性，使得微生物能够更好地适应和分解有机物质。

生草还通过改变土壤理化性质来影响有机物分解和土壤肥力。例如，生草提高了土壤的保水能力和养分含量，为有机物分解提供了更加适宜的环境。同时，生草还降低了土壤pH值，使土壤更加接近中性，有利于微生物的活性和养分的释放。这些变化都有利于有机物的分解和养分的转化，从而提高了土壤肥力。

4. 生草有助于冬枣果实品质的提升

生草在枣园管理中的应用对冬枣果实品质产生了显著的提升。首先，生草能够显著改善土壤的物理化学性质，为枣树提供更加稳定的水分和养分环境。这种良好的土壤环境有利于枣树的根系发育和养分吸收，从而促进果实的生长和发育。因此，生草处理下的冬枣果实大小、重量和硬度都得到了显著提高。这些变化不仅使冬枣更加美观，还增强了其耐储藏性，延长了货架期，有利于保持果实的品质和口感。

生草还能增加冬枣的维生素C含量和糖分含量。这是因为生草能够促进土壤微生物的繁殖和活动，有利于土壤养分的转化和利用。同时，生草还能提高土壤中的生物多样性和生态系统的稳定性，为枣树提供更加丰富的养分来源。

（二）枣园生草的具体方法

1. 生草条件

（1）产地环境条件符合《无公害农产品　种植业产地环境条件》（NY/T 5010—2016）的要求。

（2）以大冠稀植为主的成龄枣园可全园生草，但要避免在树盘下（距离主干60 cm以内）生草；幼龄枣园采用行间生草，草带距离树盘外缘40 cm左右。

（3）适度密植，行距为4 m以上的枣园，可在幼树定植时进行生草，中等密植的枣园亦可生草，高度密植的枣园不宜生草而宜覆盖。

2. 草种选择

（1）选择原则。

具有无木质化茎或仅能形成半木质化茎、茎叶匍匐，矮生、须根多，覆盖面大。

干物质产出量大，能改良土壤理化性状，有利于提高土壤有机质含量，培肥枣园土壤。

适应性、抗逆性强，栽种与管理简单。

水土保持效果好，一定程度上能调节枣园微气候，有利于改善枣园生态环境。

对果树根系无不良影响，与树体争光争水争肥矛盾小，耐阴性、耐践踏性强。

与果树无共同的病虫害且不易感染病虫害，能吸引或适于枣树害虫天敌寄宿。

具经济效益，尽量选择适宜的乡土草种。

（2）种子质量要求。

豆科草种子应符合《豆科草种子质量分级》（GB 6141—2008）的规定。

禾本科草种子应符合《禾本科草种子质量分级》（GB 6142—2008）的规定。

其他科草种要求种子的纯净度 90% 以上、发芽率 85% 以上。

3. 生草方法

（1）自然生草。

可利用自然杂草种类：选用在盐碱地容易建立稳定草被且一年生为主的自然杂草，主要有稗、马唐、牛筋草、狗尾草、虎尾草、蒲公英、苦菜、马齿苋等。若与商业草种混播建立种群，可人工收集播种。

需要去除的杂草种类：植株高大、深根性、木质化程度高的杂草，如藜、反枝苋、曼陀罗等。缠绕性杂草，如葎草、打碗花、牵牛花、萝藦、菟丝子等。具根状茎，不易控制的杂草，如白茅、刺儿菜等。

（2）人工生草。可选草种包括禾本科的黑麦草、早熟禾、鼠茅草、高羊茅、剪股颖、野燕麦等以及豆科的长柔毛野豌豆、白三叶、红三叶、百脉根、沙打旺、田菁、紫花苜蓿等。

提倡有选择性地混合种植，如黑麦草与高羊茅混种或豆科与禾本科混种，或乡土草种与商业草种混种，如早熟禾与马唐、红三叶与马唐等。

（3）播前准备。清除枣园行间碎石、杂草及修剪后的枝条等杂物。建园时基肥施用量不足的果园，翻耕前施用足量的腐熟农家肥及适量的化肥，施肥量按亩产 1 000 kg 鲜果计算，腐熟粪肥 5 000～8 000 kg+ 中微量元素肥 25～50 kg+ 氮磷钾三元素复合肥 80～100 kg。犁翻或旋耕行间土壤，深度不低于 20 cm，并进行平整。播种前结合枣园管理浇透水 1 次，或雨后播种。

（4）播种时期。越冬性较强的草种秋季播种较好，如豆科的长柔毛野豌豆及禾本科的鼠茅草应于 9—10 月播种，反之，春季 3 月下旬至 5 月上旬播种为宜；新建枣园在枣树定植后即可进行果园生草，也可在定植的前一年进行行间生草。

（5）播种量。根据不同草种的生物学特性确定适宜播种量，各草种适宜条播播种量见表 1。

表 1　几种适于人工生草草种的建植与管理方法

草种	播种时期	条播适宜播种量 /（kg/hm^2）	播种方式	播种深度 / cm	是否需要越冬覆盖
黑麦草	春播或秋播	25～50	条播	1～2	不需要
早熟禾	春播或秋播	30～60	条播或撒播	1～2	不需要
高羊茅	春播或秋播	30～45	条播或撒播	1～2	不需要
鼠茅草	秋播	15～22.5	撒播	2～3	不需要
剪股颖	春播或秋播	50～75	条播或撒播	1～2	不需要
野燕麦	春播	150～225	条播	3～4	不需要
长柔毛野豌豆	秋播	45～60	条播	3～4	不需要
白三叶	春播或秋播	15～22.5	条播或撒播	1～1.5	需要
红三叶	春播或秋播	15～22.5	条播或撒播	1～1.5	需要
百脉根	春播或秋播	15～22.5	条播或撒播	1～1.5	不需要
沙打旺	春播或秋播	15～22.5	条播	1～2	不需要
田菁	春播	45～75	条播或撒播	1～2	不需要
紫花苜蓿	春播或秋播	15～22.5	撒播	1～2	不需要

注：条播适宜播种量指种子用价 100% 的种子实际播种量。

撒播时种子实际播种量较条播时增加 20%～30%。

（6）播种方式。播种前应进行种子消毒和浸种催芽，有撒播或条播两种方法。小粒种子应适量拌土或混沙进行撒播，不易萌发但分蘖能力或生长势强的草种（如紫花苜蓿或白花三叶草）采用条播，条播行距 15～20 cm。小型枣园行间生草可采用手摇式小型播种器或手推式播种机；大型枣园可采用大型拖拉机牵引式草坪播种机进行播种。小粒种子、土壤黏重宜浅播，大粒种子、土壤疏松宜深播。

4. 生草后管理

（1）覆土镇压。条播后及时用钉耙搂土覆盖，撒播后用钉耙按同一方向轻耙，将种子耙入土中，并进行人工脚踩或利用镇压器具镇压。

（2）人工补种。自然生草短时间内不能形成完整草被的枣园需要人工补种，增加草群体数量。人工补种可以种植当地常见的单子叶乡土草种，也可以种植商业草种。补种采用撒播的方式，补种前先对拟撒播的地块稍加划锄，撒种后稍加镇压或踩实，有条件的枣园可以喷水并覆盖稻草、麦秸或草帘子等保墒，待草籽萌芽拱土时撤除。

（3）清除杂草。生草初期及时使用铲、锄等工具，或手工拔除方法清除播种枣园内的杂草，直到保留草种具备极强抑制杂草能力为止，不宜使用化学除杂草的方法。

（4）肥水管理。镇压后，采用漫灌或喷灌的方式及时浇水1次，种子发芽前视土壤墒情及时补水，保持土层0～20 cm湿润。有灌溉条件的果园根据果树需水规律进行灌水。生长季节不专门针对种植的草种进行单独灌溉。

结合果园土壤施肥管理。每年返青季节可施肥1次。当草长至10 cm左右或刈割3～5 d后，结合降雨给草补施以氮肥为主的速效性化肥，每次每亩用量7.5～10 kg。施肥后及时灌水，防止烧苗。

（5）生长季节适时刈割，调节草种演替，促进以禾本科草为主要种群的草被发育。建议在选留草种（如马唐、稗等）抽生花序前，以及淘汰草种（如藜、苋菜、苘麻等）产生前进行刈割。具体刈割时间由不同草种高度和生长量，刈割次数以每年4～6次为宜，雨季后期停止刈割。根据草的最低更新高度确定，一般与草的种类有关。禾本科草要保住生长点（心叶以下）；而豆科草则要保住茎的1～2节。刈割下来的草进行树盘或树行下覆盖，覆草厚度10 cm左右。也可收集用于堆积沤制堆肥。鼠茅草及长柔毛野豌豆不需要进行刈割。其他选留草种秋播的当年不进行刈割，自然生长越冬后进入常规刈割管理。刈割时防止机械伤及树干。

（6）越冬覆盖。枣园人工生草中耐寒性差、在自然条件下不能安全越冬的草种，在日平均气温接近0℃，降霜之前需要越冬覆盖。根据枣树行距和树行间种草的宽度，选择农作物秸秆或农用地膜进行越冬覆盖，覆盖的宽度应宽于生草地的宽度。

（7）翻压更新。每3～5年翻压更新1次，翻压时间以晚秋为宜。人工生草的果园翻压更新后宜改换草种。

（8）病虫害防治。针对草种的病虫害种类与发生特性，在坚持"预防为主、综合防治"的原则下及时采用恰当方法进行防控。自然生草的草被病虫害较轻，一般不会造成毁灭性灾害；种群结构较为单一的商业草种形成的草被病虫害较重，尤其注意锈病、白粉病及二斑叶螨等病虫害的防控；以生物药剂为主，切实保护天敌多样性；及时疏除多余大枝，通风透光，减少病虫害发生基数；减少喷药次数，喷药尽量避开天敌繁育期；施用农药参照《绿色食品　农药使用准则》（NY/T 393—2020）。

三、推广的做法和成效

（一）政府推广做法及效果

政策扶持与资金资助：国家和省市各级政府不断强调生态保护修复是守住自然生态安全边界、促进自然生态系统质量整体改善的重要保障。本技术得到山东省重点研发计划项目和科技特派员行动计划项目的资助，为枣园生草技术的研发和推广提供了稳定的资金支持和政策保障。

制定与推行技术标准：为了规范技术的应用，本项目组制定并由滨州市市场监督管理局发布实施了地方标准《枣园生草技术规程》（DB3716/T 14—2022），并通过技术示范和培训等多种形式宣传与推广，应用面积已超过6万亩。标准的制定和实施确保了技术的正确、高效应用。枣园生草技术在沾化区的成功应用，不仅提高了冬枣的产量，还提升了其品质，明显提高了农民的经济收入。

（二）专家推广做法及效果

技术研发与创新升级：项目组每年组织专家团队深入研究枣园生草技术的核心原理，持续进行技术创新和优化，确保技术的先进性和实用性。

技术验收与推广普及：经过山东省科技厅组织的专家验收，枣园生草技术被确认为达到国际先进水平，这为其进一步推广和应用奠定了坚实的基础。同时，专家团队还通过各种渠道和方式，每年培训、讲座、现场指导上千人次，将技术普及到更多的农民和投资者中。

提供全方位技术支持：专家团队不仅提供技术指导和操作依据，还根据实际应用情况，为农民和投资者提供问题解答、技术咨询等全方位的服务，确保技术的顺利应用。

（三）企业推广做法及效果

技术应用与示范展示：企业在沾化区下洼镇和古城镇等地建立了多个枣园生草技术示范区，通过展示优质冬枣的产量和品质，吸引了众多农民和投资者的关注和参与。

产品品牌化与市场拓展：企业利用枣园生草技术提高冬枣品质，积极打造品牌，提高产品附加值。同时，通过线上线下多渠道销售，将优质冬枣推向更广阔的市场，实现了经济效益的快速增长。

【案例点评】

枣园生草技术作为一种创新的农业技术模式，展现出了强大的生命力和广阔的应用前景。这一技术不仅成功解决了冬枣种植中面临的缺水问题，而且显著提高了土壤肥力，为冬枣产量和品质的双重提升提供了有力保障。其技术需求明确，符合现代农业对于高效、环保、可持续的要求，具有显著的技术优势。同时，随着市场对高品质农产品的需求不断增长，枣园生草技术的应用迫切性也日益凸显。

该技术在沾化区的成功应用与推广，不仅为当地农民带来了实实在在的经济收益，还促进了农业产业结构的优化升级，为乡村振兴注入了新的活力。更重要的是，它为全国乃至全球的冬枣种植提供了宝贵的经验和借鉴，对于推动农业技术的创新与发展具有重要意义。

枣园生草技术不仅满足了当前农业生产的实际需求，也展现了其长远的发展潜力。未来，随着技术的不断完善和推广应用的深入，相信枣园生草技术将在更多地区发挥更大的作用，为农业可持续发展和乡村振兴贡献更多力量。

（山东滨州国家农业科技园区管理服务中心：李庆军；
山东省滨州市无棣县检验检测中心：郑晓宁；
山东省招远市综合行政执法大队：郭连军；
山东省滨州市农业技术推广中心：宋元瑞；
山东省滨州市农业科学院：吴艳芳；
山东省滨州市无棣县水湾镇人民政府：王培山）

主要参考文献

鲍士旦，2000. 土壤农化分析 [M]. 第 3 版 . 北京：中国农业出版社 .

陈春良，鲍凯强，王梦莹，等，2022. 植被去除对侵蚀环境土壤有机质和养分的影响 [J]. 水土保持研究，29(5): 131-136.

孔锋，方建，吕丽莉，等，2017. 1961—2015 年中国不同强度降雨的变化趋势和波动特征 [J]. 热带地理，37(4): 473-483.

李庆军，盖志君，郑晓宁，等，2024. 山东枣园地被植物对土壤固碳能力的影响 [J]. 中国农业气象，45(2): 124-134.

刘孟军，2018. 枣产业转型期面临的挑战与对策 [J]. 中国果树 (1): 1-4.

刘小京，2018. 环渤海缺水区盐碱地改良利用技术研究 [J]. 中国生态农业学报，26(10): 1521-1527.

全国原产地域产品标准化工作组，2008. 地理标志产品　沾化冬枣：GB/T 18846—2008[S]. 北京：中国标准出版社 .

王倩，李庆军，赵云峰，等，2011. 沾化县冬枣栽培区土壤微生物区系研究 [J]. 滨州学院学报，27(6): 37-41.

尹德洁，胡陶，黄彪，等，2022. 基于 AHP 的环渤海盐渍区盐生植物资源综合评价 [J]. 中国野生植物资源，41(3): 69-75.

A M BOLGER, M LOHSE, B USADEL, 2014. Trimmomatic: a flexible trimmer for Illumina sequence data[R]. Bioinformatics.

A R ATEA, F H ISSA, 2019. Effect of organic fertilizer and mycorrhiza fungi on some physical and chemical properties of soils[J]. Plant Archives, 19: 534-537.

B CALLAHAN, P MCMURDIE, M ROSEN, 2016. DADA2: High-resolution sample inference from Illumina amplicon data[J]. Nature Methods 13: 581-583.

C F CHEN, D A RIDZON, A J BROOMER, et al., 2005. Real-time quantification of microRNAs by stem-loop RT-PCR[J]. Nucleic Acids Research., 33(20): 1-9.

D E ALLEN, B P SINGH, R C DALAL, 2011. Soil health indicators under climate change: a review of current knowledge[J]. Soil Health and Climate Change, 29: 25-45.

E B BRENNAN, V A MARTINEZ, 2017. Cover cropping frequency is the main driver of soil microbial changes during six years of organic vegetable production[J]. Soil Biology and Biochemistry, 109: 188-204.

J CASTRO, E FERNÁNDEZ-ONDOÑO, C RODRÍGUEZ, et al., 2008. Effects of different olive-grove management systems on the organic carbon and nitrogen content of the soil in Jaén (Spain)[J]. Soil and Tillage Research, 98: 56-67.

J G CAPORASO, K BITTINGER, T Z DESANTIS, et al., 2010. PyNAST: A flexible tool for aligning sequences to a template alignment[J]. Bioinformatics, 26(2): 266-267.

J M BREMNER, 1996. Nitrogen total In: Sparks DL (ed) Methods of soil analysis part 3: chemical methods[R]. Soil Science Society of America Inc, Madison.

P J BAUER, J J CAMBERATO, S H BAUER, et al., 1993. Cotton yield and fiber quality response to green manures and nitrogen[J]. Agronomy Journal, 85: 1019-1023.

Q J Li, X N Zheng, M J Liu, 2024. Influence of Grass Mulching and Organic Fertilizer Addition on Soil Microbial Community Composition and Function in a ‘Dongzao’ Jujube (Ziziphus jujuba Mill. ‘Dongzao’) Orchard[J]. Eurasian Soil Science, 57: 460-470.

R AERTS, 2006. The freezer defrosting: global warming and litter decomposition rates in cold biomes[J]. Journal of Ecology, 94(4): 713-724.

S H CHEN, X L XIANG, F LEI, et al., 2022. Relationship between rhizosphere fungal community and wheat yield under straw mulching combined with nitrogen fertilizer[J]. Acta Ecologica Sinica, 42(21): 8751-8761.

W BOER, L B FOLMAN, R C SUMMERBELL, et al., 2005. Living in a fungal world: impact of fungi on soil bacterial niche development[J]. FEMS Microbiology Review, 29: 795-811.

案例二十五

盐碱地柽柳－管花肉苁蓉复合经营模式

一、基本概况

柽柳属于柽柳科（Tamaricaceae）柽柳属（*Tamarix* Linn）又名红柳，为乔木或灌木，形态上多分枝，幼枝无毛，个别品种出现被毛。一种是绿色营养小枝，冬天脱落；另一种是木质化的生长枝，经冬不落。叶小，鳞片状，互生，无柄，抱茎或呈鞘状，无毛，稀被毛，大多数柽柳具有分泌盐腺体，无托叶。春季开花，花为总状花序或者圆锥花序。柽柳为世界上温带地区最耐盐碱树种，素有“南有红树，北有红柳（柽柳）”之称，柽柳在沙漠和盐碱地区都可顽强生长。

柽柳耐盐碱能力较强，且很多品种具有较好速生性能，在含盐量 0.6%～1% 的重度盐碱地上能够正常生长。另外，柽柳一般还具有耐旱、耐寒、耐水湿及耐贫瘠等优良特性，在各种不利环境条件下，都具有很强的生命力，具有十分高的生态价值。目前，山东省柽柳良种栽培面积达 10 万余亩，尤其是在重度盐碱地区，柽柳栽种比例非常高，在东营、滨州、潍坊等地广泛推广。

柽柳根部可寄生名贵药材管花肉苁蓉。管花肉苁蓉（*Cistanche mongolica*）被誉为“沙漠人参”，其作为重要中药材被药典收录，味甘、咸，性温，无毒，全草可入药，具有补精血、益肾壮阳、润肠通便、提高记忆力、抗衰老、提高免疫力、松弛血管、保肝、抗肿瘤等多方面作用，是珍贵的补益类中药。野生管花肉苁蓉曾经在我国主要分布在新疆维吾尔自治区南疆盆地，国内外市场的巨大需求导致我国野生肉苁蓉资源极速减少，濒临枯竭。为了保护野生肉苁蓉资源，并解决肉苁蓉供需关系紧张的局面，自 20 世纪 80 年代开始，中国开始在新疆维吾尔自治区和内蒙古自治区等地，进行肉苁蓉人工种植栽培技术研究，并取得巨大成功，实现了肉苁蓉的人工栽培。经过 30 多年的研究发展，在新疆南疆管花肉苁蓉主产区亩产可以稳定在鲜重 100 kg 以上，最高可达到 800 kg。在巨大市场潜力驱动下，我国人工种植肉苁蓉产业发展迅猛，肉苁蓉在西北地区已经成为一种新型栽培作物，并被列为西北沙产业发展的支柱项目，在西北干旱地区发展取得巨大成功。

滨海盐碱地属于生长困难立地，但也是我国重要的后备土地资源，充分利用滨海盐碱地土地，发展肉苁蓉特色产业十分必要，且意义重大。自 2012 年开始，山东省林业科学研究院的相关团队，将管花肉苁蓉从新疆维吾尔自治区引进到内陆地区，并在滨海盐碱地区进行栽培研究，经过多年努力，突破多项技术难关，成功创制了“柽柳－林下肉苁蓉种植关键技术”，首次实现环渤海地区规模化种植肉苁蓉，并取得良好的经济效益。2021 年，在潍坊市滨海盐碱地区种植的管花肉苁蓉测产达到 1 000 kg/ 亩以上。柽柳－肉苁蓉复合经营模式在利用抗逆性强的柽柳降盐压碱从根本上解决滨海盐碱地区生态修复难题的同时，兼顾管花肉苁蓉种植，既取得了生态效益，又取得了较好的经济效益及社会效益，为滨海盐碱地综合开发利用提供了新的发展模式和技术途径。

二、滨海盐碱地“柽柳－肉苁蓉”复合经营模式核心技术

（一）复合经营模式简介与优势

柽柳－肉苁蓉复合经营模式主要包括柽柳种苗培育技术、柽柳盐碱地造林技术、柽柳－肉苁蓉共生栽培技术，是一套完备科学的技术体系。在实践应用中，柽柳－肉苁蓉复合经营模式生态效益、经济效益及社会效益突出。第一，生态效益显著，一般情况下植物很难在重度盐碱地生长，柽柳作为重度盐碱地先锋树种，能够在离海水几米处和含盐量1%以上的重度盐碱地上正常生长，其对气温、土质及旱涝等要求均不高。可以在-35℃地区安全越冬，具有强大的泌盐能力和发达的根系，树干部分年生长量可达50～80 cm，树木年龄可达100年及以上，对盐碱地土壤具有较好的改良作用，在重度盐碱地造林效果十分显著。第二，具有盐碱地造林成本较低特点。其他树种在盐碱地造林前一般都要进行盐碱地工程改良，柽柳在黄河三角洲滨海盐碱地区十分常见，可作为重度盐碱地的先锋树种，耐盐碱能力特强，可在含盐量为1%的土壤中正常生长发育，在不进行盐碱地工程改良的前提下，可在盐碱地上直接进行原土造林，盐碱造林成本显著降低。第三，经济效益特别显著。其他树种盐碱地造林，大多数情况下，仅仅只具备生态功能，经济价值十分有限。盐碱地种植柽柳，可以通过在柽柳林下寄生肉苁蓉，生产肉苁蓉这种珍贵的中药材，可显著提高柽柳造林的经济效益，实现柽柳造林生态效益和经济效益双丰收。

（二）复合经营模式的技术内容

1. 柽柳种苗培育技术

种苗培育是柽柳盐碱地造林中至关重要的一环，其成功与否，直接决定后期柽柳造林成败，柽柳种苗培育的流程与要点如下。

（1）种子生产。种子生产包括以下几个方面：①母树选择：选择生长5～10年、生长健壮、无病虫害的柽柳树采集种子。②种子采集时间：柽柳采种期为每年的6月至9月下旬，最好当年采集种子当年用。③采集后种子处理：待种子阴干处理3天全部裂开后，将脱出的种子仔细检查，剔除所有杂质。④种子储藏：当年采集的种子可以在低温0～6℃和常温条件下分别保存，低温保存可以到翌年4月，常温保存可以控制在2周以内。

（2）育苗地块选择。种苗培育的首要任务是选择适宜的育苗圃，育苗圃的土壤质地一般应该为沙壤土或者轻壤土，交通便利、地势平坦、排水良好。pH值通常应该控制为7.5～8.5，种子萌发期为生长脆弱盐敏感时期，总含盐量应该低于0.2%。

（3）苗圃整地工作。整地工作包括地面平整、深耕和筑床3个部分。①平整：首先要根据当地苗圃地形具体特点进行区分或全面整平，在此基础上根据具体情况

修建条田和筑台，要求灌溉和排水通畅。②深耕：地表细致耕耘，机翻或深耕深度一般为 25～30 cm，同时翻耕时应该施入适量氮磷钾复合肥和有机肥，有机肥施入量一般为 3 000～4 000 kg/ 亩。③筑床：一般为低床（畦），筑床要整平整细，疏松表土，筑床长度在 10～20 m，筑床面有效宽保持在 1～1.2 m。

（4）播种育苗。播种育苗必须把握好 3 个方面，播种期的合理选择、播种量是否合适，播种方法准确。①播种期：春播主要选择 4 月上旬前，夏秋播主要选择在 8 月中旬前随采随播。②播种量：必须根据土壤盐碱程度及种子质量而定，一般情况下播种量为 1～2 kg/ 亩。③播种方法：主要包括条播和撒播。撒播：首先对苗床进行充分灌溉，等到剩余水分深度为 2～5 cm，水面停止流动时，将种子均匀播撒于水面，可使种子随渗水均匀附着在土壤表层，撒播之后用草帘进行覆盖。条播：在苗床内划出纵向播种沟，播种沟行距 20 cm 左右，深 3～5 cm。灌水后待床面无水、播种沟存水时沟内撒播种子，方法同散播。容器播种：容器播种育苗主要选择无纺布营养杯、穴盘或塑料营养钵，向每个容器中放入 3～5 粒种子，播后覆土 1～2 mm，播种后到出苗这段时间保持基质湿润。

（5）扦插育苗，扦插育苗主要分为嫩枝扦插和硬枝扦插。

嫩枝扦插：时间一般在 6 月上旬至 8 月中旬进行，采集直径 0.4 cm 以上、长度 8～12 cm 半木质化旺盛营养枝。带叶插条应淡水浸泡 5～6 h，其间换水冲洗 3～5 次；不带叶插条浸泡 2 h 左右。育苗最好在温室或拱棚中进行，有条件的地方应当配套自动间歇喷雾系统，并可自动控制温度。育苗基质组成及配比主要为无菌基质：珍珠岩：蛭石：中细河沙其体积比例为 4：1：1：4。于容器或苗床内扦插，苗床覆 10 cm 厚基质。嫩枝扦插要点：随采随插，扦插深度 4～6 cm、密度为 100～300 株 /m^2，生根前保证充足水分，局部空气相对湿度应达到 90%～100%，苗床上部温度控制在 25～30℃。生根后喷雾量逐渐减少，常态化管理。扦插苗龄 45 日以上根长大于 6 cm，亦可留床越冬。

硬枝扦插：秋季落叶后至春季萌芽前，采集条龄为 1～2 年生、基径大于 0.8 cm，小头直径大于 0.5 cm 的健康种条，于落叶后至封冻期或开冻至萌发期都可以进行扦插。硬枝插条的保存，首先应对枝条进行分级，计数打捆进行储藏，深度在冻土层以下，采用河沙或沙土覆埋，保持湿润；整条储藏或剪截为 10～12 cm 插穗再储藏。扦插前对储藏插穗进行质量、数量检查，去除变质插穗。扦插之前插穗条采用淡水浸泡 1～3 d，每 12 h 换水 1 次，出水后及时扦插，避免失水。扦插密度为 10 400～22 000 株 / 亩，行距 30～60 cm，株距 10～15 cm。插深以插穗顶端与地面平齐为准，扦插当日大水浇灌，灌溉后插穗顶端暴露 1 cm 为宜。为提高地温促进提前生根可采用地膜覆盖，容器苗扦插，以选无纺布容器或塑料营养钵为宜，容器直径为 6～10 cm。

（6）育苗苗期管理。

播种苗：播种 3～5 d 后一定要保持床面湿润。床面缺水时应该及时采用喷雾器进行喷雾补水，严禁使用大水漫灌而导致出苗困难。

扦插苗：应小水漫灌或喷雾，保持土壤湿润。

生长期：生长初期和速生期阶段，灌水量和灌溉频率以保持土壤湿润为准。生长后期可根据土壤墒情适时灌水。若苗木露地越冬，秋季应减少灌水，在封冻前、春季萌芽前宜各灌溉 1 次。结合灌水，每年追施复合肥 80 kg/ 亩，追施尿素 50 kg/ 亩。

播种苗要及时间苗，苗高达 3 cm 间苗 2～3 次，定苗密度为 20 000～66 666 株 / 亩。留圃苗木第一年密度为 20 000 株 / 亩，翌年密度为 6 666 株 / 亩。插穗萌芽后及时抹芽。培育丛状苗木，一次定 3～5 个芽。培育单主干苗木，萌芽时先留 2 个芽，苗高 5～10 cm 时，保留一个芽。育苗期间要及时除草，以人工除草为主，可施用选择性除草剂。灌水或降雨后，及时松土保墒。另外，“乔化”苗木培养应修枝提干。留圃苗在萌芽前，于地下 20～30 cm 处进行断根处理。及时防治病虫害和其他有害生物。

（7）苗木出圃。起苗时应选择适当的时间和方式，保证苗木根系完整，落叶后至封冻前或土壤开冻至萌芽前均可进行。起苗前灌一次透地水，起苗深度应大于 30 cm，保持苗木根系完好。

2. 柽柳盐碱地造林技术

（1）地块选择与整地。土壤的含盐量一般要求 1% 以下，pH 值宜控制在 8.5 以下，土壤质地不宜过于黏重。整地可采用全面整地和穴状整地方式。黏土、重壤土、中壤土采用全面整地，轻壤土、沙土可穴状整地，直接造林。地下水位较高，盐碱较重地区，可根据地形特点修筑台田、条田或铺设暗管，进行土壤改良，达到造林要求。

造林时间：柽柳造林时间至关重要。一般应避开高温时间，秋季落叶后至春季萌芽前，为最适宜造林时间。容器苗造林可不受季节限制，但最好以雨季造林为佳。

密度与规格：柽柳造林要根据实际地块情况，确定柽柳的种植密度和规格。一般来说，株行距应控制为（1～2）m×（2～3）m，密度可根据具体情况确定为 1 650～4 950 株 /hm^2。

造林方法：采用小穴植苗造林，植树穴大小为 20 cm×20 cm×30 cm 至 40 cm×40 cm×40 cm。留好树穴蓄积雨水。

补植：造林成活率低于 40%，重新造林。成活率 41%～85%，或 85% 以上但分布不均匀的进行补植。补植苗木应比存活林木大一级规格。补植时间为造林当年秋季至翌年春季萌芽前。

（2）抚育管理。柽柳林要及时打药防治病虫害和除草，每年的秋季对柽柳林地进行 1 次旋耕松土以增强土壤透气性，灌水施肥补充柽柳生长所需水分和各种养分。在生长 1～3 年后，根据造林目的进行修枝整形培养成为灌木或者乔木林。

（3）病虫害防治。柽柳林的虫害主要有蚜虫、梨剑纹夜蛾、缘天牛、豹蠹蛾。

病害主要有腐病、白粉病及锈病。应该及早做好预防，并根据相应虫害和病害情况，及时打药处理。

3. 柽柳接种肉苁蓉栽培技术

（1）管花肉苁蓉种植条件。管花肉苁蓉具有广泛的适应性，在年降水量低于100 mm（在高降水区域需要进行良好的排水）、年均相对湿度为50%左右的气候条件下均能生长。适合生长的土壤应该通透性好、盐碱度低、渗水性良好（含水量3%～18%）、地下水位应该在3 m以下、土壤一般应该为沙土或者沙壤土、种植区域应该有浇水条件、pH值为8.0～9.5。对土壤中有机质的含量要求不高，但不适宜在黏重土壤中种植。

（2）种子的筛选。肉苁蓉种子可以在市场购买或者在具备条件的地方进行采收。市场上管花肉苁蓉的种子质量参差不齐，无论是自行采收还是采购，为了保证种子的发芽率，一定要筛选粒大（直径大于0.5 mm的为佳）、饱满、有光泽和成熟度较高的种子进行播种。

（3）寄主培育。管花肉苁蓉属于寄生植物，主要寄生在柽柳根部。由于春季随着气温回升，柽柳毛细根系迅速生长和发育，有利于提高接种率和肉苁蓉产量，所以黄河三角洲地区在春季接种管花肉苁蓉，一般4月下旬至6月上旬最适合。柽柳林培育2年以上，冠幅达1.5 m以上为宜；最佳栽培模式是宽窄行栽培，宽行行距4～5 m，窄行行距1 m，株距1 m，便于机械化作业、后期管理及采收。接种方法主要有以下3种。

①穴式接种法：在距寄主植物80 cm的行间，挖长宽深40 cm的接种穴。将细沙拌匀的种子撒于寄主植物须根周围，用土回填至穴深一半后灌水，完全渗透，覆土、踏实，播种量为每穴播净种2～3 g。

②沟式接种法：在距寄主主干70～80 cm处开沟，宽度30 cm，深度根据根系分布层确定，一般以40～60 cm为宜，将管花肉苁蓉种子拌沙后撒播于沟底一层，填土10 cm，再撒一层，共撒播三层。播种量2 400～4 800 g/hm^2。最后将沟回填埋实灌溉即可。

③机械接种法：在柽柳单侧，距寄主植物主干60～80 cm使用播种机将种子直接播入，开沟深度40～60 cm，播种量1 500～3 000 g/hm^2，一般建议采用3 000 g/hm^2，播种机一次可完成开沟、播种、覆土。

无论哪种接种方法，可以事先用生根剂或生根粉水溶液喷洒柽柳毛根及周围沙土，然后将种子与适量沙土和有机肥混匀，撒播于沟内，再回填土、灌水、覆土踩实，这样可以提高接种率。

4. 栽培管理

管花肉苁蓉栽培分为规范化栽培和模仿野生环境栽培等方式。在柽柳林面积大、立地条件差的区域，适于采用仿野生栽培模式；在面积小、立地条件和管理条件好的地区可以选择规范化栽培模式。

（1）浇水。接种后首先要灌透水1次，之后降雨少的月份每月灌溉1次，最迟9月中旬再灌溉1次，之后为防止发生冻害不宜再浇水。由于管花肉苁蓉接种后有当年接种出土和二三年后接种出土的，可以根据今后2～3年的生长情况，进行补种，补种的接种沟最好与第一次接种时挖的沟保持20～30 cm的距离，以保证肉苁蓉能够连续产出。

（2）施肥。为提高管花肉苁蓉的品质，应尽可能给柽柳施用厩肥等有机肥，化肥应少施。

（3）除草。可结合柽柳林管理，及时清除林间杂草及杂灌木等。

（4）病虫害防治。除了要加强柽柳的病虫害防治外，还要注意种蝇及老鼠等动物对管花肉苁蓉的直接为害。

（5）人工授粉。管花肉苁蓉属于异花授粉，自然受粉率较低，在管花肉苁蓉开花季节，应当进行人工辅助授粉或放养蜜蜂等传粉昆虫。留作采种的植株，为提高种子质量在初花期可以人工摘除花序顶端4～5层花。

5. 管花肉苁蓉和种子采收

（1）种子的采收。可以选择果序饱满的果实留种。管花肉苁蓉果实变黑、剥开果实后种子呈现黑褐色说明已经成熟，应及时采收。在黄河三角洲区域一般在6月底至7月底这个阶段成熟，要经常对果序进行观察，发现成熟的可立即采收。采收时用刀从果序的基部砍断，将收集到的果序集中置于阳光下暴晒，待果实自然开裂，碾压或用木棍敲打出种子，去除杂质，再将种子集中晾晒至干保存。

（2）管花肉苁蓉的采收。与种子采收时间不同，一般待管花肉苁蓉出土开花后第3年的春季或秋季当有花序顶出地面时采收，采完种子的管花肉苁蓉一样可以整株采收。人工采挖时，在接种区外侧50 cm向接种区刨挖，但是一定注意保护好接种盘。如果不留接种盘，可以采取机械采收，直接将寄主根切断，翻出管花肉苁蓉。

6. 管花肉苁蓉加工

将采收的管花肉苁蓉除去泥沙等杂质后，若顶头变色须去除变色部分，整株暴晒或机械干燥。干燥过程中，要注意将茎尖部分除去以防生长开花降低质量，同时也要注意防霉腐烂。由于管花肉苁蓉体积较大，整株干燥困难，可以将整株用切片机切成6 mm左右的切片，再干燥包装。

三、滨海盐碱地区“柽柳－肉苁蓉”技术模式推广做法和成效

1. 强化顶层设计政策支持，营造产业发展的良好环境

柽柳－肉苁蓉产业的发展离不开政策的推动和引导。针对滨海盐碱地生态修复，山东省政府先后编制了《黄河口国家公园整体规划（2021—2035年）》《山东省国土空间生态修复规划（2021—2035年）》《山东省“十四五”林业保护发展规划》《山

东省林业产业发展“十四五”规划》《山东省“十四五”自然资源科技创新规划》等。并将柽柳种植纳入相关省级政策规划中。如在《山东省湿地保护规划（2022—2030年）》中明确提出在淤泥质海岸应推广种植柽柳林，为滨海盐碱地综合利用以及柽柳造林做好顶层设计和政策支持。同时紧紧抓住国家“南红北柳”生态修复工程重要契机，在滨海盐碱地区大规模种植柽柳。截至2025年，建成滨海柽柳防护林8万多亩。另外，通过财政补贴、项目资金等方式，进行滨海盐碱地综合利用改造试点，大力发展相应灌溉基础设施，支持企业和农户种植柽柳和肉苁蓉，降低了种植成本，提高了种植积极性，为山东省滨海盐碱地柽柳－肉苁蓉产业发展起到了很好的指引和保驾护航作用。

2. 强化聚才引智，打造柽柳产业发展新路径

为了实现生态效益和经济效益的双赢，山东潍坊滨海实施积极招才引智政策，与中国科学院、山东省林业科学研究院等科研单位合作攻关，首先培育出了鲁柽1号新型耐盐碱乔木型柽柳－盐松，使得柽柳在具备生态改良效果的同时兼具了园林绿化美化作用。其次，研究解决了管花肉苁蓉培育立地条件选择、机器播种、管护等关键技术环节的难题，实现了管花肉苁蓉在山东省潍坊市滨海盐碱地区的高效规模化种植。据测算，林下种植的肉苁蓉亩均产量可达500 kg，鲜品亩产值可达万元，深加工后亩产值更可达5万元以上。通过这种套种模式，山东省潍坊市滨海走出了一条兼顾生态和经济效益发展的新模式，实现了三产融合发展。

3. 强化产业融合和市场拓展，推动柽柳－肉苁蓉产业高质量发展

政府积极推动相关产业融合发展，鼓励企业和农户发展以柽柳肉苁蓉为主题的生态旅游、观光农业等新业态。如潍坊市滨海的“柽柳＋肉苁蓉”种植基地，不仅成为当地的生态景观，还吸引了大量游客前来观光旅游，带动了当地餐饮、住宿等服务业的发展。

加强市场推广与品牌建设，政府通过举办展会、文化节等活动，加强柽柳－肉苁蓉产品的市场推广。例如，潍坊市滨海举办了“阿拉善SEE齐鲁项目中心北柳节暨山东省首届肉苁蓉文化节”，提高了柽柳－肉苁蓉的知名度和市场影响力。

强化柽柳－肉苁蓉模式产业链上下游深度融合，对肉苁蓉产品进行深度加工，开发中药、保健品、美容护肤、消杀等产品，提升附加值；同时提取柽柳有效成分，用于研发高端产品，实现柽柳资源全利用，形成多元化产品体系，增强产业竞争力。

【案例点评】

盐渍化土地属于困难立地，条件恶劣，植物难以正常生长。其改良与应用一直是巨大难点，以往的盐渍化土地改良无法有效将生态效益、经济效益及社会效益结合起来。该案例亮点，是山东省滨海盐碱地区深挖生态产业潜能，以全局化视角，

盘活自然资源使用权，大力发展林下经济。山东省林业科学研究院团队通过多年攻关，首次实现了管花肉苁蓉在滨海盐碱地区的高效规模化种植，解决了柽柳林经济效益低的问题，为盐碱地低成本高效可持续综合利用提供了新途径，对加快推进黄河三角洲生态保护和高质量发展以及海岸带盐碱地生态修复具有重要作用。该技术的研发与推广对深入践行“绿水青山就是金山银山”的绿色发展理念，构建生态产业体系，促进生态文明建设、助力乡村振兴和区域经济社会发展具有重要意义。

（北京市农林科学院：刘铎、王拯、陈兆波；
山东省林业科学研究院：刘德玺、杨庆山、魏海霞）

案例二十六

东营市南美白对虾二茬接续养殖模式

一、东营市养殖南美白对虾现状

南美白对虾（*Litopenaeus vannamei*）又名凡纳滨对虾，原产于南美洲的热带水域，是世界养殖产量最高的虾种之一。南美白对虾是广温广盐性热带虾类，可在水温 18～32℃，盐度 1‰～40‰ 条件生长，是一种优良的淡化养殖品种。1988 年中国科学院海洋研究所张伟权教授率先从美国引进此虾，并在 1992 年突破了育苗关，从小试到中试直至在全国各地推广养殖。南美白对虾具有个体大、生长快、营养需求低、抗病力强等优点，对水环境因子变化的适应性较强，对饲料蛋白含量要求低，出肉率高达 65% 以上，离水存活时间长，是集约化高产养殖的优良品种，也是目前世界上三大养殖对虾中单产产量最高的虾种。

东营市地处渤海湾南岸，莱州湾西岸，黄河入海口两侧，全市盐碱地面积达 180 万亩。地下水位较高，盐分含量，水质条件适宜养殖南美白对虾。自 20 世纪 80 年代开始，东营市对虾养殖产业经过中国对虾、南美白对虾开发高潮，规模持续健康发展。利用海岸线长、滩涂资源禀赋优势，立足当地渔业资源和产业基础，实施标准化池塘、工厂化循环水设施等改造提升、对虾加工和品牌培育等工程，多措并举发展对虾产业，基本形成了育苗、养殖、加工等一体化产业发展格局，涌现出了海晟源、正大、通威、昊华等高标准集约化企业，带动了全市对虾产业的发展，发展到现在，南美白对虾养殖已是东营市渔业支柱产业之一，2022 年产量达 5.7 万 t，产值 46.5 亿元，其中，工厂化养虾 100 万 m^2，实现产量 1.8 万 t；池塘养虾 42 万亩，实现产量 3.9 万 t。目前，对虾育苗能力 400 亿尾，池塘、工厂化对虾养殖面积分别为 42 万亩、100 万 m^2，年产量 5.7 万 t。

发展南美白对虾遇到的问题：一是对虾种业协同创新机制不健全。在对虾良种研究、选育、引进、繁殖、销售和质量监督等方面还未能形成产业化，缺少种虾的提纯、保种、杂交、选育等技术和生产能力，优质苗种社会需求量大，但是供给能力有限。二是对虾产业融合发展能力不够。对虾养殖规模整体上不大，养殖池塘标准化程度较低，进排水渠、生产路等基础设施配套不完善，抵御自然灾害能力较弱。规模化对虾加工企业数量较少，受融资和技术等因素制约，对虾加工产业发展缓慢。现有企业仍存在规模小、产品市场占有率低、抗风险能力差的问题，缺乏闯市场的能力。同时，加工设备和加工技术落后，多数为烤虾等初级产品，加工产品质量难以保证。三是对虾品牌影响力不高。东营市“黄河口”名优水产品知名度较高的是黄河口大闸蟹，对虾产业规模较大，但是水产品品牌的创建和品牌企业的打造发展速度仍较慢，品牌整体效益偏弱。单靠企业自身参加各种博览会等方式，短时间内很难有效提升品牌价值。

东营市池塘和水库养殖南美白对虾苗种主要由当地水产苗种繁育企业自行繁育，工厂化养殖南美白对虾苗种主要来自海南省、福建省等地。近两年，在南方自然灾害较为严重、对虾疾病频发的背景下，南美白对虾价格一路走高，催生了北方南美白对虾养殖业的蓬勃发展。借着这股“东风”，东营市新建及改造池塘养殖南美白对虾，尤其是新建及改造育苗车间工厂化养殖南美白对虾产业迅速发展。

南美白对虾小棚养殖模式最早起源于南方地区，由于成本低、产量高、易于控制病害、一年两季虾均可错峰上市等特点，规模迅速扩大并向北方地区发展。2019年开始，广饶县率先引进南美白对虾二茬接续养殖模式，截至2021年底，东营市应用该模式的养殖面积达到1.3万亩。该养殖模式改变了传统天然池塘一年只能养殖一茬虾的现状，通过温室大棚标粗苗种，实现天然池塘能养二茬南美白对虾，并且能错峰上市，节约成本的同时增加了经济效益。

二、南美白对虾二茬接续养殖模式的特点和优势

（一）南美白对虾二茬接续养殖模式简介

一茬虾，于4月上旬购进由淡化苗场淡化标粗好的虾苗（P10），移到虾苗暂养池（暂养温棚）进行30 d左右的集中暂养，虾苗体长可达3～5 cm（5月上旬）。由虾苗暂养池分出的幼虾移入室外池塘进行50 d左右（6月下旬）的养殖即可达到商品规格出塘上市。二茬虾，于6月下旬购进由淡化苗场淡化标粗好的虾苗（P10），移到虾苗暂养池（暂养温棚）进行30 d左右的集中暂养，虾苗体长可达3～5 cm（7月下旬）。由虾苗暂养池分出的幼虾移入室外池塘进行50 d左右（9月上旬）的养殖即可达到商品规格出塘上市。

（二）南美白对虾二茬接续养殖模式优势

1. 可以实现早放苗、早收获，实现北方外塘一年至少二茬养殖

根据以往的经验，北方天然塘养殖一般5月上旬待水温稳定在18℃时才可放苗，该模式可实现提早放苗。利用温室棚保温性能，可以在4月上旬就可以放苗。待到天然池塘水温上来后，放养苗种已经是4～5 cm，可以早收获。

2. 有效规避对虾疾病暴发期

南美白对虾在7—8月水温高时是疾病暴发期，第一茬对虾收获在6月下旬，第一茬对虾养殖阶段避开了疾病集中暴发期，可有效规避养殖病害。

3. 极大降低苗种养殖成本和养殖风险

该模式中苗种先在温室棚中暂养一个月时间，该过程便于集约化管理，极大地节约了人力成本和投入品成本，同时转嫁了外塘在幼虾期的养殖风险，有利于提升外塘养殖成功率。如果养殖不成功损失的最多是苗种成本、人力和部分投入品成本。

4. 缩短养殖周期，减少外塘养殖成本

以往在外塘养殖时间3个月左右，应用该模式，在塘养殖时间50 d左右，养殖周期大大缩短。养殖周期的缩短，减少了养殖成本，同时也减少了池塘养殖污染和养殖阶段改水改底成本。

5. 提高了外塘虾苗的成活率，提高了饵料利用率

由于投放外塘虾苗规格大，大规格虾苗成活率高，降低了放苗数量误差，有利于饵料投喂量和养殖存活率的计算，提高了饵料的利用率。

6. 效益明显

经济效益明显。以广饶县陈官镇群海家庭为例，养殖面积80亩。一年一茬养殖模式。经过一个生产季节的养殖，成品虾30头/斤，养殖总产量达到30 000 kg，平均亩产500 kg，经济效益达120万元。一年二茬养殖模式。一茬虾，外塘平均亩产600 kg，棚内亩产1 000 kg，经济效益184万元；二茬虾，外塘平均亩产400 kg，棚内亩产800 kg，经济效益128万元，总经济效益312万元。由此可见南美白对虾二茬接续养殖模式实现经济效益是一茬养殖模式经济效益的2.6倍，大大提高了经济效益。

生态效益显著。养殖过程中一茬虾养殖水体不外排，通过消毒处理和微生态制剂调水后再进行二茬虾的养殖，大大减少了养殖水体的浪费和对环境的污染，生态效益明显。

社会效益提升。一是增加渔民收入。通过上面的经济效益对比发现，一年二茬养殖能大大提高渔民收入。二是避开风险减少损失。通过近几年的天气变化显示，极端天气的暴发期是7月底到8月。二茬接续养殖模式，一茬虾能成功避开极端天气的暴发期，同时极端天气暴发期内，渔民最多损失的是棚内的二茬虾苗，而不是成品虾。三是养殖模式可复制性强。该养殖模式自2020年陈官镇群海家庭农场应用该模式成功后，吸引周边很多养殖户应用该模式。同时，广饶县北部地区盐碱地资源丰富，可大力推广该模式。

（三）南美白对虾二茬接续养殖模式的核心技术

1. 暂养池养殖

由淡化苗场淡化标粗好的虾苗，移到虾苗暂养池（暂养温棚）进行30 d左右的集中暂养，虾苗体长可达3～5 cm，一般放苗时间3月底或4月上旬。

（1）暂养温棚建设。暂养池面积1～2亩，长方形为宜，水深1.5 m左右，池底相对硬实，无淤泥。大棚以钢架结构为宜，坚固、抗风、保温。池中间搭建投饵走廊，便于喂养管理。

（2）池塘消毒配水。建好温棚后，对池塘进行清理整平，布设增氧充气设施（纳米增氧盘），然后进水5 cm，用漂白粉30 mg/kg进行池底及池坡消毒处理。消毒24 h后，抽取地下卤水进行钾钠离子平衡（依据地下卤水盐度大小施加氧化钾含量

60% 的氯化钾），然后进行曝气氧化达到 2 d 以上。根据淡化苗场的盐度大小，加注黄河淡水（经 80 目筛绢网过滤）用来调节池水盐度，调配至盐度与虾苗淡化标粗场一致，用于虾苗中间暂养。

（3）池塘肥水（建立良好的藻相）。地下卤水与黄河淡水进行钾钠平衡与盐度调节完成后，应对水体进行一次消毒处理（杀灭养殖环境有害菌），广饶县地下卤水盐度 17‰ 以上。一般采用高效低毒的消毒剂进行消毒（如聚维酮碘、过硫酸氢钾等）。消毒 2 d 后即可进行肥水。肥水一般采用专用肥素（膏），选用肥水肥料应注意氮磷钾的平衡，尽可能不使用无机化肥和不经发酵消毒的有机肥。肥水时间视天气情况和池水透明度灵活掌握，天气晴朗期间一般需要 7 d 左右的时间，池水透明度达到 30 cm 左右。肥水后的藻类以硅藻（茶褐色）或绿藻（墨绿色）为佳。

（4）接种有益菌（形成良好的菌相）。虾苗入池前 3 d，应及时接种有益菌（枯草芽孢杆菌、光合细菌或 EM 复合菌），使之尽快形成优势菌落，从而在标粗期间保持良好的菌相环境。

（5）试水。将淡化苗场淡化好的虾苗放入即将进行中间暂养的池水中，经过 72 h 的试水观察，确认虾苗无异常死亡并正常蜕皮生长。

（6）虾苗入塘。水温一般在 20℃以上，水位 1 m 左右；pH 值 8.2 左右；盐度 5 以上；放养密度：1 000～1 500 尾 /m^2。

（7）暂养标粗管理。

①溶解氧：24 h 连续增氧，确保 DO 达到 5 mg/L 以上。

②饵料投喂：前 10 d 以细虾粉，辅以优质 0 号配合饵料，日投喂 8 次；10～20 d 期间，逐步转换至优质 0 号配合饵料，辅以少量优质粉碎扇贝外套膜（边）；20～30 d，全部转换至优质 0 号配合饵料。

③日常管理：

添换水：前期 15 d，每天添加经过滤的新鲜淡水，虾苗入塘 15 d 后，水位达到最高水位。15 d 后，视池塘水环境情况可进行适量换水，每次换水量 10～15 cm。

环境改良：虾苗入池 10 d 后可进行一次水体消毒和底质改良处理（聚维酮碘、过硫酸氢钾等），24 h 后，补充施加有益菌。每 10 d 泼洒一次维生素 C、葡萄糖或红糖，以减少因添换水给对虾造成的应激，确保有益菌和单细胞藻繁殖所需的碳源。

日常观察：每天检测水体水温、氨氮、亚硝酸盐和 pH 值，出现大的波动及早分析原因并进行有效处置；每天检查虾的摄食和生长健康状况，及时增减投饵量，10 d 后安置饵料台。

（8）分苗出塘（4 月底至 5 月初）。根据外塘水温回升情况，水温稳定在 18℃左右开始分苗。及时了解天气变化，提早 3 d 对暂养池进行降温，减少温棚与外塘温差。广饶县陈官镇群海家庭农场温室棚跟外面的天然池塘联通，通过放水“排苗”的方式，将苗种分到天然池塘。

2. 外塘接续养殖

在暂养温室暂养 30 d 左右后，开始放在外塘养殖。外塘养殖时间在 5 月初至 6 月下旬。

首先用生石灰、漂白粉、茶籽饼等对外塘清淤消毒，建立良好的藻相，再接种有益菌建立良好的菌相，最后通过虾苗试水进行放苗。养殖 50 d 左右，在 6 月下旬或者 7 月初进行收捕。

3. 第二茬虾养殖

6 月下旬对温室暂养池进行消毒，再次购进淡化后标粗苗种，因为该时间段温度较高，暂养时间 20 d 左右就可以放外塘进行养殖，外塘养殖 50 d 左右进行收捕。

三、东营市南美白对虾二茬接续养殖模式推广的做法

（一）创新模式，现代渔业提档升级

充分利用丰富的盐碱地资源，自引进南美白对虾二茬接续养殖模式后，经过几年的发展，东营市南美白对虾产业走出了一条政府搭台、农民唱戏、龙头带动、社会参与的产业振兴路子，不断突出模式创新，增加养殖效益，积极推广拱棚双茬南美白对虾养殖模式，已发展大小拱棚 19 320 个。截至 2022 年底，全市淡水养殖南美白对虾池塘 5 万亩，养虾户 600 余户，超千亩的水产基地 13 个，平均亩产 300 kg，最高亩产 600 kg，年产量 2.47 万 t，产值 15 亿元，平均亩纯收入 1.5 万元，最高 6 万元。虾苗淡化企业 13 家，年实际生产能力 200 亿尾。

提升对虾产业科技创新能力，锻造对虾产业发展升级提效新动能。发挥黄河三角洲海洋资源保护与利用研究院等创新平台引导作用，深化与中国科学院海洋大科学研究中心合作，聚焦对虾种苗育繁推、生态健康养殖、设施装备、加工等关键领域，引进渔业创新团队，孵化自主创新型企业，推动渔业科技成果落地转化。加强关键技术攻关。推行渔业科技攻关“揭榜制”，招募高水平揭榜团队，组织开展黄河口对虾新品种选育等重大关键技术攻关，集中全社会力量攻克制约对虾发展难题。强化对虾产业企业创新主体作用。激励企业加大渔业科技研发投入，引导涉渔企业建立渔业科技研发中心。加大渔业科研机构对虾产业人才培养力度，积极引进紧缺人才，为对虾产业绿色高质量发展，以解决制约因素、关键技术等难题为目标，全力攻坚突破，引领产业发展。

（二）渔业升级，推动水产绿色发展

加快推广拱棚双茬南美白对虾养殖模式，做大做强“黄河口”品牌。加快与科研院所对接，引进智能高效生态立体工厂化对虾养殖项目，实现产业转型升级，使

之成为乡村振兴的产业支撑。对科技含量高、市场前景好的企业进行技改、扩建、兼并、联合，走“品牌加规模”的路子。加强有机水产品、绿色食品认证力度，提高和保障水产品品质，提高市场知名度，提升品牌软实力。

立足资源优势，以现代渔业园区培育为抓手，做大优势对虾产业规模，形成对虾产业集群。推广对虾良种，通过池塘生态养殖和工厂化生产相结合的方式，提高对虾养殖水平。大力发展循环水对虾养殖模式，依托河口区海晟源公司、垦利中朗公司、市现代农业示范区正大和尚牧公司等推广循环水和生物絮团等技术在工厂化养殖上的应用，实现水资源循环利用或达标排放。利用开发的盐碱地“上农下渔”提高对虾养殖占比，实现“以渔治碱”。打造以河口区六合街道办、新户镇和利津县陈庄镇、汀罗镇等为代表的“上农下渔”及温棚养殖为主的盐碱水养殖基地。开展多营养层级立体养殖。充分利用水体空间，不同食性、不同栖息水层的品种在同一池塘中混养，在垦利区、河口区等实施“海参－对虾”混养、“大闸蟹－对虾”混养、“对虾－鲢鳙鱼”混养等，增加综合收益。

（三）种业振兴，实施品牌提升工程

加强对虾种业联合攻关。积极创建省级以上良种场，强化种质资源创新，充分利用激励企业技术创新的各类普惠性政策，引导种业企业加大研发试验投入，支持对虾种业企业与科研院所联合攻关，开发性状稳定品质优良的水产新品种。到2023年，争创省级良种场1处，对虾繁育能力达到450亿尾；到2025年，对虾繁育能力突破500亿尾。

组织开展黄河口对虾产销大会，向主流媒体通报东营市对虾产量、指导价格、销售渠道等，扩大对虾市场影响力。与专业机构合作，创建“中国对虾之都”，开展中国工厂化养虾大会及对虾产业高峰论坛；引导对虾企业积极参加各类展会、评比会、交易会，指导开展营销、电商销售、网络宣传，多种渠道提升“黄河口对虾”品牌知名度。挖掘黄河口对虾餐饮文化，推出独具特色的烹饪方式和食用方式，形成冷水鲜食、烤对虾、白灼海虾、椒盐虾等特色对虾餐饮产品。

【案例点评】

近年来，由于大量灌溉水的不断渗入，灌溉地区较低地区地下水水位不断抬升，土壤盐碱化不断加深。盐碱地很难发展种植业，导致很多盐碱地弃耕撂荒。在盐碱地上利用盐碱地回归水和黄河水进行南美白对虾养殖，发展特色碱水渔业，不仅能治理土地盐碱化，改善区域生态环境，更能带动群众增收致富，助推黄河流域高质量发展和生态保护。南美白对虾二茬接续养殖模式能实现北方天然池塘养殖南美白

对虾一年养二茬，提高了产量，增加了效益，越来越受到东营市渔民的欢迎。

（广饶县农业农村局：刘群、王军、崔慧敏、孙玉明；
广饶县林业中心：孙骞；
东营市海洋发展和渔业局：陈聪聪、常雯；
利津县农业农村局：张丽平）

主要参考文献

董俊，2022. 东营市小棚养虾的绿色养殖模式探讨 [J]. 河北渔业 (4): 14-15.

黄薇，张根玉，骆志强，等，2016. 南美白对虾池塘温室二茬养殖水质动态对比 [J]. 水产科技情报，43(1): 23-24.

刘金明，薄学锋，刘慧，2015. 盐碱地低盐水南美白对虾健康养殖技术 [J]. 科学种养 (9): 45-46.

刘兆琦，李应鑫，姜明，2022. 利津县南美白对虾养殖现状的调研 [J]. 黑龙江粮食 (10): 57-59.

刘振鲁，张小玲，高兆明，等，2022. 北方地区南美白对虾“135”分级接续两茬高效养殖技术分析 [J]. 中国水产 (8): 84-87.

刘志伟，张海洋，王洪雨，等，2022. 内陆南美白对虾“135”分级接续养殖技术 [J]. 农业知识 (3): 33-34.

王淑生，2019. 北方地区南美白对虾“135”二茬分级接续养殖技术 [J]. 科学养鱼 (6): 29-30.

张文革，任卫东，2023. 黄河三角洲万亩南美白对虾健康养殖技术集成分析 [J]. 中国水产 (2): 73-75.

案例二十七

东营盐碱地黄河口大闸蟹生态养殖模式

一、基本情况

大闸蟹是中国传统的名贵水产品之一。大闸蟹学名“中华绒螯蟹”，又称河蟹、毛蟹、海毛蟹，以水生植物、底栖动物、动物尸体及有机碎屑为食的杂食性水生甲科动物。大闸蟹为洄游品种，在海水中繁殖、淡水中生长。每年秋季常洄游到出海的河口产卵，翌年繁殖的蟹苗再逆流而上，到淡水中生长，分长江水系、黄河水系、海河水系、辽河水系四大品系。大闸蟹肉质细嫩，味道鲜美，富含维生素 A，蛋白质含量与海蟹相等；脂肪和碳水化合物含量远远高于对虾、带鱼、沼虾等；铁含量非常高，核黄素含量也多，营养价值特别高。

黄河口大闸蟹是山东省的名优水产品之一，2008 年被认定为全国农产品地理标志产品，是山东省十大渔业品牌。黄河口大闸蟹品牌价值达到 31.93 亿元，2022 年成为第一批“好品山东”品牌。东营全区大闸蟹养殖面积 5 万亩，其中标准化养殖池塘 3 万亩，亩产超 200 斤，平均规格 3.5 两（1 两 =50 g），年产大闸蟹 5 000 余吨，产值超 5 亿元。全区现有惠泽、恒盛、景明、绿城、大闸蟹公司等 10 余家黄河口大闸蟹龙头企业、9 家大闸蟹合作社，以及垦利街道南三合村、小高村等黄河口大闸蟹养殖专业村，从事大闸蟹养殖的农户超 300 户。3 家企业产品荣获山东省知名农产品企业产品品牌。建成中华绒螯蟹省级良种场 2 家、国家级水产健康养殖示范场 2 家，“三品一标”认证中华绒螯蟹认证达到 9 个。为加快推进黄河口大闸蟹养殖业绿色发展，针对东营地区盐碱水离子系数与 pH 值高、水质调控与生境营造困难，大闸蟹增效乏力等水质特点和产业问题，在山东省淡水渔业研究院等科研院所的指导支持下，东营市优化构建了盐碱地黄河口大闸蟹生态养殖模式，提高产品的品质和效益，对充分挖掘盐碱地的改造与利用潜力具有重要意义。

二、黄河口大闸蟹生态养殖模式特点和优势

1. 大闸蟹生态养殖模式技术简介

本技术采用黄河口大闸蟹池塘混养鳜鱼与凡纳滨对虾的适宜放养模式。在主养大闸蟹的池塘中，混养凡纳滨对虾、鳜鱼，充分利用自然资源、生物防控的方法促进大闸蟹养殖的生态化防控，实现有目的性的调节水质、减少疾病发生，提高养殖成功率的养殖模式，是实现大闸蟹养殖产业可持续发展的一种方法。

2. 大闸蟹生态养殖模式的技术优势

大闸蟹养殖过程中残饵、生物排泄物、浮游动植物残体等经沉积作用而逐渐富集于底泥，最终造成底泥严重污染。凡纳滨对虾能够摄食池塘中的残饵、有机碎屑等，加速系统中有机物质的代谢及转化过程，同时对虾对底泥的扰动，可强化底泥

中有机物质的再悬浮，消耗水体溶解氧，降低底泥有机物的积累，促进氮磷营养盐的迁移，从而改善底质环境。鳜鱼是食肉性鱼类，可以摄食因加注黄河水进入养殖池塘的麦穗鱼、鲫鱼等鱼类，减少鱼类存塘量，降低鱼类对黄河口大闸蟹的争氧、争食能力，利于黄河口大闸蟹个体生长和产量提高。因此，黄河口大闸蟹盐碱水养殖池塘中混养凡纳滨对虾和鳜鱼，既可以改善养殖水体质量，提高大闸蟹品质，又可以将低值鱼类转化为高值鱼类，增加养殖效益。

三、大闸蟹生态养殖模式的核心技术

（一）合理放养

1. 提早放养

大闸蟹扣蟹应提早放养，在年前水体结冰前或翌年冰融化后进行；鳜鱼种和凡纳滨对虾苗在5月中下旬放养。每亩池塘放养规格为100～160只/kg的扣蟹1 500只左右、规格3～5 cm的鳜鱼种10尾、规格1 cm的凡纳滨对虾苗种（P10）1 000只。

2. 水体解毒杀菌

放养扣蟹前3 d，全池泼洒1次有机酸（亩用量250～500 mL），对水体进行解毒和杀菌，放养当天泼洒1次抗应激维生素C（亩用量100～200 g），提高扣蟹放养成活率。

3. 放养方法

扣蟹放养时，应将运输来的扣蟹先用池水浸2 min，然后取出静置5～10 min，如此重复3次，待扣蟹吸足水分后，将扣蟹倒在池塘岸边或其他平台上，让扣蟹自由爬入水中。鳜鱼种和凡纳滨对虾苗放养时，应先将装有鱼虾的冲氧运输袋放入池水中，待袋内外水温基本一致时，将鳜鱼种或凡纳滨对虾苗放入养殖池塘中。

（二）耐盐水草移栽与养护

1. 耐盐水草移栽

提前在养殖池塘中移栽耐盐伊乐藻等沉性水草。适宜栽种水深20～30 cm，采取营养体（茎部）栽种方式，先将伊乐藻堆积抱团（30～50根），然后将其压入底泥（3～5 cm），株（团）距2 m左右，行距3～5 m；待水草成活后逐渐加深水位。每亩移栽水草100～200 kg，栽种面积占池底的30%左右。

2. 水草养护

（1）合理施肥。水草种植前施用肥水膏等氮肥（亩用量0.5～1.0 kg）和葡萄糖等碳肥（亩用量1～2 kg）作为基肥；当水草生长活力减弱或叶子呈黄色时，应及时追施碳肥和钾肥（黄腐酸钾等亩用量 0.5～1.0 kg）；饲养中后期，一般不再追肥。

（2）加强水草管理。水温 18～22℃时，伊乐藻生长最旺盛，当水草密度过大、生长过于茂盛时，应进行稀疏，以增加阳光照射和水体交换流通，防止局部缺氧；当水草生长超出水面时，要及时打头刈割，割除老草头，保持距水面 10～30 cm，让其重新长出新草；及时捞出漂浮与腐烂的水草。

（3）重视环境管理。高温闷热天气，应及时开增氧机增氧，或使用过氧化钙等增氧剂增氧，防止伊乐藻夜间缺氧死亡。施用改底药物时，水草根部应适量多施，但不可使用消毒剂类改底药物。水草出现挂脏现象时，可泼洒吸附性活性炭等，而后用有机酸解毒杀菌，再用微生态制剂调水，以快速清除水草附着物。

（三）水质综合改良调控

针对黄河口大闸蟹池塘盐碱水 pH 值高、离子不平衡（钙、钾偏低）和氮磷营养元素含量较高等主要特点，优化集成了 pH 值稳定控制、盐碱水离子平衡调控和水体营养物质调控等关键技术。

1. pH 值稳定控制技术

（1）适时加注黄河水。一般每年可以补充 2～3 次黄河水。加注新水时，不宜一次性注水过深，需要让水草顶端照到阳光，避免影响水草光合作用，造成水草腐烂或死亡。注入新水易造成水体混浊，应及时泼洒芽孢杆菌，以及施用离子钙或磷酸二氢钙等钙质剂，增加水体透明度。

（2）施用乳酸菌、有机酸等降低 pH 值。当水体 pH 值高于 9.0 时，可使用乳酸菌或有机酸降低 pH 值，每亩施用乳酸菌 0.5～1.0 kg、有机酸 250～500 mL。

（3）定期泼洒钙制剂。泼洒钙制剂可以提高水体总碱度，增强水体缓冲能力，稳定 pH 值，一般每亩施用乳酸活性钙或离子钙等钙制剂 0.5～1.0 kg。

（4）控制水草数量，降低光合作用。伊乐藻具有耐低温、适应性强、营养丰富、生长周期长、产量高等特点，可以净化水质，防止水体富营养化，但生长密度过大，夜间会造成局部缺氧，白天晴天光合作用过于强烈，会使水体 pH 值升高，因此应及时清除部分水草，以降低水体 pH 值。

2. 盐碱水离子平衡调控技术

养殖水体中钙离子含量对大闸蟹蜕壳生长具有一定的影响。大闸蟹蜕壳后的硬化不仅需要体内供钙，而且还要在水中吸收钙，因此养殖水体的钙离子需要定期人工补充。盐碱水体中钙离子含量与 pH 值、水温等呈负相关关系，即水体中的钙离子含量随 pH 值、水温的升高而降低，随 pH 值、水温的降低而升高。为提高水体中有效钙离子含量，促进虾蟹的吸收利用效果，钙制剂的使用时间最好选择在温度较低的早晨或傍晚，而且在补钙前先采取措施降低 pH 值。一般每隔 1～2 周施用乳酸活性钙等钙制剂 1 次，每亩施用 0.5～1.0 kg；下雨后应及时补充池水中钙离子。

3. 水体营养物质调控技术

（1）定期使用微生态制剂。高温季节，每隔15 d左右全池遍洒1次光合细菌或芽孢杆菌、EM菌等微生态制剂，最好交替使用。

（2）适时补充碳肥。高温季节，为增加对水体中过量氮、磷等营养物质的吸收利用，促进微生物和水生植物的生长，改善净化养殖水质，需要每隔15 d左右全池遍撒1次葡萄糖。

（3）定期底质改良。高温季节，每10～15 d施用1次20%的过硫酸氢钾复合盐，每亩使用200～250 g，以改善池塘底质，消毒池水。

（4）保持水体溶氧充足。应合理使用增氧机对池水增氧，在高温闷热天气的夜间还可使用过氧化钙等增氧剂。

（四）强化管理与防控

1. 彻底干塘、晒塘、翻耕和消毒

放苗前1～2个月排干池水，清除池底过厚的淤泥，修整堤坝与环沟，对底质进行翻耕和消毒。

2. 水体消毒

蟹体大量蜕壳前或大雨过后，全池使用1次过硫酸氢钾或碘制剂、二氧化氯等进行池水消毒。

3. 水草管理

重视耐盐水草的种移植，适时施肥、“打头”、分割稀疏，及时捞出漂浮、腐败或死亡水草，防止水草枯萎、死亡、腐烂，污染水质。

4. 控制青苔等有害丝状藻类的数量

应控制外源输入，尤其是移栽水草时的带入，可以通过肥水培藻、局部使用草木灰或腐殖酸钠等，适当降低池水透明度，抑制青苔的生长，还可局部泼洒乳酸菌等，抑制其生长，青苔过多时，应及时人工捞出。

四、大闸蟹生态养殖模式推广的做法和成效

1. 实施渔业科技入户示范工程

依托渔业科技入户示范工程，将黄河口大闸蟹池塘生态养殖技术等通过科技入户，落实到每个养殖户。建立覆盖全区的科技推广网络，在全区遴选了30名技术指导员、300名科技示范户，组建成全区科技推广网络。每位技术指导员负责指导10位左右的示范户，辐射带动全区养殖户。

2. 广泛开展技术培训

结合省农民实用技术培训工程项目实施，聘请部、省、区、市水产专家或组织

有关技术指导员深入各镇、村，采取集中培训与分散培训相结合、课堂讲授与入户指导相结合的方式，每年在全区各乡镇举办各类河蟹养殖技术培训班10期以上，每年平均培训养殖户1 000人次，年发放技术资料2 000余册，极大地提高了广大示范户及新增养殖户对黄河口大闸蟹池塘生态养殖技术等主推技术的掌握程度和实际应用能力。

3. 加大示范力度

建立山东省东营市盐碱地黄河口大闸蟹生态养殖模式核心示范区，东营市惠泽农业科技有限公司示范养殖面积6 000亩，实现产值约6 000万元，亩产值超过10 000元。山东省东营市盐碱地黄河口大闸蟹生态养殖模式实现了渔业增效、渔民增收，示范带动作用显著。

4. 着力打造区域公用品牌，增强品牌“凝聚力”

强化品牌建设，推动大闸蟹产业高质量发展。多年以来品牌建设捷报频传、连创佳绩，获农业部中国农产品地理标志登记，跻身“山东省十大渔业品牌”，蝉联“中国十大名蟹”，荣获第十届国际农业博览会金奖，成为中国最具影响力的水产品区域公用品牌之一。垦利区也成为国家级中华绒螯蟹标准化示范县，被评为“中国河蟹产业先进县”，永安镇被评为“中国大闸蟹之乡”。2022年黄河口大闸蟹入选首批“好品山东”品牌，是全省仅有的2个水产品品牌之一，黄河口大闸蟹品牌价值达到31.93亿元。

5. 着力强化产品品质保障，提高品牌“竞争力”

制定了《黄河口大闸蟹池塘生态养殖技术规范》（DB37/T 3172—2018）和《黄河口大闸蟹质量技术规范》（DB3705/T 4—2022），推广精细化养殖模式，采取种植伊乐藻、轮叶黑藻等方式滋养生态饵料，成蟹规格、品质、口感、营养价值得到明显提升，亩均产值超10 000元。完善追溯体系，惠泽、恒盛等重点养殖企业均实现了其大闸蟹带扣上市，扫描二维码即可获得大闸蟹的“身份信息”，实现“信息可查询、来源可追溯、去向可跟踪、责任可追究”的质量可追溯管理。强化监管执法。渔业部门负责养殖过程中兽药、饲料等投入品的监督管理，市场监管部门联合属地对无授权销售黄河口大闸蟹行为进行处罚。多部门联动，完善大闸蟹从育苗、养殖到上市、销售的全生命周期监管，保障水产品质量安全。

6. 着力实施品牌提升工程，扩大品牌“影响力”

举办黄河口大闸蟹开捕节、承办中国河蟹产业发展论坛、黄河口水产品产销对接会、黄河口大闸蟹美食品鉴会和黄河口水产品国庆美食周等活动，组织企业到北京市、上海市、深圳市、长沙市等地举办黄河口名优水产品推介会、品鉴会，运用互联网、新型社交媒体等手段，加大网络宣传推介力度，重点推介黄河口大闸蟹等名优水产品，提升垦利区水产品知名度和美誉度。

【案例点评】

东营市全面依靠科技进步和创新研发，加强与科研机构合作协同创新，采用“林、水、土”盐碱化综合治理措施，昔日“盐碱荒滩”蝶变“绿水青山”，探索从蟹苗到成蟹、从标准到品牌、从池塘到餐桌，全产业链跟踪研发、全过程技术创新服务、全方位配套经营管理的“三从三全”新模式、新技术、新业态，形成了一整套适合黄河口盐碱地特色水产养殖高质量发展的可复制推广的成功经验。尤其在培育发展生态产业，推进农村现代水产养殖业标准化生产、生态化治理、集约化经营、资源化利用、规模化发展，提高生态产品价值及附加值，拓展生态产品价值实现路径，助推山东省现代农业与乡村振兴融合发展等方面所取得的显著成效和经验做法，值得同类地区学习借鉴。

（东营市垦利区海洋发展和渔业局：张琦、王培培；
山东省淡水渔业研究院：王志忠）

主要参考文献

董晓亮，侯红燕，郭涛，等，2020. 黄河三角洲重度盐碱地稻蟹生态种养模式研究及效益分析 [J]. 山东农业科学，52(7): 123-127.

林乐峰，2007. 河蟹生态养殖与标准化管理 [M]. 北京：中国农业出版社 .

苗玉霞，2003. 河蟹无公害养殖综合技术 [M]. 北京：中国农业出版社 .

王武，2009. 河蟹技术 100 问 [M]. 北京：中国农业出版社 .

王武，等，2009. 河蟹生态养殖 [M]. 北京：中国农业出版社 .

王志忠，赵金山，王新军，等，2020. 黄河口大闸蟹池塘提质养殖模式与关键技术 [J]. 农业知识 (7): 30-33.

徐兴川，2001. 河蟹的健康养殖 [M]. 北京：中国农业出版社 .

徐在宽，等，2005. 河蟹无公害养殖重点、难点与实例 [M]. 北京：科学技术文献出版社 .

许步劭，等，2001. 河蟹科学养殖技术 [M]. 北京：金盾出版社 .

杨建新，左明，杨玉艳，2017. 黄河三角洲地区池塘大水面生态养殖黄河口大闸蟹的研究 [J]. 水产养殖，38(8): 7-8.